根据《建设工程工程量清单计价规范》(GB 50500—2013)
《房屋建筑与装饰工程工程量计算规范》(GB 50854—2013) 编写

●建设工程清单计价培训系列教材●

装饰装修工程清单计价培训教材

江水明　殷大雷　主编

U0340709

中国建材工业出版社

图书在版编目(CIP)数据

装饰装修工程清单计价培训教材/江水明,殷大雷
主编 . —北京:中国建材工业出版社,2014.1
  建设工程清单计价培训系列教材
  ISBN 978-7-5160-0665-8

  Ⅰ.①装⋯ Ⅱ.①江⋯ ②殷⋯ Ⅲ.①建筑装饰—工
程造价—技术培训—教材 Ⅳ.①TU723.3

  中国版本图书馆 CIP 数据核字(2013)第 308110 号

装饰装修工程清单计价培训教材

江水明 殷大雷 主编

出版发行:中国建材工业出版社

地 址:北京市西城区车公庄大街 6 号
邮 编:100044
经 销:全国各地新华书店
印 刷:北京紫瑞利印刷有限公司
开 本:787mm×1092mm 1/16
印 张:19.5
字 数:475 千字
版 次:2014 年 1 月第 1 版
印 次:2014 年 1 月第 1 次
定 价:56.00 元

本社网址:www.jccbs.com.cn
本书如出现印装质量问题,由我社营销部负责调换。电话:(010)88386906
对本书内容有任何疑问及建议,请与本书责编联系。邮箱:dayi51@sina.com

内 容 提 要

本书根据《建设工程工程量清单计价规范》（GB 50500—2013）、《房屋建筑与装饰工程工程量计算规范》（GB 50854—2013）进行编写，详细阐述了装饰装修工程工程量清单计价的基础理论、程序及工程量计算方法。全书主要内容包括建设工程工程量清单计价规范，建筑安装工程费用项目组成与计算，装饰装修工程工程量计算基本知识，楼地面装饰工程工程量清单计价，墙、柱面装饰与隔断、幕墙工程工程量清单计价，天棚工程工程量清单计价，门窗工程工程量清单计价，油漆、涂料、裱糊工程工程量清单计价，其他装饰工程工程量清单计价，装饰工程工程量清单计价与编制，装饰工程合同价款计量与支付等。

本书内容丰富、体例新颖，可供装饰装修工程造价编制与管理人员工作时使用，也可供广大有志于从事工程造价工作的人员自学时参考。

前　言

在工程建设领域实行工程量清单计价，是我国深入进行工程造价体制改革的重要组成部分。自 2003 年正式颁布《建设工程工程量清单计价规范》（GB 50500－2003）开始，我国的工程造价计价工作逐渐改变过去以固定"量"、"价"、"费"定额为主导的静态管理模式，过渡到以工程定额为指导、市场形成价格为主的工程造价动态管理体制。

2012 年 12 月 25 日，住房和城乡建设部发布了《建设工程工程量清单计价规范》（GB 50500—2013）及《房屋建筑与装饰工程工程量计算规范》（GB 50854－2013）、《通用安装工程工程量计算规范》（GB 50856—2013）等 9 本工程量计算规范。这 10 本规范是在《建设工程工程量清单计价规范》（GB 50500—2008）的基础上，以原建设部发布的工程基础定额、消耗量定额、预算定额以及各省、自治区、直辖市或行业建设主管部门发布的工程计价定额为参考，以工程计价相关的国家或行业的技术标准、规范、规程为依据，收集近年来新的施工技术、工艺和新材料的项目资料，经过整理，在全国广泛征求意见后编制而成的，于 2013 年 7 月 1 日起正式实施。

2013 版清单计价规范充分体现了工程造价各阶段的要求，进一步规范了建设工程发承包双方的计价计量行为，确立了工程计价标准体系的形成。2013 版清单计价规范继续坚持了"政府宏观调控、企业自主报价、竞争形成价格、监管形成有效"的工程造价管理模式的改革方向，在条文设置上充分体现了工程计量规则标准化、工程造价行为标准化、工程造价形成市场化的原则。新版清单计价规范的颁布实施对于巩固工程造价体制改革的成果具有十分重要的意义，将更有利于工程量清单计价的全面推行，大大推动工程造价管理体制改革的不断继续深入。

为更好地宣传、贯彻《建设工程工程量清单计价规范》（GB 50500—2013）及与其配套使用的相关工程量计算规范，从而帮助广大读者理解并掌握新版清单计价规范及工程量计算规范的内容，我们组织相关方面的专家和学者，按照新版规范的知识体系及工程造价人员的需要，编写了这套《建设工程清单计价培训系列教材》。本套丛书主要包括以下分册：

1.《房屋建筑工程清单计价培训教材》
2.《装饰装修工程清单计价培训教材》
3.《建筑电气工程清单计价培训教材》
4.《通风空调工程清单计价培训教材》
5.《水暖工程清单计价培训教材》
6.《市政工程清单计价培训教材》
7.《园林绿化工程清单计价培训教材》
8.《工业管道工程清单计价培训教材》

丛书编写时充分考虑了图书的实用性，注重总结清单计价规范实施以来的经验，并将收集的资料和信息与清单计价理论相结合，从而更好地帮助广大建设工程造价编制与管理人员提升自己的业务水平，并具备一定的解决实际问题的能力。丛书在内容上以《建设工程工程量清单计价规范》（GB 50500—2013）及相关工程量计算规范为依据，对建设工程各清单项目按照规则所要求的"项目名称"、"项目特征"、"计量单位"、"工程量计算规则"、"工作内容"进行了有针对性的阐述，方便读者理解最新清单计价体系，掌握清单计价的实际运用方法。

本套丛书内容丰富、体例新颖，以通俗的语言和大量实例为广大读者答疑解惑，基本可满足读者自学工程量清单计价基础知识及进行工程量清单计价培训工作的需要。参与本书编写的多是多年从事工程造价编审工作的专家学者，但由于工程造价编制工作涉及范围较广，加之我国目前处于工程造价体制改革阶段，许多方面还需不断总结与完善，故而书中错误及不当之处，敬请广大读者批评指正，以便及时修正和完善。

编　者

目　　录

第一章　建设工程工程量清单计价规范

第一节　工程量清单计价的过程与作用

一、工程量清单计价的过程

就我国目前的实际情况而言,工程量清单计价作为一种市场价格的形成机制,其作用主要在工程招标投标阶段。因此,工程量清单计价的操作过程可以从招标、投标和评标3个阶段来阐述。

1. 招标阶段

招标单位在工程方案、初步设计或部分施工图设计完成后,即由具有编制能力的招标人或受其委托具有相应资质的工程造价咨询人按照统一的工程量计算规则,以单位工程为对象,计算并列出各分部分项工程的工程量清单,作为招标文件的组成部分发放给各投标单位。其工程量清单的粗细程度、准确程度取决于工程的设计深度及编制人员的技术水平和经验等。在分部分项工程量清单中,项目编码、项目名称、项目特征、计量单位和工程量等项目,由招标单位根据全国统一的工程量清单项目设置规则和计量规则填写。单价与合价由投标人根据自己的施工组织设计以及招标单位对工程的质量要求等因素综合评定后填写。

2. 投标阶段

投标单位接到招标文件后,首先,要对招标文件进行仔细的分析研究,对图纸进行透彻的理解;其次,要对招标文件中所列的工程量清单进行审核,审核中,要视招标单位是否允许对工程量清单所列的工程量误差进行调整来确定审核办法。如果允许调整,就要详细审核工程量清单所列的各工程项目的工程量,发现有较大误差的,应通过招标单位答疑会提出调整意见,取得招标单位同意后进行调整;如果不允许调整工程量,则不需要对工程量进行详细的审核,只对主要项目或工程量大的项目进行审核,发现这些项目有较大误差时,可以通过综合单价计价法来调整。综合单价法的优点是当工程量发生变更时,易于查对,能够反映承包商的技术能力和工程管理能力。

3. 评标阶段

在评标时,可以对投标单位的最终总报价以及分项工程的综合单价的合理性进行评分。由于采用了工程量清单计价方法,所有投标单位都站在同一起跑线上,因而竞争更为公平合理,有利于实现优胜劣汰,而且在评标时应坚持倾向于合理低价中标的原则。当然,在评标时仍然可以采用综合计分的方法,不仅考虑报价因素,而且还对投标单位的施工组织设计、企业业绩或信誉等,按一定的权重分值分别进行计分,按总评分的高低确定中标单位;或者采用两阶段评标的办法,即先对投标单位的技术方案进行评价,在技术方案可行的前提下,再以投标单位的报价作为评标定标的唯一因素,这样,既可以保证工程建设质量,又有利于为业主选择一个合理的、报价较低的中标单位。

二、工程量清单计价的作用

(1)装饰工程量清单是装饰工程造价确定的依据。

1)装饰工程量清单是编制招标控制价投标报价的依据。

实行工程量清单计价的建设工程,其编制应根据《建设工程工程量清单计价规范》(GB 50500—2013)的有关要求、施工现场的实际情况、合理的施工方法等进行编制。

2)装饰工程量清单是确定投标报价的依据。

投标报价应根据招标文件中的工程量清单和有关要求、施工现场实际情况及拟定的施工方案或施工组织设计,依据企业定额和市场价格信息,或参照建设行政主管部门发布的社会平均消耗量定额进行编制。

3)装饰工程量清单是评标时的依据。

工程量清单是招标、投标的重要组成部分和依据,因此,它也是评标委员会在对标书的评审中参考的重要依据。

4)装饰工程量清单是甲、乙双方确定工程合同价款的依据。

(2)装饰工程量清单是装饰工程造价控制的依据。

1)装饰工程量清单是计算装饰工程变更价款和追加合同价款的依据。

在工程施工中,因设计变更或追加工程影响工程造价时,合同双方应根据工程量清单和合同其他约定调整合同价格。

2)装饰工程量清单是支付装饰工程进度款和竣工结算的依据。

在施工过程中,发包人应按照合同约定和施工进度支付工程款,依据已完项目工程量和相应单价计算工程进度款。工程竣工验收通过后,承包人应依据工程量清单的约定及其他资料办理竣工结算。

3)装饰工程量清单是装饰工程索赔的依据。

在合同的履行过程中,对于并非自己的过错,而是由对方过错造成的实际损失,合同一方可向对方提出经济补偿和(或)工期顺延的要求,即索赔。工程量清单是合同文件的组成部分,因此,它是索赔的重要依据之一。

第二节　　工程量清单计价简介

一、2013 版清单计价规范的发布与适用范围

2012 年 12 月 25 日,住房和城乡建设部发布了《建设工程工程量清单计价规范》(GB 50500—2013)(以下简称"13 计价规范")和《房屋建筑与装饰工程工程量计算规范》(GB 50854—2013)、《仿古建筑工程工程量计算规范》(GB 50855—2013)、《通用安装工程工程量计算规范》(GB 50856—2013)、《市政工程工程量计算规范》(GB 50857—2013)、《园林绿化工程

工程量计算规范》(GB 50858—2013)、《矿山工程工程量计算规范》(GB 50859—2013)、《构筑物工程工程量计算规范》(GB 50860—2013)、《城市轨道交通工程工程量计算规范》(GB 50861—2013)、《爆破工程工程量计算规范》(GB 50862—2013)等 9 本计量规范(以下简称"13工程计量规范"),全部 10 本规范于 2013 年 7 月 1 日起实施。

"13 计价规范"及"13 工程计量规范"是在《建设工程工程量清单计价规范》(GB 50500—2008)(以下简称"08 计价规范")基础上,以原建设部发布的工程基础定额、消耗量定额、预算定额以及各省、自治区、直辖市或行业建设主管部门发布的工程计价定额为参考,以工程计价相关的国家或行业的技术标准、规范、规程为依据,收集近年来新的施工技术、工艺和新材料的项目资料,经过整理,在全国广泛征求意见后编制而成。

"13 计价规范"适用于建设工程发承包及实施阶段的招标工程量清单、招标控制价、投标报价的编制,工程合同价款的约定,竣工结算的办理以及施工过程中的工程计量、合同价款支付、施工索赔与现场签证、合同价款调整和合同价款争议的解决等计价活动。相对于"08 计价规范","13 计价规范"将"建设工程工程量清单计价活动"修改为"建设工程发承包及实施阶段的计价活动",从而对清单计价规范的适用范围进一步进行了明确,表明了不论何种计价方式,建设工程发承包及实施阶段的计价活动必须执行"13 计价规范"。之所以规定"建设工程发承包及实施阶段的计价活动",主要是因为工程建设具有周期长、金额大、不确定因素多的特点,从而决定了建设工程计价具有分阶段计价的特点,建设工程决策阶段、设计阶段的计价要求与发承包及实施阶段的计价要求是有区别的,这就避免了因理解上的歧义而发生纠纷。

"13 计价规范"规定:"建设工程发承包及实施阶段的工程造价应由分部分项工程费、措施项目费、其他项目费、规费和税金组成"。这说明了不论采用什么计价方式,建设工程发承包及实施阶段的工程造价均由这五部分组成,这五部分也称之为建筑安装工程费。

根据原人事部、原建设部《关于印发<造价工程师执业制度暂行规定>的通知》(人发[1996]77 号)、《注册造价工程师管理办法》(建设部第 150 号令)以及《全国建设工程造价员管理办法》(中价协[2011]021 号)的有关规定,"13 计价规范"规定:"招标工程量清单、招标控制价、投标报价、工程计量、合同价款调整、合同价款结算与支付,以及工程造价鉴定等工程造价文件的编制与核对,应由具有专业资格的工程造价人员承担。""承担工程造价文件的编制与核对的工程造价人员及其所在单位,应对工程造价文件的质量负责。"

另外,由于建设工程造价计价活动不仅要客观反映工程建设的投资,更应体现工程建设交易活动的公正、公平原则,因此"13 计价规范"规定,工程建设双方,包括受其委托的工程造价咨询方,在建设工程发承包及实施阶段从事计价活动均应遵循客观、公正、公平原则。

二、"13 版规范"的修订变化

"13 计价规范"及"13 工程计量规范"统称为"13 版规范"。"13 计价规范"共设置 16 章、54 节、329 条,各章名称为:总则、术语、一般规定、工程量清单编制、招标控制价、投标报价、合同价款约定、工程计量、合同价款调整、合同价款期中支付、竣工结算与支付、合同解除的价款结算与支付、合同价款争议的解决、工程造价鉴定、工程计价资料与档案和工程计价表格,相比"08 计价规范"而言,分别增加了 11 章、37 节、192 条;"13 工程计量规范"是在"08 计价规范"附录 A、B、C、D、E、F 基础上制定的,包括 9 个专业,下文部分共计 261 条,附录部分共计

3915 个项目,在"08 计价规范"的基础上新增 2185 个项目,减少 350 个项目。

三、工程量清单计价基本术语

工程量清单计价常用的基本术语及其解释说明见表 1-1。

表 1-1 　　　　　　　　　　　　　　　　**工程量清单计价基本术语**

序号	术语名称	解释说明
1	工程量清单	载明建设工程分部分项工程项目、措施项目、其他项目的名称和相应数量以及规费、税金项目等内容的明细清单
2	招标工程量清单	招标人依据国家标准、招标文件、设计文件以及施工现场实际情况编制的,随招标文件发布供投标报价的工程量清单,包括其说明和表格
3	已标价工程量清单	构成合同文件组成部分的投标文件中已标明价格,经算术性错误修正(如有)且承包人已确认的工程量清单,包括其说明和表格
4	分部分项工程	分部工程是单项或单位工程的组成部分,是按结构部位、路段长度及施工特点或施工任务将单项或单位工程划分为若干分部的工程;分项工程是分部工程的组成部分,是按不同施工方法、材料、工序及路段长度等将分部工程划分为若干个分项或项目的工程
5	措施项目	为完成工程项目施工,发生于该工程施工准备和施工过程中的技术、生活、安全、环境保护等方面的项目
6	项目编码	分部分项工程和措施项目清单名称的阿拉伯数字标识
7	项目特征	构成分部分项工程项目、措施项目自身价值的本质特征
8	综合单价	完成一个规定清单项目所需的人工费、材料和工程设备费、施工机具使用费和企业管理费、利润以及一定范围内的风险费用
9	风险费用	隐含于已标价工程量清单综合单价中,用于化解发承包双方在工程合同中约定内容和范围内的市场价格波动风险的费用
10	工程成本	承包人为实施合同工程并达到质量标准,在确保安全施工的前提下,必须消耗或使用的人工、材料、工程设备、施工机械台班及其管理等方面发生的费用和按规定缴纳的规费和税金
11	单价合同	发承包双方约定以工程量清单及其综合单价进行合同价款计算、调整和确认的建设工程施工合同
12	总价合同	发承包双方约定以施工图及其预算和有关条件进行合同价款计算、调整和确认的建设工程施工合同
13	成本加酬金合同	发承包双方约定以施工工程成本再加合同约定酬金进行合同价款计算、调整和确认的建设工程施工合同
14	工程造价信息	工程造价管理机构根据调查和测算发布的建设工程人工、材料、工程设备、施工机械台班的价格信息,以及各类工程的造价指数、指标
15	工程造价指数	反映一定时期的工程造价相对于某一固定时期的工程造价变化程度的比值或比率。包括按单位或单项工程划分的造价指数,按工程造价构成要素划分的人工、材料、机械等价格指数

序号	术语名称	解释说明
16	工程变更	合同工程实施过程中由发包人提出或由承包人提出经发包人批准的合同工程任何一项工作的增、减、取消或施工工艺、顺序、时间的改变；设计图纸的修改；施工条件的改变；招标工程量清单的错、漏从而引起合同条件的改变或工程量的增减变化
17	工程量偏差	承包人按照合同工程的图纸（含经发包人批准由承包人提供的图纸）实施，按照现行国家计量规范规定的工程量计算规则计算得到的完成合同工程项目应予计量的工程量与相应的招标工程量清单项目列出的工程量之间出现的量差
18	暂列金额	招标人在工程量清单中暂定并包括在合同价款中的一笔款项。用于工程合同签订时尚未确定或者不可预见的所需材料、工程设备、服务的采购，施工中可能发生的工程变更、合同约定调整因素出现时的合同价款调整以及发生的索赔、现场签证确认等的费用
19	暂估价	招标人在工程量清单中提供的用于支付必然发生但暂时不能确定价格的材料、工程设备的单价以及专业工程的金额
20	计日工	在施工过程中，承包人完成发包人提出的工程合同范围以外的零星项目或工作，按合同中约定的综合单价计价的一种方式
21	总承包服务费	总承包人为配合协调发包人进行的专业工程发包，对发包人自行采购的材料、工程设备等进行保管以及施工现场管理、竣工资料汇总整理等服务所需的费用
22	安全文明施工费	在合同履行过程中，承包人按照国家法律、法规、标准等规定，为保证安全施工、文明施工，保护现场内外环境和搭拆临时设施等所采用的措施而发生的费用
23	索赔	在工程合同履行过程中，合同当事人一方因非己方的原因而遭受损失，按合同约定或法律法规规定应由对方承担责任，从而向对方提出补偿的要求
24	现场签证	发包人现场代表（或其授权的监理人、工程造价咨询人）与承包人现场代表就施工过程中涉及的责任事件所做的签认证明
25	提前竣工（赶工）费	承包人应发包人的要求而采取加快工程进度措施，使合同工程工期缩短，由此产生的应由发包人支付的费用
26	误期赔偿费	承包人未按照合同工程的计划进度施工，导致实际工期超过合同工期（包括经发包人批准的延长工期），承包人应向发包人赔偿损失的费用
27	不可抗力	发承包双方在工程合同签订时不能预见的，对其发生的后果不能避免，并且不能克服的自然灾害和社会性突发事件
28	工程设备	指构成或计划构成永久工程一部分的机电设备、金属结构设备、仪器装置及其他类似的设备和装置
29	缺陷责任期	指承包人对已交付使用的合同工程承担合同约定的缺陷修复责任的期限
30	质量保证金	发承包双方在工程合同中约定，从应付合同价款中预留，用以保证承包人在缺陷责任期内履行缺陷修复义务的金额
31	费用	承包人为履行合同所发生或将要发生的所有合理开支，包括管理费和应分摊的其他费用，但不包括利润
32	利润	承包人完成合同工程获得的盈利

序号	术语名称	解释说明
33	企业定额	施工企业根据本企业的施工技术、机械装备和管理水平而编制的人工、材料和施工机械台班等的消耗标准
34	规费	根据国家法律、法规规定,由省级政府或省级有关权力部门规定施工企业必须缴纳的,应计入建筑安装工程造价的费用
35	税金	国家税法规定的应计入建筑安装工程造价内的营业税、城市维护建设税、教育费附加和地方教育附加
36	发包人	具有工程发包主体资格和支付工程价款能力的当事人以及取得该当事人资格的合法继承人。发包人有时也称建设单位或业主,在工程招标发包中,又被称为招标人
37	承包人	被发包人接受的具有工程施工承包主体资格的当事人以及取得该当事人资格的合法继承人。承包人有时也称施工企业,在工程招标发包中,投标时又被称为投标人,中标后称为中标人
38	工程造价咨询	取得工程造价咨询资质等级证书,接受委托从事建设工程造价咨询活动的当事人以及取得该当事人资格的合法继承人
39	造价工程师	取得《造价工程师注册证书》,在一个单位注册、从事建设工程造价活动的专业人员
40	造价员	取得《全国建设工程造价员资格证书》,在一个单位注册、从事建设工程造价活动的专业人员
41	单价项目	工程量清单中以单价计价的项目,即根据合同工程图纸(含设计变更)和相关工程现行国家计量规范规定的工程量计算规则进行计量,与已标价工程量清单相应综合单价进行价款计算的项目
42	总价项目	工程量清单中以总价计价的项目,即此类项目在相关工程现行国家计量规范中无工程量计算规则,以总价(或计算基础乘费率)计算的项目
43	工程计量	发承包双方根据合同约定,对承包人完成合同工程的数量进行的计算和确认
44	工程结算	发承包双方根据合同约定,对合同工程在实施中、终止时、已完工后进行的合同价款计算、调整和确认。包括期中结算、终止结算、竣工结算
45	招标控制价	招标人根据国家或省级、行业建设主管部门颁发的有关计价依据和办法,以及拟定的招标文件和招标工程量清单,结合工程具体情况编制的招标工程的最高投标限价
46	投标价	投标人投标时响应招标文件要求所报出的对已标价工程量清单汇总后标明的总价
47	签约合同价(合同价款)	发承包双方在工程合同中约定的工程造价,即包括了分部分项工程费、措施项目费、其他项目费、规费和税金的合同总金额
48	预付款	在开工前,发包人按照合同约定,预先支付给承包人用于购买合同工程施工所需的材料、工程设备,以及组织施工机械和人员进场等的款项
49	进度款	在合同工程施工过程中,发包人按照合同约定对付款周期内承包人完成的合同价款给予支付的款项,也是合同价款期中结算支付
50	合同价款调整	在合同价款调整因素出现后,发承包双方根据合同约定,对合同价款进行变动的提出、计算和确认
51	竣工结算价	发承包双方依据国家有关法律、法规和标准规定,按照合同约定确定的,包括在履行合同过程中按合同约定进行的合同价款调整,是承包人按合同约定完成了全部承包工作后,发包人应付给承包人的合同总金额
52	工程造价鉴定	工程造价咨询人接受人民法院、仲裁机关委托,对施工合同纠纷案件中的工程造价争议,运用专门知识进行鉴别、判断和评定,并提供鉴定意见的活动。也称为工程造价司法鉴定

第三节　工程量清单计价相关规定

一、计价方式

（1）使用国有资金投资的建设工程发承包，必须采用工程量清单计价。根据《工程建设项目招标范围和规模标准规定》（国家计委 3 号令）的规定，国有资金投资的工程建设项目包括使用国有资金投资和国家融资投资的工程建设项目。

1）使用国有资金投资项目的范围包括：

①使用各级财政预算资金的项目；

②使用纳入财政管理的各种政府性专项建设基金的项目；

③使用国有企业事业单位自有资金，并且国有资产投资者实际拥有控股权的项目。

2）国家融资项目的范围包括：

①使用国家发行债券所筹资金的项目；

②使用国家对外借款或者担保所筹资金的项目；

③使用国家政策性贷款的项目；

④国家授权投资主体融资的项目；

⑤国家特许的融资项目。

国有资金（含国家融资资金）为主的工程建设项目是指国有资金占投资总额的 50％以上，或虽不足 50％但国有投资者实质上拥有控股权的工程建设项目。

（2）非国有资金投资的建设工程，"13 计价规范"鼓励采用工程量清单计价方式，但是否采用，由项目业主自主确定。

（3）不采用工程量清单计价的建设工程，应执行"13 计价规范"中除工程量清单等专门性规定外的其他规定。

（4）实行工程量清单计价应采用综合单价法，不论分部分项工程项目、措施项目、其他项目，还是以单价形式或以总价形式表现的项目，其综合单价的组成内容均包括完成该项目所需的、除规费和税金以外的所有费用。

（5）根据《中华人民共和国安全生产法》、《中华人民共和国建筑法》、《建设工程安全生产管理条例》、《安全生产许可证条例》等法律、法规的规定，2005 年 6 月 7 日，原建设部办公厅印发了《关于印发＜建筑工程安全防护、文明施工措施费及使用管理规定＞的通知》（建办〔2005〕89 号），将安全文明施工费纳入国家强制性标准管理范围，规定"投标方安全防护、文明施工措施的报价，不得低于依据工程所在地工程造价管理机构测定费率计算所需费用总额的 90％"。2012 年 2 月 14 日，财政部、国家安全生产监督管理总局印发的《企业安全生产费用提取和使用管理办法》（财企〔2012〕16 号）第七条规定："建设工程施工企业提取的安全费用列入工程造价，在竞标时，不得删减，列入标外管理"。

根据以上规定，考虑到安全生产、文明施工的管理与要求越来越高，按照财政部、国家安监总局的规定，安全费用标准不予竞争。因此，措施项目清单中的安全文明施工费必须按国家或省级建设行政主管部门或行业建设主管部门的规定费用标准计价,招标人不得要求投标人对该项费用进行优惠,投标人也不得将该项费用参与市场竞争。此处的安全文明施工费包括《建筑安装工程费用项目组成》(建标[2013]44号)中措施费的文明施工费、环境保护费、临时设施费、安全施工费。

(6)规费和税金必须按国家或省级、行业主管部门的规定计算,不得作为竞争性费用。随着我国改革开放的深入进行,国家财富的迅速增长,党和政府把提高人民生活水平、提供人民社会保障作为重要的政策。随着《中华人民共和国社会保险法》的发布实施,进城务工的农村居民依照本法规定参加社会保险。社会保障体制的逐步完善,以及劳动主管部门对违法企业劳动监察的加强,都对建筑施工企业的成本支出产生了重大影响。

二、发包人提供材料和机械设备

《建设工程质量管理条例》第14条规定:"按照合同约定,由建设单位采购建筑材料、建筑构配件和设备的,建设单位应当保证建筑材料、建筑构配件和设备符合设计文件和合同要求";《中华人民共和国合同法》第283条规定:"发包人未按照约定的时间和要求提供原材料、设备、场地、资金、技术资料的,承包人可以顺延工程日期,并有权要求赔偿停工、窝工等损失"。

"13计价规范"根据上述法律条文对发包人提供材料和机械设备的情况进行了如下约定:

(1)发包人提供的材料和工程设备(以下简称甲供材料)应在招标文件中按照规定填写《发包人提供材料和工程设备一览表》(表-20),写明甲供材料的名称、规格、数量、单价、交货方式、交货地点等。

承包人投标时,甲供材料价格应计入相应项目的综合单价中,签约后,发包人应按合同约定扣除甲供材料款,不予支付。

发包人提供材料和工程设备一览表

工程名称: 标段: 第 页共 页

序号	材料(工程设备)名称、规格、型号	单位	数量	单位/元	交货方式	送达地点	备注

注:此表由招标人填写,供投标人在投标报价、确定总承包服务费时参考。

表-20

(2)承包人应根据合同工程进度计划的安排,向发包人提交甲供材料交货的日期计划。发包人应按计划提供。

（3）发包人提供的甲供材料（如规格、数量或质量）不符合合同要求，或由于发包人原因发生交货日期延误、交货地点及交货方式变更等情况的，发包人应承担由此增加的费用和（或）工期延误，并应向承包人支付合理利润。

（4）发承包双方对甲供材料的数量发生争议不能达成一致的，应按照相关工程的计价定额、同类项目规定的材料消耗量计算。

（5）若发包人要求承包人采购已在招标文件中确定为甲供材料的，材料价格应由发承包双方根据市场调查确定，并应另行签订补充协议。

三、承包人提供材料和工程设备

承包人提供主要材料和工程设备一览表见表-21或表-22。

《建设工程质量管理条例》第29条规定："施工单位必须按照工程设计要求、施工技术标准和合同约定，对建筑材料、建筑构配件、设备和商品混凝土进行检验，检验应当有书面记录和专人签字；未经检验或者检验不合格的，不得使用"。"13计价规范"根据此法律条文对承包人提供材料和机械设备的情况进行了如下约定：

（1）除合同约定的发包人提供的甲供材料外，合同工程所需的材料和工程设备应由承包人提供，承包人提供的材料和工程设备均应由承包人负责采购、运输和保管。

（2）承包人应按合同约定将采购材料和工程设备的供货人及品种、规格、数量和供货时间等提交发包人确认，并负责提供材料和工程设备的质量证明文件，满足合同约定的质量标准。

（3）对承包人提供的材料和工程设备经检测不符合合同约定的质量标准，发包人应立即要求承包人更换，由此增加的费用和（或）工期延误应由承包人承担。对发包人要求检测承包人已具有合格证明的材料、工程设备，但经检测证明该项材料、工程设备符合合同约定的质量标准，发包人应承担由此增加的费用和（或）工期延误，并向承包人支付合理利润。

承包人提供主要材料和工程设备一览表
（适用于造价信息差额调整法）

工程名称：　　　　　　　　　　标段：　　　　　　　　　第　页共　页

序号	名称、规格、型号	单位	数量	风险系数/（%）	基准单价/元	投标单价/元	发承包人确认单价/元	备注

注：1. 此表由招标人填写除"投标单价"栏的内容，投标人在投标时自主确定投标单价。

2. 招标人应优先采用工程造价管理机构发布的单价作为基准价，未发布的，通过市场调查确定其基准价。

表-21

承包人提供主要材料和工程设备一览表

（适用于价格指数差额调整法）

工程名称：　　　　　　　　　标段：　　　　　　　　　　　　　第　页共　页

序号	名称、规格、型号	变值权重 B	基本价格指数 F_0	现行价格指数 F_t	备注
	定值权重 A				
	合　计	1	—	—	

注：1. "名称、规格、型号"、"基本价格指数"栏由招标人填写，基本价格指数应首先采用工程造价管理机构发布的价格指数，没有时，可采用发布的价格代替。如人工、机械费也采用本法调整，由招标人在名称"名称"栏填写。

2. "变值权重"栏由投标人根据该项人工、机械费和材料、工程设备价值在投标总报价中所占比例填写，1 减去其比例为定值权重。

3. "现行价格指数"按约定付款证书相关周期最后一天的前 42 天的各项价格指数填写，该指数应首先采用工程造价管理机构发布的价格指数，没有时，可采用发布的价格代替。

表-22

四、计价风险

（1）建设工程发承包，必须在招标文件、合同中明确计价中的风险内容及其范围，不得采用无限风险、所有风险或类似语句规定计价中的风险内容及范围。

风险是一种客观存在的、会带来损失的、不确定的状态。它具有客观性、损失性、不确定性的特点，并且风险始终是与损失相联系的。工程施工发包是一种期货交易行为，工程建设本身又具有单件性和建设周期长的特点。在工程施工过程中，影响工程施工及工程造价的风险因素很多，但并非所有的风险都是承包人能预测、能控制和应承担其造成损失的。

工程施工招标发包是工程建设交易方式之一，一个成熟的建设市场应是一个体现交易公平性的市场。在工程建设施工发包中，实行风险共担和合理分摊原则是实现建设市场交易公平性的具体体现，是维护建设市场正常秩序的措施之一。其具体体现则是在招标文件或合同中对发承包双方各自应承担的风险内容及其风险范围或幅度进行界定和明确，而不能要求承包人承担所有风险或无限度风险。

根据我国工程建设特点，投标人应完全承担的风险是技术风险和管理风险，如管理费和利润；应有限度承担的是市场风险，如材料价格、施工机具使用费等的风险；应完全不承担的是法律、法规、规章和政策变化的风险。

（2）由于下列因素出现，影响合同价款调整的，应由发包人承担：

1）由于国家法律、法规、规章或有关政策出台导致工程税金、规费等发生变化的；

2）对于我国目前工程建设的实际情况，各省、自治区、直辖市建设行政主管部门均根据当地人力资源和社会保障行政主管部门的有关规定发布人工成本信息或人工费调整，对此关系职工切身利益的人工费进行调整的，但承包人对人工费或人工单价的报价高于发布的除外；

3）按照《中华人民共和国合同法》第 63 条规定："执行政府定价或者政府指导价的，在合同约定的交付期限内价格调整时，按照交付的价格计价。逾期交付标的物的，遇价格上涨时，按照原价格执行；价格下降时，按照新价格执行。逾期提取标的物或者逾期付款的，遇价格上涨时，按照新价格执行；价格下降时，按照原价格执行"。因此，对政府定价或政府指导价管理的原材料价格按照相关文件规定进行合同价款调整。

因承包人原因导致工期延误的，应按本书后叙"合同价款调整"中"法律法规变化"和"物价变化"中的有关规定进行处理。

（3）对于主要由市场价格波动导致的价格风险，如工程造价中的建筑材料、燃料等价格风险，应由发承包双方合理分摊，并按规定填写《承包人提供主要材料和工程设备一览表》作为合同附件；当合同中没有约定，发承包双方发生争议时，应按"13 计价规范"的相关规定调整合同价款。

"13 计价规范"中提出承包人所承担的材料价格的风险宜控制在 5％以内，施工机械使用费的风险可控制在 10％以内，超过者予以调整。

（4）由于承包人使用机械设备、施工技术以及组织管理水平等自身原因造成施工费用增加的，应由承包人全部承担。

（5）当不可抗力发生，影响合同价款时，应按本书后叙"合同价款调整"中"不可抗力"的相关规定处理。

第四节　实行工程量清单计价的意义

一、实行工程量清单计价的目的和意义

（1）实行工程量清单计价是深化工程造价管理改革，推进建设市场化的重要途径。

长期以来，工程预算定额是我国承发包计价、定价的主要依据。现预算定额中规定的消耗量和有关施工措施性费用是按社会平均水平编制的，以此为依据形成的工程造价基本上也属于社会平均价格。这种平均价格可作为市场竞争的参考价格，但不能反映参与竞争企业的实际消耗和技术管理水平，在一定程度上限制了企业的公平竞争。

20 世纪 90 年代国家提出了"控制量、指导价、竞争费"的改革措施，将工程预算定额中的人工、材料、机械消耗量和相应的量价分离，国家控制量以保证质量，价格逐步走向市场化，这一措施走出了向传统工程预算定额改革的第一步。但是，这种做法难以改变工程预算定额中国家指令性内容较多的状况，难以满足招标投标竞争定价和经评审的合理低价中标的要求。因为国家定额的控制量是社会平均消耗量，不能反映企业的实际消耗量，不能全面体现企业

的技术装备水平、管理水平和劳动生产率,不能体现公平竞争的原则,社会平均水平不能代表社会先进水平,改变以往的工程预算定额的计价模式,适应招标投标的需要。因此,实行工程量清单计价办法是十分必要的。

工程量清单计价是建设工程招标投标中,按照国家统一的工程量清单计价规范,由招标人提供工程数量,投标人自主报价,经评审低价中标的工程造价计价模式。采用工程量清单计价能反映工程个别成本,有利于企业自主报价和公平竞争。

(2)在建设工程招标投标中实行工程量清单计价是规范建筑市场秩序的治本措施之一,为适应社会主义市场经济的需要。

工程造价是工程建设的核心,也是市场运行的核心内容,建筑市场存在着许多不规范的行为,大多数与工程造价有直接联系。建筑产品是商品,具有商品的共性,它受价值规律、货币流通规律和供求规律的支配。但是,建筑产品与一般的工业产品价格构成不一样,建筑产品具有某些特殊性:

1)竣工后建筑产品一般不在空间发生物理运动,可以直接移交用户,立即进入生产消费或生活消费,因而,价格中不含商品使用价值运动发生的流通费用,即因生产过程在流通领域内继续进行而支付的商品包装运输费、保管费。

2)建筑产品是固定在某地方的。

3)由于施工人员和施工机具围绕着建设工程流动,因而,有的建设工程构成还包括施工企业远离基地的费用,甚至包括成建制转移到新的工地所增加的费用等。

建筑产品价格随建设时间和地点而变化,相同结构的建筑物在同一地段建造,施工的时间不同造价就不一样;同一时间、不同地段造价也不一样;即使时间和地段相同,施工方法、施工手段、管理水平不同工程造价也有所差别。所以说,建筑产品的价格,既有它的同一性,又有它的特殊性。

为了推动社会主义市场经济的发展,国家颁发了相关法律,如《中华人民共和国价格法》第三条规定:"国家实行并逐步完善宏观经济调控下主要由市场形成价格的机制。价格的制定应当符合价格规律,对多数商品和服务价格实行市场调节价,极少数商品和服务价格实行政府指导价或政府定价。市场调节价是指由经营者自主定价,通过市场竞争形成价格"。原建设部第107号令《建筑工程施工发包与承包计价管理办法》第七条规定:"投标报价应依据企业定额和市场信息,并按国务院和省、自治区、直辖市人民政府建设行政主管部门发布的工程造价计价办法编制"。建筑产品市场形成价格是社会主义市场经济的需要。过去工程预算定额在调节承发包双方利益和反映市场价格、需求方面存在着不相适应的地方,特别是公开、公正、公平竞争方面,还缺乏合理的机制,甚至出现了一些漏洞,高估冒算,相互串通,从中回扣。发挥市场规律"竞争"和"价格"的作用是治本之策。尽快建立和完善市场形成工程造价的机制,是当前规范建筑市场的需要。通过实行工程量清单计价有利于发挥企业自主报价的能力;同时,也有利于规范业主在工程招标中计价行为,有效改变招标单位在招标中盲目压价的行为,从而真正体现公开、公平、公正的原则,反映市场经济规律。

(3)实行工程量清单计价,是促进建设市场有序竞争和企业健康发展的需要。

工程量清单是招标文件的重要组成部分,由招标单位编制或委托有资质的工程造价咨询单位编制,工程量清单编制的准确、详尽、完整,有利于提高招标单位的管理水平,减少索赔事件的发生。由于工程量清单是公开的,有利于防止在招标工程中弄虚作假、暗箱操作等不规范行为。投标单位通过对单位工程成本、利润进行分析,统筹考虑,精心选择施工方案,根据企业的定额合理确定人工、材料、机械等要素投入量的合理配置,优化组合,在满足招标文件需要的前提下,合理确定自己的报价,让企业有自主报价权。改变了过去依赖建设行政主管部门发布的定额和规定的取费标准进行计价的模式,有利于提高劳动生产率,促进企业技术进步,节约投资和规范建设市场。采用工程量清单计价后,将使招标活动的透明度增加,在充分竞争的基础上降低了造价,提高了投资效益,而且便于操作和推行,业主和承包商将都会接受这种计价模式。

(4)实行工程量清单计价,有利于我国工程造价政府职能的转变。

按照政府部门真正履行起"经济调节、市场监督、社会管理和公共服务"的职能要求,政府对工程造价管理的模式要进行相应的改变,将推行政府宏观调控、企业自主报价、市场形成价格、社会全面监督的工程造价管理思路。实行工程量清单计价,将有利于我国工程造价政府职能的转变,由过去的政府控制指令性定额转变为制定适应市场经济规律需要的工程量清单计价方法;由过去的行政干预转变为对工程造价进行依法监管,有效地强化政府对工程造价的宏观调控。

二、影响工程量清单计价的因素

工程量清单报价中标的工程,无论采用何种计价方法,在正常情况下,基本说明工程造价已确定,只是当出现设计变更或工程量变动时,通过签证再结算调整另行计算。工程量清单工程成本要素的管理重点,是在既定收入的前提下,如何控制成本支出。

1. 对用工批量的有效管理

人工费支出约占建筑产品成本的17%,且随市场价格波动而不断变化。对人工单价在整个施工期间做出切合实际的预测,是控制人工费用支出的前提条件。

首先根据施工进度,月初依据工序合理做出用工数量,结合市场人工单价计算出本月控制指标。其次在施工过程中,依据工程分部分项,对每天用工数量连续记录,在完成一个分项后,就同工程量清单报价中的用工数量对比,进行横评找出其存在问题,办理相应手续以便对控制指标加以修正。每月完成几个工程分项后各自同工程量清单报价中的用工数量对比,考核控制指标完成情况。通过这种控制节约用工数量,就意味着降低人工费支出,即增加了相应的效益。这种对用工数量控制的方法,最大优势在于不受任何工程结构形式的影响,分阶段加以控制,有很强的实用性。人工费用控制指标,主要是从量上加以控制。重点通过对在建工程过程控制,积累各类结构形式下实际用工数量的原始资料,以便形成企业定额体系。

2. 材料费用的管理

材料费用开支约占建筑产品成本的63%,是成本要素控制的重点。材料费用因工程量清单报价形式不同,材料供应方式不同而有所不同。如业主限价的材料价格该如何管理,其主要问题可从施工企业采购过程降低材料单价来把握。

首先对本月施工分项所需材料用量下发采购部门,在保证材料质量前提下货比三家。采购过程以工程清单报价中材料价格为控制指标,确保采购过程产生收益。对业主供材供料,确保足斤足两,严把验收入库环节。

其次在施工过程中,严格执行质量方面的程序文件,做到材料堆放合理布局,减少二次搬运。具体操作依据工程进度实行限额领料,完成一个分项后,考核控制效果。

最后杜绝没有收入的支出,把返工损失降到最低限度。月末应把控制用量和价格同实际数量横向对比,考核实际效果,对超用材料数量落实清楚,是在哪个工程子项造成的? 原因是什么? 是否存在同业主计取材料差价的问题等。

3. 机械费用的管理

机械费用的开支约占建筑产品成本的 7%,其控制指标,主要是根据工程量清单计算出使用的机械控制台班数。在施工过程中,每天做详细台班记录,是否存在维修、待班的台班。如存在现场停电超过合同规定时间,应在当天同业主做好待班现场签证记录,月末将实际使用台班同控制台班的绝对数进行对比,分析量差发生的原因。对机械费用价格一般采取租赁协议,合同一般在结算期内不变动,所以,控制实际用量是关键。依据现场情况做到设备合理布局,充分利用,特别是要合理安排大型设备进出场时间,以降低费用。

4. 施工过程中水电费的管理

水电费的管理,在以往工程施工中一直被忽视。水作为人类赖以生存的宝贵资源,越来越短缺,正在给人类敲响警钟。这对加强施工过程中水电费管理的重要性不言而喻。为便于施工过程支出的控制管理,应把控制用量计算到施工子项以便于水电费用控制。月末依据完成子项所需水电用量同实际用量对比,找出差距的出处,以便制定改正措施。总之,施工过程中对水电用量控制不仅仅是一个经济效益的问题,更重要的是一个合理利用宝贵资源的问题。

5. 对设计变更和工程签证的管理

在施工过程中,时常会遇到一些原设计未预料的实际情况或业主单位提出要求改变某些施工做法、材料代用等,引发设计变更;同样对施工图以外的内容及停水、停电,或因材料供应不及时造成停工、窝工等都需要办理工程签证。以上两部分工作,首先应由负责现场施工的技术人员做好工程量的确认,如存在工程量清单不包括的施工内容,应及时通知技术人员,将需要办理工程签证的内容落实清楚;其次工程造价人员审核变更或签证签字内容是否清楚完整、手续是否齐全,如手续不齐全,应在当天督促施工人员补办手续,变更或签证的资料应连续编号;最后工程造价人员还应特别注意在施工方案中涉及的工程造价问题。在投标时工程量清单是依据以往的经验计价,建立在既定的施工方案基础上的。施工方案的改变是对工程量清单造价的修正。变更或签证是工程量清单工程造价中所不包括的内容,但在施工过程中费用已经发生,工程造价人员应及时地编制变更及签证后的变动价值。加强设计变更和工程签证工作是施工企业经济活动中的一个重要组成部分,它可防止应得效益的流失,反映工程真实造价构成,对施工企业各级管理者来说更显得重要。

6. 对其他成本要素的管理

成本要素除工料单价法包含的以外,还有管理费用、利润、临设费、税金、保险费等。这部分收入已分散在工程量清单的子项之中,中标后已成既定的数,因而,在施工过程中应注意以下几点:

(1)节约管理费用是重点,制定切实的预算指标,对每笔开支严格依据预算执行审批手续,提高管理人员的综合素质做到高效精干,提倡一专多能。对办公费用的管理,从节约一张纸、减少每次通话时间等方面着手,精打细算,控制费用支出。

(2)利润作为工程量清单子项收入的一部分,在成本不亏损的情况下,就是企业既定利润。

(3)临设费管理的重点是,依据施工的工期及现场情况合理布局临设。尽可能就地取材搭建临设,工程接近竣工时及时减少临设的占用。对购买的彩板房每次安、拆要高抬轻放,延长使用次数。日常使用及时维护易损部位,延长使用寿命。

(4)对税金、保险费的管理重点是一个资金问题,依据施工进度及时拨付工程款,确保按国家规定的税金及时上缴。

以上六个方面是施工企业的成本要素,针对工程量清单形式带来的风险性,施工企业要从加强过程控制的管理入手,才能将风险降到最低点。积累各种结构形式下成本要素的资料,逐步形成科学、合理的,具有代表人力、财力、技术力量的企业定额体系。通过企业定额,使报价不再盲目,避免了一味过低或过高报价所形成的亏损、废标,以应付复杂激烈的市场竞争。

本章思考重点

BENZHANG SIKAOZHONGDIAN

1. 工程量清单计价的操作过程可分为哪几个阶段,其主要内容是什么?

2. "13 版规范"有哪些修订变化?

3. 哪些工程建设项目必须采用工程量清单计价方式?

4. 对发(承)包人提供材料和机械设备的情况应进行哪些约定?

5. 实行工程量清单计价的目的是什么,有何意义?

第二章　建筑安装工程费用项目组成与计算

为适应深化工程计价改革的需要,根据国家有关法律、法规及相关政策,在总结原建设部、财政部《关于印发<建筑安装工程费用项目组成>的通知》(建标[2003]206号)执行情况的基础上,中华人民共和国住房和城乡建设部与中华人民共和国财政部于2013年3月21日修订完成了《建筑安装工程费用项目组成》(以下简称《费用组成》)。

第一节　按费用构成要素划分建筑安装工程费

建筑安装工程费按照费用构成要素划分:由人工费、材料(包含工程设备,下同)费、施工机具使用费、企业管理费、利润、规费和税金组成。其中人工费、材料费、施工机具使用费、企业管理费和利润包含在分部分项工程费、措施项目费、其他项目费中(图2-1)。

一、人工费

1. 人工费组成

人工费是指按工资总额构成规定,支付给从事建筑安装工程施工的生产工人和附属生产单位工人的各项费用。其内容包括:

(1)计时工资或计件工资:是指按计时工资标准和工作时间或对已做工作按计件单价支付给个人的劳动报酬。

(2)奖金:是指对超额劳动和增收节支支付给个人的劳动报酬。如节约奖、劳动竞赛奖等。

(3)津贴补贴:是指为了补偿职工特殊或额外的劳动消耗和因其他特殊原因支付给个人的津贴,以及为了保证职工工资水平不受物价影响支付给个人的物价补贴。如流动施工津贴、特殊地区施工津贴、高温(寒)作业临时津贴、高空津贴等。

(4)加班加点工资:是指按规定支付的在法定节假日工作的加班工资和在法定日工作时间外延时工作的加点工资。

(5)特殊情况下支付的工资:是指根据国家法律、法规和政策规定,因病、工伤、产假、计划生育假、婚丧假、事假、探亲假、定期休假、停工学习、执行国家或社会义务等原因按计时工资标准的一定比例支付工资。

2. 人工费计算

(1)人工费计算方法一:适用于施工企业投标报价时自主确定人工费,也是工程造价管理机构编制计价定额确定定额人工单价或发布人工成本信息的参考依据。其计算公式如下:

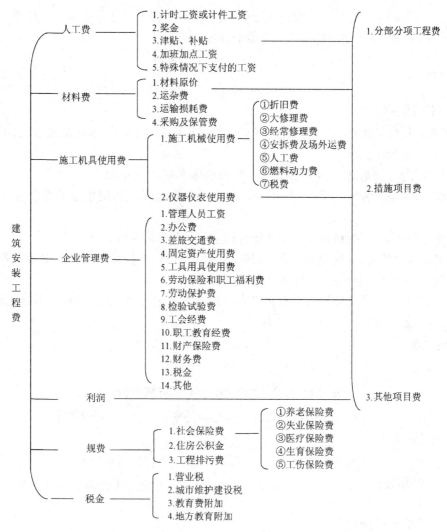

图 2-1 建筑安装工程费用项目组成(按费用构成要素划分)

$$人工费 = \sum(工日消耗量 \times 日工资单价)$$

$$日工资单价 = \frac{生产工人平均月工资(计时计件) + 平均月(奖金 + 津贴补贴 + 特殊情况下支付的工资)}{年平均每月法定工作日}$$

(2)人工费计算方法二:适用于工程造价管理机构编制计价定额时确定定额人工费,是施工企业投标报价的参考依据。其计算公式如下:

$$人工费 = \sum(工程工日消耗量 \times 日工资单价)$$

日工资单价是指施工企业平均技术熟练程度的生产工人在每工作日(国家法定工作时间内)按规定从事施工作业应得的日工资总额。

工程造价管理机构确定日工资单价应通过市场调查,根据工程项目的技术要求,参考实物工程量人工单价综合分析确定,最低日工资单价不得低于工程所在地人力资源和社会保障部门所发布的最低工资标准的普工 1.3 倍;一般技工 2 倍;高级技工 3 倍。

工程计价定额不可只列一个综合工日单价,应根据工程项目技术要求和工种差别适当划分多种日人工单价,确保各分部工程人工费的合理构成。

二、材料费

1. 材料费组成

材料费是指施工过程中耗费的原材料、辅助材料、构配件、零件、半成品或成品、工程设备的费用。其内容包括:

(1)材料原价:是指材料、工程设备的出厂价格或商家供应价格。

(2)运杂费:是指材料、工程设备自来源地运至工地仓库或指定堆放地点所发生的全部费用。

(3)运输损耗费:是指材料在运输装卸过程中不可避免的损耗。

(4)采购及保管费:是指为组织采购、供应和保管材料、工程设备的过程中所需要的各项费用。其包括采购费、仓储费、工地保管费、仓储损耗。

工程设备是指构成或计划构成永久工程一部分的机电设备、金属结构设备、仪器装置及其他类似的设备和装置。

2. 材料费计算

(1)材料费

$$材料费 = \sum(材料消耗量 \times 材料单价)$$

$$材料单价 = [(材料原价 + 运杂费) \times [1 + 运输损耗率(\%)]] \times [1 + 采购保管费率(\%)]$$

(2)工程设备费

$$工程设备费 = \sum(工程设备量 \times 工程设备单价)$$

$$工程设备单价 = (设备原价 + 运杂费) \times [1 + 采购保管费率(\%)]$$

三、施工机具使用费

1. 施工机具使用费组成

施工机具使用费是指施工作业所发生的施工机械、仪器仪表使用费或其租赁费。

(1)施工机械使用费:以施工机械台班耗用量乘以施工机械台班单价表示,施工机械台班单价应由下列 7 项费用组成:

1)折旧费:指施工机械在规定的使用年限内,陆续收回其原值的费用。

2)大修理费:指施工机械按规定的大修理间隔台班进行必要的大修理,以恢复其正常功能所需的费用。

3)经常修理费:指施工机械除大修理以外的各级保养和临时故障排除所需的费用。其包括为保障机械正常运转所需替换设备与随机配备工具附具的摊销和维护费用,机械运转中日常保养所需润滑与擦拭的材料费用及机械停滞期间的维护和保养费用等。

4)安拆费及场外运费:安拆费指施工机械(大型机械除外)在现场进行安装与拆卸所需的人工、材料、机械和试运转费用以及机械辅助设施的折旧、搭设、拆除等费用。场外运费指施工机械整体或分体自停放地点运至施工现场或由一施工地点运至另一施工地点的运输、装卸、辅助材料及架线等费用。

5）人工费：指机上司机（司炉）和其他操作人员的人工费。

6）燃料动力费：指施工机械在运转作业中所消耗的各种燃料及水、电等费用。

7）税费：指施工机械按照国家规定应缴纳的车船使用税、保险费及年检费等。

（2）仪器仪表使用费：是指工程施工所需使用的仪器仪表的摊销及维修费用。

2. 施工机具使用费计算

（1）施工机械使用费

$$施工机械使用费 = \sum（施工机械台班消耗量 \times 机械台班单价）$$

$$机械台班单价 = 台班折旧费 + 台班大修费 + 台班经常修理费 + 台班安拆费及场外运费 +$$
$$台班人工费 + 台班燃料动力费 + 台班车船税费$$

注：工程造价管理机构在确定计价定额中的施工机械使用费时，应根据《建筑施工机械台班费用计算规则》结合市场调查编制施工机械台班单价。施工企业可以参考工程造价管理机构发布的台班单价，自主确定施工机械使用费的报价，如租赁施工机械，公式为：施工机械使用费 $= \sum$（施工机械台班消耗量×机械台班租赁单价）。

（2）仪器仪表使用费

$$仪器仪表使用费 = 工程使用的仪器仪表摊销费 + 维修费$$

四、企业管理费

1. 企业管理费组成

企业管理费是指建筑安装企业组织施工生产和经营管理所需的费用。其内容包括：

（1）管理人员工资：是指按规定支付给管理人员的计时工资、奖金、津贴补贴、加班加点工资及特殊情况下支付的工资等。

（2）办公费：是指企业管理办公用的文具、纸张、账表、印刷、邮电、书报、办公软件、现场监控、会议、水电、烧水和集体取暖降温（包括现场临时宿舍取暖降温）等费用。

（3）差旅交通费：是指职工因公出差、调动工作的差旅费、住勤补助费，市内交通费和误餐补助费，职工探亲路费，劳动力招募费，职工退休、退职一次性路费，工伤人员就医路费，工地转移费以及管理部门使用的交通工具的油料、燃料等费用。

（4）固定资产使用费：是指管理和试验部门及附属生产单位使用的属于固定资产的房屋、设备、仪器等的折旧、大修、维修或租赁费。

（5）工具用具使用费：是指企业施工生产和管理使用的不属于固定资产的工具、器具、家具、交通工具和检验、试验、测绘、消防用具等的购置、维修和摊销费。

（6）劳动保险和职工福利费：是指由企业支付的职工退职金，按规定支付给离休干部的经费、集体福利费、夏季防暑降温、冬季取暖补贴、上下班交通补贴等。

（7）劳动保护费：是企业按规定发放的劳动保护用品的支出。如工作服、手套、防暑降温饮料以及在有碍身体健康的环境中施工的保健费用等。

（8）检验试验费：是指施工企业按照有关标准规定，对建筑以及材料、构件和建筑安装物进行一般鉴定、检查所发生的费用，包括自设试验室进行试验所耗用的材料等费用。它不包括新结构、新材料的试验费,对构件做破坏性试验及其他特殊要求检验试验的费用和建设单位委托检测机构进行检测的费用,对此类检测发生的费用,由建设单位在工程建设其他费用中列支。但对施工企业提供的具有合格证明的材料进行检测不合格的,该检测费用由施工企业支付。

(9)工会经费:是指企业按《工会法》规定的全部职工工资总额比例计提的工会经费。

(10)职工教育经费:是指按职工工资总额的规定比例计提,企业为职工进行专业技术和职业技能培训、专业技术人员继续教育、职工职业技能鉴定、职业资格认定以及根据需要对职工进行各类文化教育所发生的费用。

(11)财产保险费:是指施工管理用财产、车辆等的保险费用。

(12)财务费:是指企业为施工生产筹集资金或提供预付款担保、履约担保、职工工资支付担保等所发生的各种费用。

(13)税金:是指企业按规定缴纳的房产税、车船使用税、土地使用税、印花税等。

(14)其他:包括技术转让费、技术开发费、投标费、业务招待费、绿化费、广告费、公证费、法律顾问费、审计费、咨询费、保险费等。

2. 企业管理费费率

(1)以分部分项工程费为计算基础

$$企业管理费费率(\%)=\frac{生产工人年平均管理费}{年有效施工天数×人工单价}×人工费占分部分项工程费比例(\%)$$

(2)以人工费和机械费合计为计算基础

$$企业管理费费率(\%)=\frac{生产工人年平均管理费}{年有效施工天数×(人工单价+每一工日机械使用费)}×100\%$$

(3)以人工费为计算基础

$$企业管理费费率(\%)=\frac{生产工人年平均管理费}{年有效施工天数×人工单价}×100\%$$

注:上述公式适用于施工企业投标报价时自主确定管理费,是工程造价管理机构编制计价定额确定企业管理费的参考依据。

工程造价管理机构在确定计价定额中企业管理费时,应以定额人工费或定额人工费+定额机械费作为计算基数,其费率根据历年工程造价积累的资料,辅以调查数据确定,列入分部分项工程和措施项目中。

五、利润

利润是指施工企业完成所承包工程获得的盈利。施工企业根据企业自身需求并结合建筑市场实际自主确定,列入报价中。

工程造价管理机构在确定计价定额中利润时,应以定额人工费或定额人工费+定额机械费作为计算基数,其费率根据历年工程造价积累的资料,并结合建筑市场实际确定,以单位(单项)工程测算,利润在税前建筑安装工程费的比重可按不低于5%且不高于7%的费率计算。利润应列入分部分项工程和措施项目中。

六、规费

1. 规费组成

规费是指按国家法律、法规规定，由省级政府和省级有关权力部门规定必须缴纳或计取的费用。其内容包括：

（1）社会保险费

1）养老保险费：是指企业按照规定标准为职工缴纳的基本养老保险费。

2）失业保险费：是指企业按照规定标准为职工缴纳的失业保险费。

3）医疗保险费：是指企业按照规定标准为职工缴纳的基本医疗保险费。

4）生育保险费：是指企业按照规定标准为职工缴纳的生育保险费。

5）工伤保险费：是指企业按照规定标准为职工缴纳的工伤保险费。

（2）住房公积金：是指企业按规定标准为职工缴纳的住房公积金。

（3）工程排污费：是指按规定缴纳的施工现场工程排污费。

其他应列而未列入的规费，按实际发生计取。

2. 规费计算

（1）社会保险费和住房公积金。社会保险费和住房公积金应以定额人工费为计算基础，根据工程所在地省、自治区、直辖市或行业建设主管部门规定费率计算。

$$社会保险费和住房公积金 = \sum（工程定额人工费 \times 社会保险费和住房公积金费率）$$

式中：社会保险费和住房公积金费率可以每万元发承包价的生产工人人工费和管理人员工资含量与工程所在地规定的缴纳标准综合分析取定。

（2）工程排污费。工程排污费等其他应列而未列入的规费应按工程所在地环境保护等部门规定的标准缴纳，按实计取列入。

七、税金

税金是指国家税法规定的应计入建筑安装工程造价内的营业税、城市维护建设税、教育费附加以及地方教育附加。

根据上述规定，现行应缴纳的税金计算公式如下：

$$税金 = 税前造价 \times 综合税率（\%）$$

综合税率计算为：

（1）纳税地点在市区的企业：

$$综合税率（\%） = \frac{1}{1 - 3\% - 3\% \times 7\% - 3\% \times 3\% - 3\% \times 2\%} - 1$$

（2）纳税地点在县城、镇的企业：

$$综合税率（\%） = \frac{1}{1 - 3\% - 3\% \times 5\% - 3\% \times 3\% - 3\% \times 2\%} - 1$$

（3）纳税地点不在市区、县城、镇的企业：

$$综合税率（\%） = \frac{1}{1 - 3\% - 3\% \times 1\% - 3\% \times 3\% - 3\% \times 2\%} - 1$$

（4）实行营业税改增值税的，按纳税地点现行税率计算。

第二节　按造价形成划分建筑安装工程费

建筑安装工程费按照工程造价形成由分部分项工程费、措施项目费、其他项目费、规费、税金组成，分部分项工程费、措施项目费、其他项目费包含人工费、材料费、施工机具使用费、企业管理费和利润（图 2-2）。

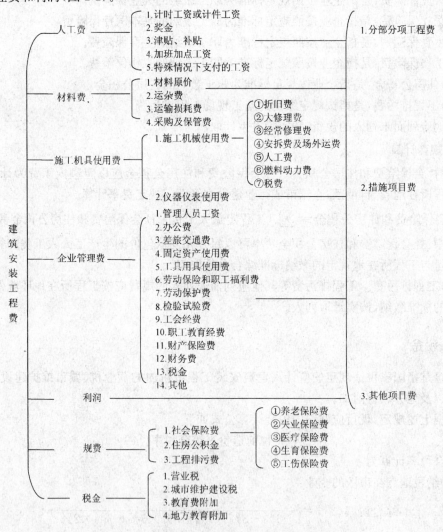

图 2-2　建筑安装工程费用项目组成（按造价形成划分）

一、分部分项工程费

1. 分部分项工程费组成

分部分项工程费是指各专业工程的分部分项工程应予列支的各项费用。

（1）专业工程：是指按现行国家计量规范划分的房屋建筑与装饰工程、仿古建筑工程、通用安装工程、市政工程、园林绿化工程、矿山工程、构筑物工程、城市轨道交通工程、爆破工程等各类工程。

（2）分部分项工程：指按现行国家计量规范对各专业工程划分的项目。如房屋建筑与装饰工程划分的土石方工程，地基处理与边坡支护工程，桩基工程，砌筑工程，混凝土及钢筋混凝土工程，金属结构工程，木结构工程，门窗工程，屋面及防水工程，保温、隔热、防腐工程，楼地面装饰工程，墙、柱面装饰与隔断、幕墙工程，天棚工程，油漆、涂料、裱糊工程，其他装饰工程，拆除工程等。

2. 分部分项工程费计算

$$分部分项工程费＝\sum（分部分项工程量×综合单价）$$

式中：综合单价包括人工费、材料费、施工机具使用费、企业管理费和利润以及一定范围的风险费用（下同）。

二、措施项目费

1. 措施项目费组成

措施项目费是指为完成建设工程施工，发生于该工程施工前和施工过程中的技术、生活、安全、环境保护等方面的费用。其内容包括：

（1）安全文明施工费

1）环境保护费：是指施工现场为达到环保部门要求所需要的各项费用。

2）文明施工费：是指施工现场文明施工所需要的各项费用。

3）安全施工费：是指施工现场安全施工所需要的各项费用。

4）临时设施费：是指施工企业为进行建设工程施工所必须搭设的生活和生产用的临时建筑物、构筑物和其他临时设施费用。其包括临时设施的搭设、维修、拆除、清理费或摊销费等。

（2）夜间施工增加费：是指因夜间施工所发生的夜班补助费、夜间施工降效、夜间施工照明设备摊销及照明用电等费用。

（3）二次搬运费：是指因施工场地条件限制而发生的材料、构配件、半成品等一次运输不能到达堆放地点，必须进行二次或多次搬运所发生的费用。

（4）冬雨期施工增加费：是指在冬季或雨季施工需增加的临时设施、防滑、排除雨雪，人工及施工机械效率降低等费用。

（5）已完工程及设备保护费：是指竣工验收前，对已完工程及设备采取的必要保护措施所发生的费用。

（6）工程定位复测费：是指工程施工过程中进行全部施工测量放线和复测工作的费用。

（7）特殊地区施工增加费：是指工程在沙漠或其边缘地区、高海拔、高寒、原始森林等特殊地区施工增加的费用。

（8）大型机械设备进出场及安拆费：是指机械整体或分体自停放场地运至施工现场或由一个施工地点运至另一个施工地点，所发生的机械进出场运输及转移费用及机械在施工现场进行安装、拆卸所需的人工费、材料费、机械费、试运转费和安装所需的辅助设施的费用。

(9)脚手架工程费:是指施工需要的各种脚手架搭、拆、运输费用以及脚手架购置费的摊销(或租赁)费用。

措施项目及其包含的内容详见各类专业工程的现行国家或行业计量规范。

2. 措施项目费计算

(1)国家计量规范规定应予计量的措施项目,其计算公式为:

$$措施项目费=\sum(措施项目工程量\times综合单价)$$

(2)国家计量规范规定不宜计量的措施项目计算方法如下:

1)安全文明施工费

$$安全文明施工费=计算基数\times安全文明施工费费率(\%)$$

计算基数应为定额基价(定额分部分项工程费+定额中可以计量的措施项目费)、定额人工费或(定额人工费+定额机械费),其费率由工程造价管理机构根据各专业工程的特点综合确定。

2)夜间施工增加费

$$夜间施工增加费=计算基数\times夜间施工增加费费率(\%)$$

3)二次搬运费

$$二次搬运费=计算基数\times二次搬运费费率(\%)$$

4)冬雨期施工增加费

$$冬雨期施工增加费=计算基数\times冬雨季施工增加费费率(\%)$$

5)已完工程及设备保护费

$$已完工程及设备保护费=计算基数\times已完工程及设备保护费费率(\%)$$

上述2)~5)项措施项目的计费基数应为定额人工费或(定额人工费+定额机械费),其费率由工程造价管理机构根据各专业工程特点和调查资料综合分析后确定。

三、其他项目费

1. 其他项目费组成

(1)暂列金额:是指建设单位在工程量清单中暂定并包括在工程合同价款中的一笔款项。用于施工合同签订时尚未确定或者不可预见的所需材料、工程设备、服务的采购,施工中可能发生的工程变更,合同约定调整因素出现时的工程价款调整以及发生的索赔、现场签证确认等的费用。

(2)计日工:是指在施工过程中,施工企业完成建设单位提出的施工图纸以外的零星项目或工作所需的费用。

(3)总承包服务费:是指总承包人为配合、协调建设单位进行的专业工程发包,对建设单位自行采购的材料、工程设备等进行保管以及施工现场管理、竣工资料汇总整理等服务所需的费用。

2. 其他项目费计算

(1)暂列金额由建设单位根据工程特点,按有关计价规定估算,施工过程中由建设单位掌握使用,扣除合同价款调整后如有余额,归建设单位。

（2）计日工由建设单位和施工企业按施工过程中的签证计价。

（3）总承包服务费由建设单位在招标控制价中根据总包服务范围和有关计价规定编制，施工企业投标时自主报价，施工过程中按签约合同价执行。

四、规费和税金

规费是政府和有关权力部门根据国家法律、法规规定施工企业必须缴纳的费用。税金是国家按照税法预先规定的标准，强制地、无偿地要求纳税人缴纳的费用。两者都是工程造价的组成部分，但是其费用内容和计取标准都不是发承包人能自主确定的，更不是由市场竞争决定的。其主要包括如下内容：

1. 社会保险费

《中华人民共和国社会保险法》第二条规定："国家建立基本养老保险、基本医疗保险、工伤保险、失业保险、生育保险等社会保险制度，保障公民在年老、疾病、工伤、失业、生育等情况下依法从国家和社会获得物质帮助的权利"。

（1）养老保险费。《中华人民共和国社会保险法》第十条规定："职工应当参加基本养老保险，由用人单位和职工共同缴纳基本养老保险费"。

《中华人民共和国劳动法》第七十二条规定："用人单位和劳动者必须依法参加社会保险，缴纳社会保险费。为此，国务院《关于建立统一的企业职工基本养老保险制度的决定》（国发〔1997〕26号）第三条规定：企业缴纳基本养老保险费（以下简称企业缴费）的比例，一般不得超过企业工资总额的20%（包括划入个人账户的部分），具体比例由省、自治区、直辖市人民政府确定"。

（2）医疗保险费。《中华人民共和国社会保险法》第二十三条规定："职工应当参加职工医疗保险，由用人单位和职工按照国家规定共同缴纳基本医疗保险费"。

国务院《关于建立城镇职工基本医疗保险制度的决定》（国发〔1998〕44号）第二条规定："基本医疗保险费由用人单位和职工个人共同缴纳。用人单位缴费应控制在职工工资总额的6%左右，职工一般为本人工资收入的2%。随着经济发展，用人单位和职工缴费率可作相应调整"。

（3）失业保险费。《中华人民共和国社会保险法》第四十四条规定："职工应当参加失业保险，由用人单位和职工按照国家规定共同缴纳失业保险费"。

《失业保险条例》（国务院令第258号）第六条规定："城镇企业事业单位按照本单位工资总额的百分之二缴纳失业保险费。城镇企业事业单位职工按照本人工资的百分之一缴纳失业保险费。城镇企业事业单位招用的农民合同制工人本人不缴纳失业保险费"。

（4）工伤保险费。《中华人民共和国社会保险法》第三十三条规定："职工应当参加工伤保险。由用人单位缴纳工伤保险费，职工不缴纳工伤保险费"。

《中华人民共和国建筑法》第四十八条规定："建筑施工企业应当依法为职工参加工伤保险缴纳工伤保险费。鼓励企业为从事危险作业的职工办理意外伤害保险，支付保险费"。

《工伤保险条例》（国务院令第375号）第十条规定："用人单位应按时缴纳工伤保险费。职工个人不缴纳工伤保险费"。

（5）生育保险费。《中华人民共和国社会保险法》第五十三条规定："职工应当参加生育保险,由用人单位按照国家规定缴纳生育保险费,职工不缴纳生育保险费"。

2. 住房公积金

《住房公积金管理条例》(国务院令第 262 号)第十八条规定:"职工和单位住房公积金的缴存比例均不得低于职工上一年度月平均工资的 5%;有条件的城市,可以适当提高缴存比例。具体缴存比例由住房公积金管理委员会拟订,经本级人民政府审核后,报省、自治区、直辖市人民政府批准"。

3. 工程排污费

《中华人民共和国水污染防治法》第二十四条规定:"直接向水体排放污染物的企业事业单位和个体工商户,应当按照排放水污染物的种类、数量和排污费征收标准缴纳排污费"。

由上述法律、行政法规以及国务院文件可见,规费是由国家或省级、行业建设行政主管部门依据国家有关法律、法规以及省级政府或省级有关权力部门的规定确定。因此,在工程造价计价时,规费和税金应按国家或省级、行业建设主管部门的有关规定计算,并不得作为竞争性费用。

第三节　　建筑安装工程计价程序

一、工程招标控制价计价程序

建设单位工程招标控制价计价程序见表 2-1。

表 2-1　　　　　　　　　　　建设单位工程招标控制价计价程序

工程名称:　　　　　　　　　　　　　　　　标段:

序号	内　容	计算方法	金　额/元
1	分部分项工程费	按计价规定计算	
1.2			
1.3			
1.4			
1.5			
2	措施项目费	按计价规定计算	
2.1	其中:安全义明施工费	按规定标准计算	

续表

序号	内 容	计算方法	金 额/元
3	其他项目费		
3.1	其中:暂列金额	按计价规定估算	
3.2	其中:专业工程暂估价	按计价规定估算	
3.3	其中:计日工	按计价规定估算	
3.4	其中:总承包服务费	按计价规定估算	
4	规费	按规定标准计算	
5	税金(扣除不列入计税范围的工程设备金额)	(1+2+3+4)×规定税率	
招标控制价合计＝1+2+3+4+5			

二、工程投标报价计价程序

施工企业工程投标报价计价程序见表2-2。

表 2-2　　　　　　　施工企业工程投标报价计价程序

工程名称：　　　　　　　　　标段：

序号	内 容	计算方法	金 额/元
1	分部分项工程费	自主报价	
1.1			
1.2			
1.3			
1.4			
1.5			
2	措施项目费	自主报价	
2.1	其中:安全文明施工费	按规定标准计算	
3	其他项目费		
3.1	其中:暂列金额	按招标文件提供金额计列	
3.2	其中:专业工程暂估价	按招标文件提供金额计列	
3.3	其中:计日工	自主报价	
3.4	其中:总承包服务费	自主报价	
4	规费	按规定标准计算	
5	税金(扣除不列入计税范围的工程设备金额)	(1+2+3+4)×规定税率	
投标报价合计＝1+2+3+4+5			

三、竣工结算计价程序

竣工结算计价程序见表 2-3。

表 2-3　　　　　　　　　　**竣工结算计价程序**

工程名称：　　　　　　　　　　标段：

序号	内容	计算方法	金额/元
1	分部分项工程费	按合同约定计算	
1.1			
1.2			
1.3			
1.4			
1.5			
2	措施项目	按合同约定计算	
2.1	其中:安全文明施工费	按规定标准计算	
3	其他项目		
3.1	其中:专业工程结算价	按合同约定计算	
3.2	其中:计日工	按计日工签证计算	
3.3	其中:总承包服务费	按合同约定计算	
3.4	索赔与现场签证	按发承包双方确认数额计算	
4	规费	按规定标准计算	
5	税金(扣除不列入计税范围的工程设备金额)	(1+2+3+4)×规定税率	
竣工结算总价合计＝1+2+3+4+5			

本章思考重点

BENZHANG SIKAOZHONGDIAN

1. 建筑安装工程费用项目组成有哪几种划分方式,其项目组成有何不同?
2. 人工费、材料费、施工机具使用费各项费用包括哪些内容?
3. 列入建筑工程造价的税金有哪几项,应如何计算?
4. 措施项目费是如何定义的,包括哪些内容?
5. 工程招投标与竣工结算的计价程序是怎样的?

第三章 装饰装修工程工程量计算基本知识

第一节 工程量计算基本原理

一、工程量概念

工程量是以规定的物理计量单位或自然计量单位所表示的各个具体分项工程或构配件的数量。

物理计量单位是指法定计量单位,如长度单位 m、面积单位 m^2、体积单位 m^3、质量单位 kg 等。

自然计量单位,一般是以物体的自然形态表示的计量单位,如套、组、台、件、个等。

二、正确计算工程量的意义

工程量计算是定额计价编制施工图预算、工程量清单计价时,编制招标工程量清单的重要环节。工程量计算是否正确,直接影响工程预算造价及招标工程量清单的准确性,从而进一步影响发包人所编制的工程招标控制价及承包人所编制的投标报价的准确性。另外,在整个工程造价编制工作中,工程量计算所花的劳动量占整个工程造价编制工作量的 70% 左右。因此,在工程造价编制过程中,必须对工程量计算这个重要环节给予充分的重视。

工程量是施工企业编制施工计划、组织劳动力和供应材料、机具的重要依据。因此,正确计算工程量对工程建设各单位加强管理,正确确定工程造价具有重要的现实意义。

工程量计算一般采取表格的形式,表格中一般应包括所计算工程量的项目名称、计算式、单位和数量等内容(表 3-1)。工程量计算式应注明轴线或部位,且应简明扼要,以便进行审查和校核。

表 3-1　　　　　　　　**工程量计算表**

工程名称:＿＿＿＿　　　　　　　　　　　　　　　　　　　　　　第　页共　页

序号	项目名称	工程量计算式	单　位	工程量

计算:　　　　　　校核:　　　　　　审查:　　　　　年　月　日

三、工程量计算一般原则

1. 工程量计算规则要一致

工程量计算必须与相关工程现行国家工程量计算规范规定的工程量计算规则相一致。现行国家工程量计算规范规定的工程量计算规则中对各分部分项工程的工程量计算规则作了具体规定,计算时必须严格按规定执行。例如,实心砖墙工程量计算中,外墙长度按外墙中心线长度计算,内墙长度按内墙净长线计算,内外山墙按其平均高度计算等;又如楼梯面层的工程量按设计图示尺寸以楼梯(包括踏步、休息平台及不大于 500mm 的楼梯井)水平投影面积计算。

2. 工程量计算口径要一致

计算工程量时,根据施工图纸列出的工程项目口径(指工程项目所包括的工作内容),必须与现行国家工程量计算规范规定相应的清单项目口径相一致,即不能将清单项目中已包含了的工作内容拿出来另列子目计算。

3. 工程量计量单位要一致

计算工程量时,所计算工程项目的工程量单位必须与现行国家工程量计算规范中相应清单项目的计量单位相一致。在现行国家工程量计算规范规定中,工程量的计量单位规定如下:

(1)以体积计算的为立方米(m^3)。

(2)以面积计算的为平方米(m^2)。

(3)长度为米(m)。

(4)重量为吨或千克(t 或 kg)。

(5)以件(个或组)计算的为件(个或组)。

例如,现行国家工程量计算规范规定中,钢筋混凝土现浇整体楼梯的计量单位为 m^2 或 m^3,而钢筋混凝土预制楼梯段的计量单位为 m^3 或段。在计算工程量时,应注意分清,使所列项目的计量单位与之一致。

4. 工程量计算尺寸的取定要准确

计算工程量时,首先要对施工图尺寸进行核对,并对各项目计算尺寸的取定要准确。

5. 工程量计算的顺序要统一

要遵循一定的顺序进行计算。计算工程量时要遵循一定的计算顺序,依次进行计算,这是为避免发生漏算或重算的重要措施。

6. 工程量计算精确度要统一

工程量的数字计算要准确,一般应精确到小数点后三位,汇总时,其准确度取值要达到:

(1)以"t"为单位,应保留小数点后三位数字,第四位四舍五入。

(2)以"m^3"、"m^2"、"m"、"kg"为单位,应保留小数点后两位数字,第三位小数四舍五入。

(3)以"个"、"套"、"块"、"组"、"樘"为单位,应取整数。

四、工程量计算的方法

工程量计算,通常采用按施工先后顺序、按现行国家工程量计算规范的分部、分项顺序和统筹法进行计算。

1. 按施工顺序计算

即按工程施工顺序的先后来计算工程量。计算时，先地下，后地上；先底层，后上层；先主要，后次要。大型和复杂工程应先划成区域，编成区号，分区计算。

2. 按现行国家工程量计算规范的顺序计算

即按相关工程现行国家工程量计算规范所列分部分项工程的次序来计算工程量。由前到后，逐项对照施工图设计内容，能对上号的就计算。采用这种方法计算工程量，要求熟悉施工图纸，具有较多的工程设计基础知识，并且要注意施工图中有的项目在现行国家工程量计算规范可能未包括，这时编制人应补充相关的工程量清单项目，并报省级或行业工程造价管理机构备案，切记不可因现行国家工程量计算规范中缺项而漏项。

3. 用统筹法计算工程量

统筹法计算工程量是根据各分项工程量计算之间的固有规律和相互之间的依赖关系，运用统筹原理和统筹图来合理安排工程量的计算程序，并按其顺序计算工程量。

用统筹法计算工程量的基本要点是：统筹程序、合理安排；利用基数、连续计算；一次计算、多次使用；结合实际、灵活机动。

五、工程量计算的顺序

1. 按轴线编号顺序计算

按轴线编号顺序计算，就是按横向轴线从①～⑩编号顺序计算横向构造工程量；按竖向轴线从Ⓐ～Ⓓ编号顺序计算纵向构造工程量，如图 3-1 所示。这种方法适用于计算内外墙的挖基槽、做基础、砌墙体、墙面装修等分项工程量。

2. 按顺时针顺序计算

先从工程平面图左上角开始，按顺时针方向先横后竖、自左至右、自上而下逐步计算，环绕一周后再回到左上方为止。如计算外墙、外

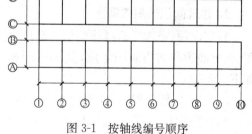

图 3-1　按轴线编号顺序

墙基础、楼地面、天棚等都可按此法进行，如图 3-2 所示。

例如：计算外墙工程量，由左上角开始，沿图中箭头所示方向逐段计算；楼地面、天棚的工程量亦可按图中箭头或编号顺序进行。

3. 按编号顺序计算

按图纸上所注各种构件、配件的编号顺序进行计算。例如在施工图上，对钢、木门窗构件，钢筋混凝土构件（柱、梁、板等），木结构构件，金属结构构件，屋架等都按序编号，计算它们的工程量时，可分别按所注编号逐一分别计算。

如图 3-3 所示，其构配件工程量计算顺序为：构造柱 Z_1、Z_2、Z_3、Z_4→主梁 L_1、L_2、L_3、L_4→过梁 GL_1、GL_2、GL_3、GL_4→楼板 B_1、B_2。

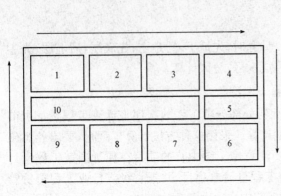

图 3-2　顺时针计算法

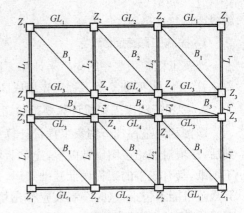

图 3-3　按构件的编号顺序计算

第二节　建筑面积计算规则

建筑面积是一项重要指标,起着衡量基本建设规模、投资效益、建设成本等重要尺度的作用,是计算建筑房屋工程量和单位工程每平方米预算造价的主要依据,是统计部门汇总发布房屋建筑面积完成情况的基础。

一、建筑面积及其面积计算的相关概念

1. 建筑面积的相关概念

建筑面积(亦称建筑展开面积),是指建筑物各层水平面积的总和。建筑面积是由使用面积、辅助面积和结构面积组成,其中使用面积与辅助面积之和称为有效面积。其计算公式如下:

建筑面积＝使用面积＋辅助面积＋结构面积＝有效面积＋结构面积

(1)使用面积。使用面积是指建筑物各层布置中可直接为生产或生活使用的净面积总和。例如住宅建筑中的卧室、起居室、客厅等。住宅建筑中的使用面积也称为居住面积。

(2)辅助面积。辅助面积是指建筑物各层平面布置中为辅助生产和生活所占净面积的总和。例如住宅建筑中的楼梯、走道、厕所、厨房等。

(3)结构面积。结构面积是指建筑物各层平面布置中的墙体、柱等结构所占的面积的总和。

(4)首层建筑面积。首层建筑面积也称为底层建筑面积,是指建筑物底层勒脚以上外墙外围水平投影面积。首层建筑面积作为"二线一面"中的一个重要指标,在工程量计算时,将被反复使用。

2. 与建筑面积计算相关的概念

为了准确计算建筑物的建筑面积,《建筑工程建筑面积计算规范》(GB/T 50353—2005)对相关术语做了明确规定。

(1)层高。层高是指上下两层楼面或楼面与地面之间的垂直距离。一般来说也指室内地

面标高至屋面板板面结构标高之间的垂直距离。其具体划分如下:

1)建筑物最底层的层高。

①有基础底板的,按基础底板上表面结构至上层楼面的结构标高之间的垂直距离确定。

②没有基础底板的,按室外设计地面标高至上层楼面结构标高之间的垂直距离确定。

2)最上一层的层高。按楼面结构标高至屋面板板面结构标高之间的垂直距离,遇有以屋面板找坡的屋面,层高指楼面结构标高至屋面板最低处板面结构标高之间的垂直距离。

(2)净高。净高是指楼面或地面至上部楼板底或吊顶底面之间的垂直距离。首层净高是指室外设计地坪至上部楼板底或吊顶底面之间的垂直距离。

(3)自然层。自然层指按楼板、地板结构分层的楼层。

(4)架空层。架空层是指建筑物深基础或坡地建筑吊脚架空部位不回填土石方形成的建筑空间。

(5)走廊。走廊是指建筑物的水平交通空间。

(6)挑廊。挑廊是指挑出建筑物外墙的水平交通空间。

(7)檐廊。檐廊是指设置在建筑物底层出檐下的水平交通空间。

(8)回廊。回廊指在建筑物门厅、大厅内设置在二层或二层以上的回形走廊。

(9)门斗。门斗指在建筑物出入口设置的起分隔、挡风、御寒等作用的建筑过渡空间。

(10)建筑物通道。建筑物通道是指为道路穿过建筑物而设置的建筑空间。

(11)架空走廊。架空走廊是指建筑物与建筑物之间,在二层或二层以上专门为水平交通设置的走廊。

(12)勒脚。勒脚是指建筑物的外墙与室外地面或散水接触部位墙体的加厚部分。

(13)围护结构。围护结构是指围合建筑空间四周的墙体、门、窗等。

(14)围护性幕墙。围护性幕墙是指直接作为外墙起围护作用的幕墙。

(15)装饰性幕墙。装饰性幕墙是指设置在建筑物墙体外起装饰作用的幕墙。

(16)落地橱窗。落地橱窗是指突出外墙面根基落地的橱窗。

(17)阳台。阳台是指供使用者进行活动和晾晒衣物的建筑空间。

(18)眺望间。眺望间是指设置在建筑物顶层或挑出房间的供人们远眺或观察周围情况的建筑空间。

(19)雨篷。雨篷是指设置在建筑物进出口上部的遮雨、遮阳篷。

(20)地下室。指房间地平面低于室外地平面的高度超过该房间净高的1/2者为地下室。

(21)半地下室。房间地平面低于室外地平面的高度超过该房间净高的1/3,且不超过1/2者为半地下室。

(22)变形缝。变形缝是伸缩缝(温度缝)、沉降缝和抗震缝的总称。

(23)永久性顶盖。永久性顶盖是指经规划批准设计的永久使用的顶盖。

(24)飘窗。飘窗指为房间采光和美化造型而设置的突出外墙的窗。

(25)骑楼。骑楼是指楼层部分跨在人行道上的临街楼房。

(26)过街楼。过街楼是指有道路穿过建筑空间的楼房。

二、建筑面积计算规则

《建筑工程建筑面积计算规范》(GB/T 50353—2005)对建筑工程建筑面积的计算做出了

具体的规定和要求,其主要内容包括:

(1)单层建筑物的建筑面积,应按其外墙勒脚以上结构外围水平面积计算,并应符合下列规定:

1)单层建筑物高度在 2.20m 及以上者应计算全面积,高度不足 2.20m 者应计算 1/2 面积。

2)利用坡屋顶内空间时净高超过 2.10m 的部位应计算全面积;净高在 1.20m 至 2.10m 的部位应计算 1/2 面积;净高不足 1.20m 的部位不应计算面积。

注:建筑面积的计算是以勒脚以上外墙结构外边线计算,勒脚是墙根部很矮的一部分墙体加厚,不能代表整个外墙结构,因此要扣除勒脚墙体加厚的部分(图 3-4)。

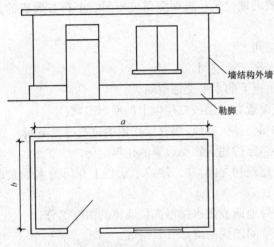

图 3-4　单层建筑物的建筑面积

(2)单层建筑物内设有局部楼层者,局部楼层的二层及以上楼层,有围护结构的应按其围护结构外围水平面积计算,无围护结构的应按其结构底板水平面积计算。层高在 2.20m 及以上者应计算全面积;层高不足 2.20m 者应计算 1/2 面积。

注:1. 单层建筑物应按不同的高度确定其面积的计算。其高度指室内地面标高至屋面板板面结构标高之间的垂直距离。遇有以屋面板找坡的平屋顶单层建筑物,其高度指室内地面标高至屋面板最低处板面结构标高之间的垂直距离。

2. 坡屋顶内空间建筑面积计算,可参照《住宅设计规范》的有关规定,将坡屋顶的建筑按不同净高确定其面积的计算。净高指楼面或地面至上部楼板底面或吊顶底面之间的垂直距离。

(3)多层建筑物首层应按其外墙勒脚以上结构外围水平面积计算,二层及以上楼层应按其外墙结构外围水平面积计算。层高在 2.20m 及以上者应计算全面积,层高不足 2.20m 者应计算 1/2 面积。

注:多层建筑物的建筑面积应按不同的层高分别计算。层高是指上下两层楼面结构标高之间的垂直距离。建筑物最底层的层高,有基础底板的指基础底板上表面结构标高至上层楼面的结构标高之间的垂直距离;没有基础底板的指地面标高至上层楼面结构标高之间的垂直距离。最上一层的层高是指楼面结构标高至屋面板板面结构标高之间的垂直距离,遇有以屋面板找坡的屋面,层高指楼面结构标高至屋面板最低处板面结构标高之间的垂直距离。

(4)多层建筑坡屋顶内和场馆看台下,当设计加以利用时净高超过 2.10m 的部位应计算全面积;净高在 1.20m 至 2.10m 的部位应计算 1/2 面积;当设计不利用或室内净高不足 1.20m 时不应计算面积。

注:多层建筑坡屋顶内和场馆看台下的空间应视为坡屋顶内的空间,设计加以利用时,应按其净高确定其面积的计算。设计不利用的空间,不应计算建筑面积。

(5)地下室、半地下室(图 3-5)(车间、商店、车站、车库、仓库等),包括相应的有永久性顶盖的出入口,应按其外墙上口(不包括采光井、外墙防潮层及其保护墙)外边线所围水平面积计算。层高在 2.20m 及以上者应计算全面积;层高不足 2.20m 者应计算 1/2 面积。

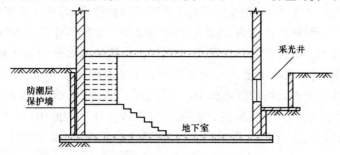

图 3-5　地下室、半地下室

注:地下室、半地下室应以其外墙上口外边线所围水平面积计算。原计算规则规定按地下室、半地下室上口外墙外围水平面积计算,文字上不甚严密,"上口外墙"容易理解为地下室、半地下室的上一层建筑的外墙。由于上一层建筑外墙与地下室墙的中心线不一定完全重叠,多数情况是凸出或凹进地下室外墙中心线。

(6)坡地的建筑物吊脚架空层(图 3-6)、深基础架空层,设计加以利用并有围护结构的,层高在 2.20m 及以上的部位应计算全面积;层高不足 2.20m 的部位应计算 1/2 面积。设计加以利用、无围护结构的建筑吊脚架空层,应按其利用部位水平面积的 1/2 计算;设计不利用的深基础架空层、坡地吊脚架空层、多层建筑坡屋顶内、场馆看台下的空间不应计算面积。

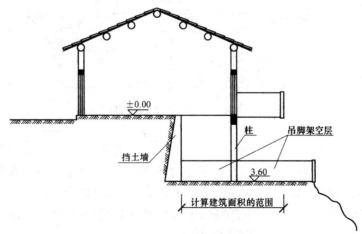

图 3-6　坡地建筑吊脚架空层

(7)建筑物的门厅、大厅(图 3-7)按一层计算建筑面积。门厅、大厅内设有回廊时,应按其结构底板水平面积计算。层高在 2.20m 及以上者应计算全面积;层高不足 2.20m 者应计算 1/2 面积。

(8)建筑物间有围护结构的架空走廊,应按其围护结构外围水平面积计算。层高在 2.20m 及以上者应计算全面积;层高不足 2.20m 者应计算 1/2 面积。有永久性顶盖无围护结构的应按其结构底板水平面积的 1/2 计算。

(9)立体书库、立体仓库、立体车库,无结构层的应按一层计算,有结构层的应按其结构层面积分别计算。层高在 2.20m 及以上者应计算全面积;层高不足 2.20m 者应计算 1/2 面积。

注:立体车库、立体仓库、立体书库不规定是否有围护结构,均按是否有结构层,应区分不同的层高确定建筑面积计算的范围,改变过去按书架层和货架层计算面积的规定。

(10)有围护结构的舞台灯光控制室,应按其围护结构外围水平面积计算。层高在 2.20m 及以上者应计算全面积;层高不足 2.20m 者应计算 1/2 面积。

(11)建筑物外有围护结构的落地橱窗、门斗、挑廊、走廊、檐廊(图 3-8 和图 3-9),应按其围护结构外围水平面积计算。层高在 2.20m 及以上者应计算全面积;层高不足 2.20m 者应计算 1/2 面积。有永久性顶盖无围护结构的应按其结构底板水平面积的 1/2 计算。

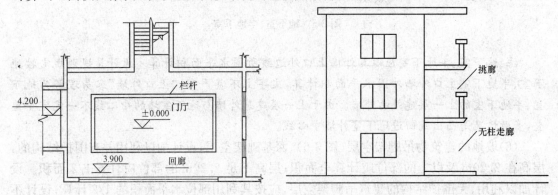

图 3-7　建筑物的门厅、大厅　　　　　图 3-8　建筑物外有围护结构的挑廊、无柱走廊

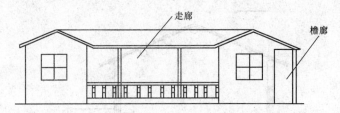

图 3-9　建筑物外有围护结构的挑廊和檐廊

(12)有永久性顶盖无围护结构的场馆看台应按其顶盖水平投影面积的 1/2 计算。

注:"场馆"实质上是指"场"(如:足球场、网球场等)看台上有永久性顶盖部分。"馆"应有永久性顶盖和围护结构的,应按单层或多层建筑相关规定计算面积。

(13)建筑物顶部有围护结构的楼梯间、水箱间、电梯机房等,层高在 2.20m 及以上者应计算全面积;层高不足 2.20m 者应计算 1/2 面积。

注:如遇建筑物屋顶的楼梯间是坡屋顶,应按坡屋顶的相关规定计算面积。

(14)设有围护结构不垂直于水平面而超出底板外沿的建筑物,应按其底板面的外围水平面积计算。层高在 2.20m 及以上者应计算全面积;层高不足 2.20m 者应计算 1/2 面积。

注:设有围护结构不垂直于水平面而超出底板外沿的建筑物是指向建筑物外倾斜的墙体,若遇有向建筑物内倾斜的墙体,应视为坡屋顶,应按坡屋顶有关规定计算面积。

(15)建筑物内的室内楼梯间、电梯井、观光电梯井、提物井、管道井、通风排气竖井、垃圾道、附墙烟囱应按建筑物的自然层计算。

注:室内楼梯间的面积计算,应按楼梯依附的建筑物的自然层数计算并在建筑物面积内。遇跃层建筑,其共用的室内楼梯应按自然层计算面积;上下两错层户室共用的室内楼梯,应选上一层的自然层计算面积(图3-10)。

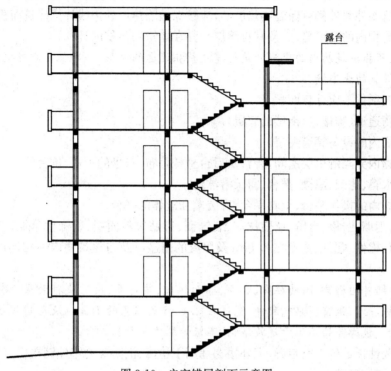

图3-10 户室错层剖面示意图

(16)雨篷结构的外边线至外墙结构外边线的宽度超过2.10m者,应按雨篷结构板的水平投影面积的1/2计算。

注:雨篷均以其宽度超过2.10m或不超过2.10m衡量,超过2.10m者应按雨篷的结构板水平投影面积的1/2计算。有柱雨篷和无柱雨篷计算应一致。

(17)有永久性顶盖的室外楼梯,应按建筑物自然层的水平投影面积的1/2计算。

注:室外楼梯,最上层楼梯无永久性顶盖,或不能完全遮盖楼梯的雨篷,上层楼梯不计算面积,上层楼梯可视为下层楼梯的永久性顶盖,下层楼梯应计算面积。

(18)建筑物的阳台均应按其水平投影面积的1/2计算。

注:建筑物的阳台,不论是凹阳台、挑阳台、封闭阳台、不封闭阳台均按其水平投影面积的一半计算。

(19)有永久性顶盖无围护结构的车棚、货棚、站台、加油站、收费站等,应按其顶盖水平投影面积的1/2计算。

注:车棚、货棚、站台、加油站、收费站等的面积计算。由于建筑技术的发展,出现许多新型结构,如柱不再是单纯的直立的柱,而出现正V形柱、倒∧形柱等不同类型的柱,给面积计算带来许多争议,为此,《建筑工程建筑面积计算规范》中不以柱来确定面积的计算,而依据顶盖的水平投影面积计算。在车棚、货棚、站台、加油站、收费站内设有围护结构的管理室、休息室等,另按相关规定计算面积。

(20)高低联跨的建筑物,应以高跨结构外边线为界分别计算建筑面积;其高低跨内部连通时,其变形缝应计算在低跨面积内。

(21)以幕墙作为围护结构的建筑物,应按幕墙外边线计算建筑面积。

(22)建筑物外墙外侧有保温隔热层的,应按保温隔热层外边线计算建筑面积。

(23)建筑物内的变形缝,应按其自然层合并在建筑物面积内计算。

注:此处所指建筑物内的变形缝是与建筑物相连通的变形缝,即暴露在建筑物内,在建筑物内可以看得见的变形缝。

(24)下列项目不应计算面积:

1)建筑物通道(骑楼、过街楼的底层)。

2)建筑物内的设备管道夹层。

3)建筑物内分隔的单层房间,舞台及后台悬挂幕布、布景的天桥、挑台等。

4)屋顶水箱、花架、凉棚、露台、露天游泳池。

5)建筑物内的操作平台、上料平台、安装箱和罐体的平台。

6)勒脚、附墙柱、垛、台阶、墙面抹灰、装饰面、镶贴块料面层、装饰性幕墙、空调室外机搁板(箱)、飘窗、构件、配件、宽度在 2.10m 及以内的雨篷以及与建筑物内不相连通的装饰性阳台、挑廊。

注:突出墙外的勒脚、附墙柱垛、台阶、墙面抹灰、装饰面、镶贴块料面层、装饰性幕墙、空调室外机搁板(箱)、飘窗、构件、配件、宽度在 2.10m 及以内的雨篷以及与建筑物内不相连通的装饰性阳台、挑廊等均不属于建筑结构,不应计算建筑面积。

7)无永久性顶盖的架空走廊、室外楼梯和用于检修、消防等的室外钢楼梯、爬梯。

8)自动扶梯、自动人行道。

注:自动扶梯(斜步道滚梯),除两端固定在楼层板或梁之外,扶梯本身属于设备,为此扶梯不宜计算建筑面积。水平步道(滚梯)属于安装在楼板上的设备,不应单独计算建筑面积。

9)独立烟囱、烟道、地沟、油(水)罐、气柜、水塔、贮油(水)池、贮仓、栈桥、地下人防通道、地铁隧道。

三、建筑面积计算步骤与注意事项

1. 建筑面积的计算步骤

(1)读图。建筑面积计算规则可归纳为以下几种情况:凡层高超过 2.2m 的有顶盖或维护结构以及有柱(除深基础以外)者,均应全部计算建筑面积;凡无顶或无柱者,能供人们利用的,通常按水平投影面积一半计算建筑面积;除此之外及有关配件,均不计算建筑面积。在掌握建筑面积计算规则的基础上,必须认真阅读施工图,明确哪些部分需要计算,哪些部分不需要计算,哪些是单层,哪些是多层,以及阳台的类型等。

(2)列项。按照单层、多层、雨篷、车棚等分类,并按一定顺序编号列出项目。

(3)计算。按照施工图查取尺寸,并根据如上所述计算规则进行建筑面积计算。

2. 建筑面积计算时的注意事项

(1)在计算建筑面积时,是按外墙的外边线取定尺寸,而设计图纸多以轴线标注尺寸,因此,要注意将底层和标准层按各自墙厚尺寸转换成边线尺寸进行计算。

（2）当在同一外边轴线上有墙有柱时，要查看墙外边线是否一致，不一致时要按墙外边线、柱外边线分别取定尺寸计算建筑面积。

（3）若遇建筑物内留有天井空间时，在计算建筑面积中应注意扣除天井面积。

（4）无柱走廊、檐廊和无围护结构的阳台，一般都按栏杆或栏板标注尺寸，其水平面积可以按栏杆或栏板墙外边线取定尺寸；若是采用钢木花栏杆者，应以廊台板外边线取定尺寸。

（5）层高小于 2.2m 的架空层或结构层，一般均不计算建筑面积。

本章思考重点

1. 正确计算工程量有何意义？
2. 工程量计算应遵循哪些原则，计算的方法有哪些？
3. 工程量计算可依照怎样的程序进行？
4. 建筑展开面积与建筑使用面积意义一样吗？
5. 建筑面积计算分为哪几步，计算时应注意哪些事项？
6. 分清哪些应计算建筑面积，哪些不应计算面积，该如何计算？

第四章 楼地面装饰工程工程量清单计价

楼地面是房屋建筑物底层地面(即地面)和楼层地面(即楼面)的总称,它是构成房屋建筑各层的水平结构层,楼地面主要由基层和面层两大基本构造层组成(图 4-1)。

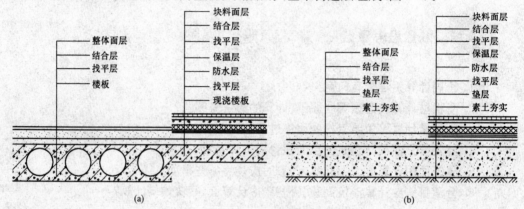

图 4-1 楼地面的构造
(a)楼面;(b)地面

第一节 新旧规范的区别及相关说明

一、"13 计量规范"*与"08 计价规范"的区别

(1)楼地面装饰工程共 8 节 43 项,增加了自流地坪楼地面、平面砂浆找平层、碎石材料楼地面、拼碎块料台阶面、拼碎块料面层、橡胶板楼梯面、塑料板楼梯面等项目,并将"08 计价规范"的"扶手、栏杆、栏板装饰"移到了"13 计量规范"附录 Q 其他装饰工程中。

(2)取消了对整个项目价值影响不大且难于描述或重复的项目特征。

(3)增加、修改部分项目的计量单位与计算规则。

(4)取消了部分项目的工作内容。

二、工程量计算规则相关说明

(1)踢脚线镶贴面增加以"米"计量,按延长米计算。

(2)将块材楼地面的计算规则由原来的"按设计图示尺寸以面积计算。扣除凸出地面构筑物、设备基础、室内铁道、地沟等所占面积,不扣除间壁墙和 0.3m² 以内的柱、垛、附墙烟囱

---

* "13 计量规范"指《房屋建筑与装饰工程工程量计算规范》(GB 50854—2013)。

及孔洞所占面积。门洞、空圈、暖气包槽、壁龛的开口部分不增加面积"改为"按设计图示尺寸以面积计算。门洞、空圈、暖气包槽、壁龛的开口部分并入相应的工程量内"。

（3）增加了平面砂浆找平层的计算方法：按设计图示尺寸以面积计算。

第二节　整体面层及找平层

一、清单项目设置及工程量计算规则

整体面层是以建筑砂浆为主要材料，用现场浇筑法做成整片直接接受各种荷载、摩擦、冲击的表面层。整体面层及找平层包括的清单项目有水泥砂浆楼地面、现浇水磨石楼地面、细石混凝土楼地面、菱苦土楼地面、自流坪楼地面、平面砂浆找平层，其工程量清单项目设置及工程量计算规则见表4-1。

表 4-1　　　　　　　　　整体面层及找平层（编码：011101）

项目编码	项目名称	项目特征	计量单位	工程量计算规则	工作内容
011101001	水泥砂浆楼地面	1. 找平层厚度、砂浆配合比 2. 素水泥浆遍数 3. 面层厚度、砂浆配合比 4. 面层做法要求	m²	按设计图示尺寸以面积计算。扣除凸出地面构筑物、设备基础、室内铁道、地沟等所占面积，不扣除间壁墙及 ≤ 0.3m² 柱、垛、附墙烟囱及孔洞所占面积。门洞、空圈、暖气包槽、壁龛的开口部分不增加面积	1. 基层清理 2. 抹找平层 3. 抹面层 4. 材料运输
011101002	现浇水磨石楼地面	1. 找平层厚度、砂浆配合比 2. 面层厚度、水泥石子浆配合比 3. 嵌条材料种类、规格 4. 石子种类、规格、颜色 5. 颜料种类、颜色 6. 图案要求 7. 磨光、酸洗、打蜡要求			1. 基层清理 2. 抹找平层 3. 面层铺设 4. 嵌缝条安装 5. 磨光、酸洗打蜡 6. 材料运输
011101003	细石混凝土楼地面	1. 找平层厚度、砂浆配合比 2. 面层厚度、混凝土强度等级			1. 基层清理 2. 抹找平层 3. 面层铺设 4. 材料运输
011101004	菱苦土楼地面	1. 找平层厚度、砂浆配合比 2. 面层厚度 3. 打蜡要求			1. 基层清理 2. 抹找平层 3. 面层铺设 4. 打蜡 5. 材料运输
011101005	自流坪楼地面	1. 找平层砂浆配合比、厚度 2. 界面剂材料种类 3. 中层漆材料种类、厚度 4. 面漆材料种类、厚度 5. 面层材料种类			1. 基层处理 2. 抹找平层 3. 涂界面剂 4. 涂刷中层漆 5. 打磨、吸尘 6. 镘自流平面漆（浆） 7. 拌合自流平浆料 8. 铺面层

项目编码	项目名称	项目特征	计量单位	工程量计算规则	工作内容
011101006	平面砂浆找平层	找平层厚度、砂浆配合比	m²	按设计图示尺寸以面积计算	1. 基层清理 2. 抹找平层 3. 材料运输

注：1. 水泥砂浆面层处理是拉毛还是提浆压光应在面层做法要求中描述。

　　2. 平面砂浆找平层只适用于仅做找平层的平面抹灰。

　　3. 间壁墙指墙厚≤120mm 的墙。

　　4. 楼地面混凝土垫层另按《房屋建筑与装饰工程工程量计算规范》(GB 50854—2013)附录 E.1 垫层项目编码列项，除混凝土外的其他材料垫层按《房屋建筑与装饰工程工程量计算规范》(GB 50854—2013)表 D.4 垫层项目编码列项。

二、整体楼地面构造做法

整体地面做法见表 4-2；整体楼面做法见表 4-3。

表 4-2　　　　　　　　　　　整体地面做法

编号	名　称	图　示	做 法 说 明	厚度/mm	附　注
1	混凝土（一）		C15 混凝土随打抹加浆压光	60～120	混凝土强度等级及厚度按设计图纸要求计算
			素土夯实		
2	混凝土（二）		C15 混凝土随打随抹加浆压光	60～120	
			二八灰土	150	
			素土夯实		
3	混凝土（三）		C15 混凝土随打随抹加浆压光	60～120	
			卵石(碎石)灌 M2.5 混合砂浆	120	
			素土夯实		
4	混凝土（四）		C20 混凝土随打随抹拉毛	120	
			填砂	30	
			毛石压实	120	
			素土夯实		
5	细石混凝土（一）		C20 细石混凝土随打随抹	40	
			C10 混凝土	60～120	
			素土夯实		
6	细石混凝土（二）		C20 细石混凝土随打随抹	40	
			C10 混凝土	60～120	
			二八灰土	150	
			素土夯实		

编号	名　称	图　示	做 法 说 明	厚度/mm	附　注
7	细石混凝土（三）		C20 细石混凝土随打随抹	40	
			卵石（碎石）灌 M5 砂浆	120	
			素土夯实		
8	水泥砂浆（一）		1：2 水泥砂浆	20	混凝土厚度按设计图纸规定计算
			C10 混凝土	60～80	
			素土夯实		
9	水泥砂浆（二）		1：2 水泥砂浆	20	
			C10 混凝土	60～80	
			二八灰土	150	
			素土夯实		
10	水泥砂浆（三）		1：2 水泥砂浆	20	
			卵石灌 M5 混合砂浆	120	
			素土夯实		
11	水泥砂浆（四）		1：2 水泥砂浆	20	
			1：2：4 水泥、砂、碎砖	100	
			二八灰土	150	
			素土夯实		
12	水泥砂浆（五）		1：2 水泥砂浆	20	
			C7.5 炉渣混凝土	80	
			素土夯实		
13	水泥砂浆（六）		1：2 水泥砂浆	20	
			C7.5 炉渣混凝土	80	
			二八灰土	150	
			素土夯实		
14	水磨石（一）		1：1.5 水泥白石子	10	
			1：3 水泥砂浆	15	
			C10 混凝土	80	
			素土夯实		
15	水磨石（二）		1：1.5 水泥白石子	10	
			1：3 水泥砂浆	15	
			卵石灌 M5 混合砂浆	120	
			素土夯实		

表 4-3　　　　　　　　　　　　　　　　整体楼面面层做法

编号	名　称	图　示	做 法 说 明	厚度/mm	附　注
1	水泥砂浆（一）		1：2 水泥砂浆	30	
			预制(现浇)楼板		
2	水泥砂浆（二）		1：2 水泥砂浆	20	
			1：8 水泥焦碴	60	
			预制(现浇)楼板		
3	细石混凝土（一）		C20 细石混凝土随打随抹	35	原浆压光
			预制(现浇)楼板		
4	细石混凝土（二）		C20 细石混凝土随打随抹	40	原浆压光
			1：8 水泥焦碴	60	
			预制(现浇)楼板		
5	水磨石（一）		1：1.5 水泥白石子	10	
			1：3 水泥砂浆	20	
			现浇楼板		
6	水磨石（二）		1：1.5 水泥白石子	10	钢筋网双向 200mm 间距
			1：3 水泥砂浆	15	
			C20 细石混凝土内配 φ4 钢筋网	35	
			预制楼板		
7	水磨石（三）		1：1.5 水泥白石子	10	
			1：3 水泥砂浆	15	
			1：8 水泥焦碴	60	
			预制(现浇)楼板		

三、水泥砂浆楼地面

1. 项目说明

水泥砂浆楼地面是指用 1：3 或 1：2.5 的水泥砂浆在基层上抹 15～20mm 厚,抹平后待其终凝前再用铁板压光而成的地面,如图 4-2 所示。其优点为造价低廉,施工方便;缺点是易起砂,地面干缩较大。

2. 项目特征描述提示

水泥砂浆楼地面项目特征描述提示:

(1)找平层应注明厚度、砂浆配合比,如 20mm 厚 1：3 水泥砂浆。

(2)面层应注明厚度、砂浆配合比,如 15mm 厚 1：2.5

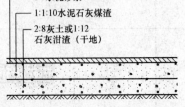

图 4-2　水泥砂浆地面

水泥砂面层。

(3)应描述素水泥浆遍数。

(4)对面层的做法要求应进行描述。

(5)如果设计采用标准图,只注明标准图集图号和页次、图号即可,局部和标准图不一致,则需单独列出。

3. 水泥砂浆材料用量计算

单位体积水泥砂浆中各材料用量按表4-4确定。

表 4-4　　　　　　　　　　　　　　　水泥砂浆材料用量计算

项　目	计算公式	备　注
砂子用量/m³	$q_c = \dfrac{c}{\sum f - c \times C_p}$	式中　a、c 分别为水泥、砂之比,即 $a:c=$水泥:砂; $\sum f$——配合比之和; C_p——砂空隙率(%),$C_p = \left(1 - \dfrac{r_0}{r_c}\right) \times 100\%$; r_a——水泥表观密度(kg/m³),可按 1200kg/m³ 计; r_0——砂容重按 2650kg/m³ 计; r_c——砂表观密度按 1550kg/m³ 计。
水泥用量/kg	$q_n = \dfrac{a \times r_a}{c} \times q_c$	则　　$C_p = \left(1 - \dfrac{1550}{2650}\right) \times 100\% = 41\%$ 当砂用量超过 1m³ 时,因其空隙容积已大于灰浆数量,均按 1m³ 计算

4. 工程量计算实例

【例 4-1】　如图 4-3 所示,计算某办公楼二层房间(不包括卫生间)及走廊地面整体面工程量(做法:内外墙均厚240mm,1:2.5水泥砂面层厚25mm,素水泥浆一道;C20细石混凝土找平层厚100mm;水泥砂浆踢脚线高150mm,门洞口尺寸为900mm×2100mm)。

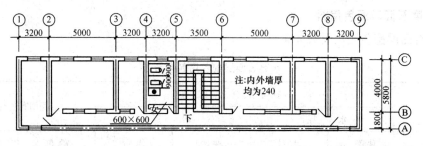

图 4-3　某办公楼二层示意图

【解】　按轴线序号排列进行计算:

地面整体面工程量＝(3.2－0.12×2)×(5.8－0.12×2)+(5.0－0.12×2)×(4.0－0.12×2)+(3.2－0.12×2)×(4.0－0.12×2)+(5.0－0.12×2)×(4.0－0.12×2)+(3.2－0.12×2)×(4.0－0.12×2)+(3.2－0.12×2)×(5.8－0.12×2)+(5.0＋3.2＋3.2＋3.5＋5.0＋3.2－0.12×2)×(1.8－0.12×2)＝126.63m²

四、现浇水磨石楼地面

1. 项目说明

现浇水磨石地面是指天然石料的石子,用水泥浆拌和在一起,浇抹结硬,再经磨光、打蜡而成的地面,可依据设计制做成各种颜色的图案,如图 4-4 所示。其特点为价格便宜,铺出的地面可以按照设计要求用分格条组合出不同花型,有一定的装饰效果。

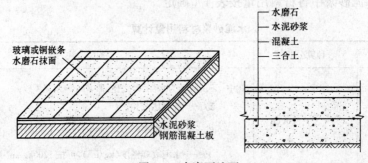

图 4-4　水磨石地面

2. 项目特征描述提示

现浇水磨石楼地面项目特征描述提示:

(1)找平层应注明厚度、砂浆配合比,如 20mm 厚 1:3 水泥砂浆。

(2)面层应注明厚度、水泥石子浆配合比,如 15mm 厚 1:2 白水泥彩色石子浆。

(3)若是彩色水磨石应注明石子种类、颜色、图案要求和嵌条种类、规格。

(4)应注明磨光、酸洗、打蜡要求,如表面草酸处理后打蜡上光。

(5)如果设计采用标准图,只注明标准集图号和页次、图号即可,局部和标准图不一致,则需单独列出。

3. 水磨石面层配色用料

水磨石面层配色用料见表 4-5。

表 4-5　　　　　　　　　　水磨石面层配色用料参考表

水磨石颜色	质量配合比				配用有色石子	
	水　泥		颜　料			
	种类	用量	种类	用量	颜色	粒径/mm
粉红	白水泥	100	氧化铁红	0.80	花红	4~6
深红	本色水泥	100	氧化铁红	10.30	紫红	4~6
淡红	本色水泥	100	氧化铁红	2.06	紫红	4
深黄	本色水泥	50	氧化铁黄	7.66	奶油	4~6
	白水泥	50				
淡黄	白水泥	100	氧化铁黄	0.48	奶油	4~6

水磨石颜色	质量配合比				配用有色石子	
	水　泥		颜　料		颜色	粒径/mm
	种类	用量	种类	用量		
深绿	白水泥	100	氧化铬绿	9.14	绿色	4
翠绿	白水泥	100	氧化铁绿	6.50	绿色	4
深灰	本色水泥	50			花红	4
	白水泥	50				
淡灰	白水泥	100	氧化铁黑	0.30	灰色	4
咖啡	本色水泥	50	氧化铁黑	2.90	紫红	4
	白水泥	50	氧化铁红	10.30		
黑色	本色水泥	100	氧化铁黑	11.82	黑	4

4. 工程量计算实例

【例4-2】　某商店平面如图4-5所示,地面做法:C20细石混凝土找平层60mm厚,1:2.5白水泥色石子水磨石面层20mm厚,15mm×2mm铜条分隔,距墙柱边300mm内按纵横1m宽分格。计算地面工程量。

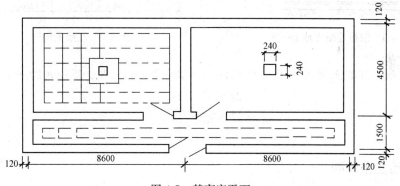

图4-5　某商店平面

【解】　现浇水磨石楼地面工程量=主墙间净长度×主墙间净宽度-构筑物等所占面积

现浇水磨石楼地面工程量=(8.6-0.24)×(4.5-0.24)×2+(8.6×2-0.24)×(1.5-0.24)

　　　　　　　　　　　=92.60m²

柱子工程量=0.24×0.24=0.0576m²<0.3m²,所以不用扣除柱子工程量

五、细石混凝土楼地面

1. 项目说明

细石混凝土地面指在结构层上做细石混凝土,浇好后随即用木板拍表浆或用铁滚滚压,

待水泥浆液到表面时,再撒上水泥浆,最后用铁板压光(这种做法也称随打随抹)的地面,如图 4-6 所示。为提高表面光洁度和耐磨性,压光时可撒上适量的 1:1 干拌水泥砂子灰。

细石混凝土地面的混凝土强度等级一般不低于 C20,水泥强度等级应不低于 32.5 级,碎石或卵石的最大粒径不超过 15cm,并要求级配适当。配制出的混凝土坍落度应在 30mm 以下。

2. 项目特征描述提示

细石混凝土楼地面项目特征描述提示:

(1)找平层应注明厚度、配合比,如 C10 混凝土 80mm 厚。

(2)面层应注明厚度、混凝土强度等级,如 40mm 厚 C20 细石混凝土提浆压光。

3. 工程量计算实例

【例 4-3】 某工程底层平面层如图 4-7 所示,已知地面为 35mm 厚 1:2 细石混凝土面层,计算细石混凝土面层工程量。

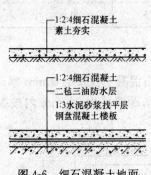

图 4-6　细石混凝土地面

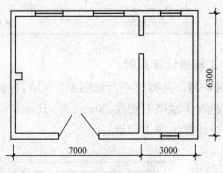

图 4-7　底层平面图

【解】 细石混凝土面层工程量 $= (7.0 - 0.12 \times 2) \times (6.3 - 0.12 \times 2) + (3.0 - 0.12 \times 2) \times (6.3 - 0.12 \times 2)$

$= 57.69 \text{m}^2$

六、菱苦土楼地面

1. 项目说明

菱苦土楼地面是以菱苦土为胶结料,锯木屑(锯末)为主要填充料,加入适量具有一定浓度的氯化镁溶液,调制成可塑性胶泥铺设而成的一种整体楼地面工程。为使其表面光滑、色泽美观,调制时可加入少量滑石粉和矿物颜料;有时为了耐磨,还掺入一些砂粒或石屑。菱苦土面层具有耐火、保温、隔声、隔热及绝缘等特点,而且质地坚硬并具有一定的弹性,适用于住宅、办公楼、教学楼、医院、俱乐部、托儿所及纺织车间等的楼地面。

菱苦土楼地面可铺设单层或双层。单层面层厚度一般为 12～15mm;双层的分底层和面层,底层厚度一般为 12～15mm,面层厚度一般为 8～12mm。但绝大多数均采用双层做法,很少采用单层做法。在双层做法中,由于下底与上层的作用不同,所以其配合比成分也不同。

2. 项目特征描述提示

菱苦土楼地面项目特征描述提示：

(1)找平层应注明厚度、砂浆配合比，如 20mm 厚 1：3 水泥砂浆。

(2)面层应注明厚度。

(3)应注明打蜡要求，如清油两遍、打蜡。

3. 工程量计算实例

【例 4-4】 如图 4-8 所示，设计要求做水泥砂浆找平层和菱苦土整体面层，试计算其工程量。

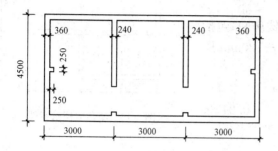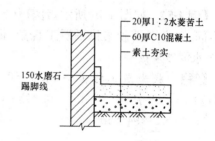

图 4-8 菱苦土地面示意图

【解】 菱苦土面层工程量＝(4.5−0.36×2)×(3−0.36−0.12)×2+(4.5−0.36×2)×
$$(3−0.24)$$
$$=29.48\text{m}^2$$

七、自流坪楼地面

1. 项目说明

自流坪是一种地面施工技术，它是多材料同水混合而成的液态物质，倒入地面后，这种物质可根据地面的高低不平顺势流动，对地面进行自动找平，并很快干燥，固化后的地面会形成光滑、平整、无缝的新基层。除找平功能之外，自流平还可以防潮、抗菌，这一技术已经在无尘室、无菌室等精密行业中广泛应用。自流坪在施工上具有一定的工艺要求，一般情况下自流坪最薄能做到3mm，不宜过厚。自流坪有很多种，有环氧自流坪，也有水泥自流坪。如图 4-9 所示为环氧自流坪示意图。

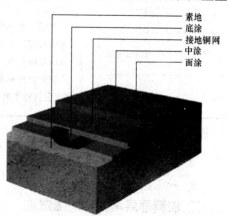

2. 项目特征描述提示

自流坪楼地面项目特征描述提示：

(1)找平层应注明厚度、砂浆配合比，如 20mm 厚 1：3 水泥砂浆。

(2)应注明界面剂材料种类。

(3)应注明中层漆、面漆材料种类、厚度。

(4)面层应注明材料种类。

图 4-9 环氧自流坪示意图

八、平面砂浆找平层

1. 项目说明

平面砂浆找平层是指仅做找平层的平面抹灰。

2. 项目特征描述提示

平面砂浆找平层项目特征描述提示：找平层应注明厚度、砂浆配合比，如 20mm 厚 1：3 水泥砂浆。

3. 工程量计算实例

【例 4-5】 如图 4-10 所示，计算住宅楼房间，包括卫生间、厨房平面砂浆找平层工程量（做法：20mm 厚 1：3 水泥砂浆找平）。

【解】 找平层工程量＝(4.5－0.24)×(5.4－0.24)×2＋(9－0.24)×(4.5－0.24)＋(2.7－0.24)×(3－0.24)×2＝94.86m²

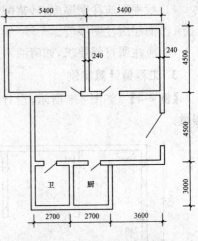

图 4-10 某住宅楼示意图

第三节 块料面层

一、清单项目设置及工程量计算规则

块料面层是以陶质材料制品及天然石材等为主要材料，用建筑砂浆或粘结剂作结合层嵌砌的直接接受各种荷载、摩擦、冲击的表面层。包括的清单项目有石材楼地面、碎石材楼地面、块料楼地面，其工程量清单项目设置及工程量计算规则见表 4-6。

表 4-6　　　　　　　　　块料面层（编码：011102）

项目编码	项目名称	项目特征	计量单位	工程量计算规则	工作内容
011102001	石材楼地面	1. 找平层厚度、砂浆配合比 2. 结合层厚度、砂浆配合比 3. 面层材料品种、规格、颜色 4. 嵌缝材料种类 5. 防护层材料种类 6. 酸洗、打蜡要求	m²	按设计图示尺寸以面积计算。门洞、空圈、暖气包槽、壁龛的开口部分并入相应的工程量内	1. 基层清理 2. 抹找平层 3. 面层铺设、磨边 4. 嵌缝 5. 刷防护材料 6. 酸洗、打蜡 7. 材料运输
011102002	碎石材楼地面				
011102003	块料楼地面				

注：1. 在描述碎石材项目的面层材料特征时可不用描述规格、颜色。

2. 石材、块料与粘结材料的结合面刷防渗材料的种类在防护层材料种类中描述。

3. 表 4-6 中磨边是指施工现场磨边，下同。

二、块料面层常见楼地面做法

块料地面常用做法见表 4-7；彩色块料地面的常见做法见表 4-8。

表 4-7　　　　　　　　　　　　　　块料地面

编号	名　称	图　示	做　法　说　明	厚度/mm	附　注
1	黏土砖		黏土砖平铺砂扫缝	60	红砖或青砖
			砂拍实找平	30	
			二八灰土	150	
			素土夯实		
2	大阶砖		大阶砖 1∶3 水泥砂浆抹缝	30	
			砂垫层	30	
			素土夯实		
3	混凝土板（一）		C20 混凝土板砂填缝	60	
			砂垫层	30	
			卵石灌 M5 混合砂浆	120	
			素土夯实		
4	混凝土板（二）		C20 混凝土板砂填缝	60	
			砂垫层	30	
			素土夯实		
5	水泥花砖（一）		水泥花砖砂填缝	20	花砖规格按当地情况定
			1∶3 水泥砂浆铺砌	20	
			C10 混凝土	60	
			素土夯实		
6	水泥花砖（二）		水泥花砖砂填缝	20	
			1∶3 水泥砂浆铺砌	20	
			二八灰土	60	
			素土夯实	150	
7	水泥花砖（三）		水泥花砖砂填缝	20	
			1∶3 水泥砂浆铺砌	20	
			卵石灌 M5 混合砂浆	120	
			素土夯实		
8	缸　砖		缸　砖	10	缸砖规格由设计单位定
			1∶3 水泥砂浆铺砌	20	
			C10 混凝土	80	
			素土夯实		
9	马赛克（一）		马赛克	5	
			1∶1 水泥砂浆粘结	5	
			1∶3 水泥砂浆找平	15	
			C10 混凝土	60	
			素土夯实		

编号	名　称	图　示	做 法 说 明	厚度/mm	附　注
10	马赛克 （二）		马赛克	5	
			1∶1 水泥砂浆粘结	5	
			1∶3 水泥砂浆找平	15	
			卵石灌 M5 混合砂浆	120	
			素土夯实		
11	水 磨 石 （一）		水磨石板	25	
			1∶1 水泥砂浆粘结	5	
			1∶3 水泥砂浆找平	15	
			C10 混凝土	60	
			素土夯实		
12	水 磨 石 （二）		水磨石板	25	
			1∶1 水泥砂浆粘结	5	
			1∶3 水泥砂浆找平	15	
			卵石灌 M5 混合砂浆	120	
			素土夯实		
13	大 理 石 （一）		大理石	25	大理石规格按设计 规定
			1∶1 水泥砂浆粘结	5	
			1∶3 水泥砂浆找平	15	
			C10 混凝土	60	
			素土夯实		
14	大 理 石 （二）		大理石	25	
			1∶1 水泥砂浆粘结	5	
			1∶3 水泥砂浆找平	15	
			卵石灌 M5 混合砂浆	120	
			素土夯实		
15	PVC （塑料）		PVC，粘胶		
			1∶3 水泥砂浆找平	20	
			C10 混凝土	80	
			素土夯实		

表 4-8　　　　　　　　　　　　　　彩色块料面层

编号	名　称	图　示	做 法 说 明	厚度/mm	附　注
1	水泥花砖		水泥花砖	20	
			1∶3 水泥砂浆	25	
			预制（现浇）楼板		

续表

编号	名　称	图　示	做　法　说　明	厚度/mm	附　注
2	水磨石板（一）		水磨石板	25	
			1∶1水泥砂浆粘结	5	
			1∶3水泥砂浆找平	20	
			预制（现浇）楼板		
3	水磨石板（二）		水磨石板	25	水磨石板规格按当地情况定
			1∶1水泥砂浆粘结	5	
			1∶3水泥砂浆找平	20	
			1∶8水泥焦碴	60	
			预制（现浇）楼板		
4	大理石		大理石板	25	
			1∶1水泥砂浆粘结	5	
			1∶3水泥砂浆找平	20	
			1∶8水泥焦碴	60	
			预制（现浇）楼板		
5	缸　砖		缸　砖	15	
			1∶1水泥砂浆粘结	5	
			1∶3水泥砂浆找平	20	
			预制（现浇）楼板		
6	马赛克		马赛克	5	
			1∶1水泥砂浆粘结	5	
			1∶3水泥砂浆找平	20	
			现浇楼板		
7	PVC（塑料）		PVC,粘胶		
			1∶3水泥砂浆找平	25	
			预制（现浇）楼板		

三、石材、碎石材楼地面

1. 项目说明

石材楼地面包括大理石楼地面和花岗石楼地面等。

(1)大理石楼地面。大理石具有斑驳纹理,色泽鲜艳美丽。大理石的硬度比花岗石稍差,所以它比花岗石易于雕琢磨光。

大理石可根据不同色泽、纹理等组成各种图案。通常在工厂加工成 20～30mm 厚的板材,每块大小一般为 300mm×300mm～500mm×500mm。方整的大理石地面,多采用紧拼对缝,接缝不大于 1mm,铺贴后用纯水泥扫缝;不规则形状的大理石铺地接缝较大,可用水泥砂浆或水磨石嵌缝。大理石铺砌后,表面应粘贴纸张或覆盖麻袋加以保护,待结合层水泥强度达到 60%~70%后,方可进行细磨和打蜡。

(2)花岗石楼地面。花岗石是天然石材,一般具有抗拉性能差、密度大、传热快、易产生冲击噪声、开采加工困难、运输不便、价格昂贵等缺点,但是由于它具有良好的抗压性能和硬度、质地坚实、耐磨、耐久、外观大方稳重等优点,所以至今仍为许多重大工程使用。花岗石属于高档建筑装饰材料。

花岗石常加工成条形或块状,厚度较大,为 50~150mm,其面积尺寸是根据设计分块后进行订货加工的。花岗石在铺设时,相邻两行应错缝,错缝为条石长度的 1/3~1/2。

铺设花岗石地面的基层有两种:一种是砂垫层,另一种是混凝土或钢筋混凝土基层。混凝土或钢筋混凝土表面常常要求用砂或砂浆做找平层,厚为 30~50mm。砂垫层应在填缝以前进行洒水拍实整平。

(3)大理石和花岗石面层分别采用天然大理石板材和花岗石板材在结合层上铺设而成。构造做法如图 4-11 所示。

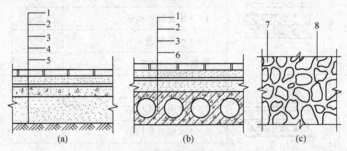

图 4-11　大理石、花岗石面层
(a)地面构造;(b)楼层构造;(c)碎拼大理石面层平面
1—大理石(碎拼大理石)、花岗石面层;2—水泥或水泥砂浆结合层;3—找平层;4—垫层;5—素土夯实;
6—结构层(钢筋混凝土楼板);7—拼块大理石;8—水泥砂浆或水泥石粒浆填缝

2. 项目特征描述提示

石材、碎石材、楼地面项目特征描述提示:

(1)找平层应注明厚度、砂浆配合比。

(2)结合层应注明厚度、砂浆配合比,如 20mm 厚 1:2 干硬性水泥砂浆。

(3)面层应注明材料品种、规格、颜色,如芝麻白花岗石 20mm 厚 600mm×600mm。

(4)嵌缝应注明材料种类,如白水泥浆擦缝。

(5)防护层应注明材料种类。

(6)若面层需做酸洗打蜡,应注明酸洗打蜡要求,即草酸清洗、上硬白蜡净面。

3. 大理石定型产品规格

大理石定型产品规格见表 4-9。

4. 花岗石规格尺寸允许偏差

(1)普型板材规格尺寸允许偏差应符合表 4-10 的规定。

(2)圆弧板壁厚最小值应不小于 18mm,规格尺寸允许偏差应符合表 4-11 的规定。

表 4-9　　　　　　　　　　　　　　　大理石定型产品规格　　　　　　　　　　　　　　mm

长	宽	厚	长	宽	厚
300	150	20	1200	900	20
300	300	20	305	152	20
400	200	20	305	305	20
400	400	20	610	305	20
600	300	20	610	610	20
600	600	20	915	610	20
900	600	20	1 067	762	20
1 070	750	20	1 220	915	20
1 200	600	20			

表 4-10　　　　　　　　　　　　　普形板材规格尺寸允许偏差　　　　　　　　　　　　mm

分类		亚光面和镜面板材			粗面板材		
等级		优等品	一等品	合格品	优等品	一等品	合格品
长、宽度		0～−1.0		0～−1.5	0～−1.0		0～−1.5
厚度	≤12	±0.5	±1.0	±1.0～−1.5	—		
	>12	±1.0	±1.5	±2.0	±1.0～−2.0	±2.0	±2.0～−3.0

表 4-11　　　　　　　　　　　　　圆弧板规格尺寸允许偏差　　　　　　　　　　　　mm

项目	亚光面和镜面板材			粗面板材		
	优等品	一等品	合格品	优等品	一等品	合格品
弦长	0～−1.0		0～−1.5	0～−1.5	0～−2.0	0～−2.0
高度				0～−1.0	0～−1.0	0～−1.5

（3）用于干挂的普型板材厚度允许偏差为−1.0～+3.0mm。

5. 工程量计算实例

【例 4-6】　试计算如图 4-12 所示房间地面镶贴大理石面层工程量。已知暖气包槽尺寸为 1200mm×120mm×600mm，门与墙外边线齐平。

【解】　大理石面层工程量＝地面面积＋暖气包槽开口部分面积＋门开口部分面积＋壁
　　　　　龛开口部分面积＋空圈开口部分面积
　　　　　＝[5.74−(0.24＋0.12)×2]×[3.74−(0.24＋0.12)×2]−
　　　　　0.8×0.3＋1.2×0.36
　　　　　＝15.35m²

四、块料楼地面

1. 项目说明

块料楼地面包括砖面层、预制板块面层和料石面层等。

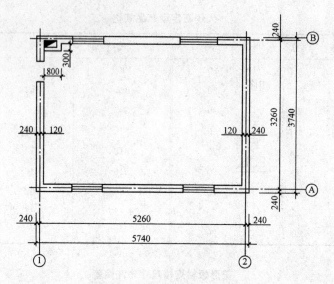

图 4-12　某建筑物建筑平面图

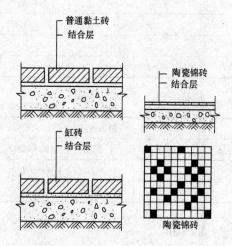

图 4-13　砖面层

　　(1)砖面层。砖面层应按设计要求采用普通黏土砖、缸砖、陶瓷地砖、水泥花砖或陶瓷锦砖等板块材在砂、水泥砂浆、沥青胶结料或胶粘剂结合层上铺设而成。

　　砂结合层厚度为 20～30mm;水泥砂浆结合层厚度为 10～15mm;沥青胶结料结合层厚度为 2～5mm;胶粘剂结合层厚度为 2～3mm。其构造做法如图 4-13 所示。

　　(2)预制板块面层。预制板块面层是采用混凝土板块、水磨石板块等在结合层上铺设而成。其构造做法如图 4-14 所示。

　　砂结合层的厚度应为 20～30mm;当采用砂垫层兼作结合层时,其厚度不宜小于 60mm;水泥砂浆

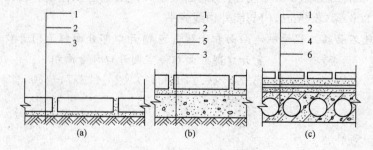

图 4-14　预制板块面层

(a)地面构造之一;(b)地面构造之二;(c)楼面构造

1—预制板块面层;2—结合层;3—素土夯实;4—找平层;5—混凝土或灰土垫层;

6—结合层(楼层钢筋混凝土板)

结合层的厚度应为 10～15mm;宜采用 1∶4 干硬性水泥砂浆。

(3)料石面层。料石面层应采用天然石料铺设。料石面层的石料宜为条石或块石两类。采用条石作面层应铺设在砂、水泥砂浆或沥青胶结料结合层上;采用块石作面层应铺设在基土或砂垫层上。其构造做法如图 4-15 所示。

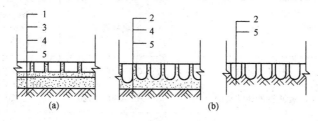

图 4-15 料石面层

(a)条石面层;(b)块石面层

1—条石;2—块石;3—结合层;4—垫层;5—基土

条石面层下结合层厚度为:砂结合层为 15～20mm;水泥砂浆结合层为 10～15mm;沥青胶结料结合层为 2～5mm。块石面层下砂垫层厚度,在夯实后不应小于 6mm;块石面层下基土层应均匀密实,填土或土层结构被扰动的基土,应予分层压(夯)实。

2. 项目特征描述提示

块料楼地面项目特征描述提示:

(1)找平层应注明厚度、砂浆配合比。

(2)结合层应注明厚度、砂浆配合比,如 1∶1 水泥砂浆粘结。

(3)面层应注明材料品种、规格、颜色,如 20mm 厚水泥花砖。

(5)防护层应注明材料种类。

(6)嵌缝应注明材料种类,如白水泥浆擦缝。

(5)若面层需做酸洗打蜡,应注明酸洗打蜡要求,即草酸清洗、上硬白蜡净面。

3. 块料面层材料用量计算

块料饰面工程中的主要材料就是指表面装饰块料,一般都有特定规格,因此,可以根据装饰面积和规格块料的单块面积,计算出块料数量。它的用量确定可以按照实物计算法计算。即根据设计图纸计算出装饰面的面积,除以一块规格块料(包括拼缝)的面积,求得块料净用量,再考虑一定的损耗量,即可得出该种装饰块料的总用量。每 100m² 块料面层的材料用量按下式计算:

$$Q_t = q(1+\eta) = \frac{100}{(l+\delta)(b+\delta)} \cdot (1+\eta)$$

式中　l——规格块料长度(m);

　　　b——规格块料宽度(m);

　　　δ——拼缝宽(m)。

结合层用料量=100m²×结合层厚度×(1+损耗率)

找平层用料量同上。

灰缝材料用量=(100m²-块料长×块料宽×100m² 块料净用量)×灰缝深×(1+损耗率)

4. 块料面层结合层和底层找平层参考厚度

块料面层结合层和底层找平层参考厚度见表 4-12。

表 4-12　　　　　　　块料面层结合层和底层找平层参考厚度　　　　　　　mm

序号	项　目			块料规格	灰缝		结合层厚	底层找平层
					宽	深		
1	方整石	砂缝砂结合层		200×300×120	5	120	20	
2		砂浆缝砂浆结合层		200×300×120	5	120	15	
3	红(青)砖	砂缝砂结合层	平铺	240×115×53	5	53	15	
4			侧铺	240×115×53	5	115	15	
5	缸砖	砂浆结合层		150×150×15	2	15	5	20
6		沥青结合层		150×150×15	2	15	4	20
7	水泥砂浆结合层	陶瓷锦砖(马赛克)					5	20
8		混凝土板		400×400×60			5	20
9		水泥砖		200×200×25			5	20
10		大理石板		500×500×20	1	20	5	20
11		菱苦土板		250×250×20	3	20	5	20
12		水磨石板	地面	305×305×20	2	20	5	20
13			楼梯面				3	20
14			踢脚板				3	20

5. 工程量计算实例

【例 4-7】 如图 4-16 所示,计算某卫生间地面镶贴马赛克面层工程量。

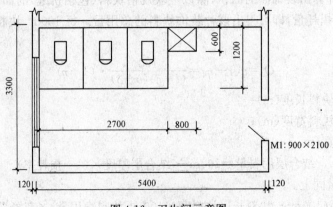

图 4-16　卫生间示意图

【解】 马赛克面层工程量=(5.4-0.24)×(3.3-0.24)-2.7×1.2-0.8×0.6+0.9×0.24

$$=12.29m^2$$

第四节 橡塑面层

一、清单项目设置及工程量计算规则

橡塑面层工程量清单项目设置及工程量计算规则见表4-13。

表4-13

橡塑面层(编码:011103)

项目编码	项目名称	项目特征	计量单位	工程量计算规则	工作内容
011103001	橡胶板楼地面	1. 粘结层厚度、材料种类 2. 面层材料品种、规格、颜色 3. 压线条种类	m²	按设计图示尺寸以面积计算。门洞、空圈、暖气包槽、壁龛的开口部分并入相应的工程量内	1. 基层清理 2. 面层铺贴 3. 压缝条装钉 4. 材料运输
011103002	橡胶板卷材楼地面				
011103003	塑料板楼地面				
011103004	塑料卷材楼地面				

注:表4-13中项目如涉及找平层,另按表4-1找平层项目编码列项。

二、塑料板、橡胶板楼地面构造

塑料板、橡胶板楼地面构造,分别如图4-17、图4-18所示。

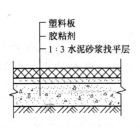

图4-17 塑料板楼地面构造

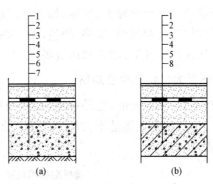

图4-18 橡胶板楼地面

(a)橡胶板地面;(b)橡胶板楼地面

1—橡胶板3厚,用专用胶粘剂粘贴;2—1:2.5水泥砂浆20厚,压实抹光;

3—聚氨酯防水层1.5厚(两道);

4—1:3水泥砂浆或细石混凝土找坡层最薄处20厚抹平;

5—水泥浆一道(内掺建筑胶);6—C10混凝土垫层60厚;

7—夯实土;8—现浇楼板或预制楼板上之现浇叠合层

三、橡塑面层工程量计算

1. 项目说明

橡胶板楼地面是指以天然橡胶或以含有适量填料的合成橡胶制成的复合板材。它具有吸声、绝缘、耐磨、防滑和弹性好等优点。多用于有电源或清洁、耐磨要求的场所。

塑料板面层应采用塑料板块、卷材并以粘贴、干铺或采用现浇整体式在水泥类基层上铺设而成。板块、卷材可采用聚氯乙烯树脂、聚氯乙烯-聚乙烯共聚地板、聚乙烯树脂、聚丙烯树脂和石棉塑料板等。现浇整体式面层可采用环氧树脂涂布面层、不饱和聚酯涂布面层和聚醋酸乙烯塑料面层等。

塑料板以及塑料卷材地面,表面光滑,色泽鲜艳,且脚感舒适,有不易沾尘、防滑、耐磨等优点,用途广泛,是当今比较风行的地面装饰板材。

聚氯乙烯 PVC 铺地卷材,分为单色、印花和印花发泡卷材,常用规格为幅宽 900～1900mm,每卷长度 9～20m,厚度 1.5～3.0mm。基底材料一般为化纤无纺布或玻璃纤维交织布,中间层为彩色印花(或单色)或发泡涂层,表面为耐磨涂敷层,具有柔软丰满的脚感及隔声、保温、耐腐、耐磨、耐折、耐刷洗和绝缘等性能。氯化聚乙烯 CPE 铺地卷材是聚乙烯与氯氢取代反应制成的无规则氯化聚合物,具有橡胶的弹性,由于 CPE 分子结构的饱和性以及氯原子的存在,使之具有优良的耐候性、耐臭氧和耐热老化性,以及耐油、耐化学药品性等,作为铺地材料,其耐磨耗性能和延伸率明显优于普通聚氯乙烯卷材。塑料卷材铺贴于楼地面的做法,可采用活铺、粘贴,由使用要求及设计确定,卷材的接缝如采用焊接,即可成为无缝地面。

2. 项目特征描述提示

橡胶面层构造项目特征描述提示:

(1)粘结层应注明材料种类、厚度,如 2mm 厚环氧脂胶。

(2)面层应注明材料品种、规格、颜色,如 500mm×500mm 塑料地板,灰色厚 1.5mm。

(3)应注明压线条种类,如木制压线条。

3. 塑料地板的材料品种及规格

塑料地板质轻,表面光滑,色泽鲜艳,有各种色彩和装饰图案,且富有弹性。常用于办公室、计算机房、会议室等人流量不大的公共场所和住宅室内的地面装饰。塑料地板的材料品种及规格见表 4-14。

表 4-14　　　　　　　　　　　塑料地板的材料品种及规格

序号	品种	材料规格
1	软质聚氯乙烯地板	板材软质聚氯乙烯地板多为正方形,标准尺寸为 300mm×300mm 以及 600mm×600mm 等,厚度 1.2～2.0mm 不等。
		卷材软质聚氯乙烯地板每卷长度为 20m,幅度 1000～2000mm,厚度 2.0～3.0mm 不等
2	半硬质聚氯乙烯地板	聚氯乙烯地板材料根据组成不同分为半硬质聚氯乙烯塑料(PVC)地板和半硬质塑料地板砖。

续表

序号	品种	材料规格
2	半硬质聚氯乙烯地板	(1)半硬质聚氯乙烯(PVC)是由聚氯乙烯树脂加增塑剂、填充剂、稳定剂、润滑剂、颜料等制成的地板材料。其规格多为正方形块状板材,厚度 0.8～1.5mm。 (2)半硬质塑料地板砖,又叫石棉塑料地板。它是由聚氯乙烯-醋酸乙烯酯加入大量石棉纤绵与其他配合剂、颜料等混合,经塑化、压延成片、冲模而制成。成品为块状板材,其基本规格为 305mm×305mm×(1.2～1.5)mm、333mm×333mm×1.5mm 和 500mm×500mm×3mm 等
3	氯化聚乙烯卷材地面	氯化聚乙烯卷材主要原料是以糊状聚氯乙烯树脂为面层,矿物纸和玻璃纤维毡作基层的卷材,一般卷材长 10～20m,幅宽 800～2000mm,厚度 1.2～3.0mm
4	塑胶涂布地板	(1)环氧树脂涂布地面。 1)环氧树脂。可采用低粘度液体状的,如 E-44、E-42 等品种。 2)固化剂。应选用室温固化的多胺类物质,如乙二胺、二乙烯三胺、三乙烯四胺、3-羟基乙二胺类。其中以多乙烯多胺者较好,使用时无烟雾。 3)增塑剂。常用的是苯二甲酸二丁酯,加入量一般为树脂量的 5％左右,加入过多会影响成品的质量。 4)稀释剂。为了施工方便、降低混合料的粘度,可加入稀释剂。通常使用非活性稀释剂,如二甲苯、丙酮等。稀释剂的掺加量只要能保证树脂有足够的流动性和对基层的润湿性,具有必要的涂布施工性能即可。加入量过少时,配成的树脂砂浆施工性能差,无自流平性,表面易留下刮板的痕迹或高低不平,过量则会使成品质量下降,一般加入树脂15％的二甲苯比较适宜。 5)填料。填料一般为细骨料和粗骨料。细骨料用滑石粉为好,加入粉料可改进施工性能,防止砂沉底或局部集中,并有利于物料在施工时均匀抹开。粉料加入量为树脂量的 10％～20％,过多时施工性能差,易结团。骨料是干燥的石英砂,根据铺设的厚度一般可选用 6 号砂,其加入量以树脂∶粗砂=1∶(1.0～1.5)为宜。 6)颜料。环氧树脂涂布地面可以根据需要配成各种颜色。调配颜色可先做小样,一般颜料掺入量为 1％～3％

4. 工程量计算实例

【例 4-8】 如图 4-19 所示,楼地面用橡胶卷材铺贴,试计算其工程量。

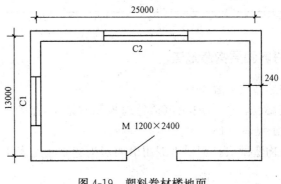

图 4-19 塑料卷材楼地面

【解】　橡胶卷材楼地面工程量＝(13−0.24)×(25−0.24)+1.2×0.24

　　　　　　　　　　　　　　　＝316.23m²

第五节　其他材料面层

一、清单项目设置及工程量计算规则

其他材料面层工程工程量清单项目设置及工程量计算规则见表 4-15。

表 4-15　　　　　　　　　　其他材料面层(编码：011104)

项目编码	项目名称	项目特征	计量单位	工程量计算规则	工作内容
011104001	地毯楼地面	1. 面层材料品种、规格、颜色 2. 防护材料种类 3. 粘结材料种类 4. 压线条种类	m²	按设计图示尺寸以面积计算。门洞、空圈、暖气包槽、壁龛的开口部分并入相应的工程量内	1. 基层清理 2. 铺贴面层 3. 刷防护材料 4. 装钉压条 5. 材料运输
011104002	竹、木(复合)地板	1. 龙骨材料种类、规格、铺设间距 2. 基层材料种类、规格 3. 面层材料品种、规格、颜色 4. 防护材料种类			1. 基层清理 2. 龙骨铺设 3. 基层铺设 4. 面层铺贴 5. 刷防护材料 6. 材料运输
011104003	金属复合地板				
011104004	防静电活动地板	1. 支架高度、材料种类 2. 面层材料品种、规格、颜色 3. 防护材料种类			1. 基层清理 2. 固定支架安装 3. 活动面层安装 4. 刷防护材料 5. 材料运输

二、楼地面其他材料面层构造做法

(1)楼地面地毯构造做法见表 4-16。

(2)竹木地板构造做法。竹木地板包括竹地板和木地板,架空竹木地板构造做法见表 4-17,硬木地板构造做法见表 4-18。

(3)金属复合地板构造做法。钢屑水泥耐磨面层构造做法见表 4-19,金属骨料耐磨面层构造做法见表 4-20。

(4)防静电活动地板构造做法见表 4-21。

表 4-16　　楼地面地毯构造做法

名称	编号	厚度及重量	简图	构造做法		附注
				地面	楼面	
单层地毯面层（燃烧性能等级B2）	地42A 楼42A	D90 L30 0.45kN/m²		1.5～8厚地毯 2.20厚1:2.5水泥砂浆找平 3.水泥浆一道（内掺建筑胶）	4.60厚C15混凝土垫层 5.浮铺0.2厚塑料薄膜一层 6.素土夯实	4.现浇钢筋混凝土楼板现浇叠合层或预制楼板现浇叠合层	1.地毯花色品种、规格见工程设计。 2.地毯铺装分浮铺、粘铺两种，见工程设计
	地42B 楼42B	D240 L90 1.30kN/m²		1.5～8厚地毯 2.20厚1:2.5水泥砂浆找平 3.水泥浆一道（内掺建筑胶） 4.60厚C15混凝土垫层 5.浮铺0.2厚塑料薄膜一层 6.150厚碎石灰夯入土中	3.60厚LC7.5轻骨料混凝土 4.现浇钢筋混凝土楼板现浇叠合层或预制楼板现浇叠合层	
	地42C 楼42C	D240 L90 1.30kN/m²		1.5～8厚地毯 2.20厚1:2.5水泥砂浆找平 3.水泥浆一道（内掺建筑胶） 4.60厚C15混凝土垫层 5.浮铺0.2厚塑料薄膜一层 6.150厚粒径5～32卵石（碎石）灌M2.5混合砂浆振捣揭实或3.7灰土 7.素土夯实	3.60厚1:6水泥焦碴 4.现浇钢筋混凝土楼板现浇叠合层或预制楼板现浇叠合层	

（续表）

名称	编号	厚度及重量	简图	构造做法		附注
				地面	楼面	
双层地毯面层（带衬垫）燃烧性能等级 B2	地43A 楼43A	D90 L35 0.50kN/m²		1. 8～10厚地毯 2. 5厚橡胶海绵衬垫 3. 20厚1:2.5水泥砂浆找平 4. 水泥浆一道（内掺建筑胶） 5. 60厚C15混凝土垫层 6. 浮铺0.2厚塑料薄膜一层 7. 素土夯实	5. 现浇钢筋混凝土楼板现浇叠合层 或预制楼板现浇叠合层	地毯花色品种、规格见工程设计
	地43B 楼43B	D245 L95 1.35kN/m²		1. 8～10厚地毯 2. 5厚橡胶海绵衬垫 3. 20厚1:2.5水泥砂浆找平 4. 水泥浆一道（内掺建筑胶） 5. 60厚C15混凝土垫层 6. 浮铺0.2厚塑料薄膜一层 7. 150厚碎石夯入土中	4. 60厚LC7.5轻骨料混凝土 5. 现浇钢筋混凝土楼板现浇叠合层 或预制楼板现浇叠合层	
	地43C 楼43C	D245 L95 1.35kN/m²		1. 8～10厚地毯 2. 5厚橡胶海绵衬垫 3. 20厚1:2.5水泥砂浆找平 4. 水泥浆一道（内掺建筑胶） 5. 60厚C15混凝土垫层 6. 浮铺0.2厚塑料薄膜一层 7. 150厚粒径5～32卵石（碎石）灌M2.5混合砂浆振捣密实 或灌3:7灰土 8. 素土夯实	4. 60厚1:6水泥焦渣 5. 现浇钢筋混凝土楼板现浇叠合层 或预制楼板现浇叠合层	

注：表中D为地面总厚度，d为垫层厚度、填充层厚度；L为楼面建筑构造总厚度（结构层以上厚度）。

表 4-17　架空竹木地板构造做法

名称	编号	厚度及重量	简图	构造做法（地面）	构造做法（楼面）	附注
架空竹木地板面层（燃烧性能等级 B2）	地 41A 楼 41A	D140~150 L80~90 0.6kN/m²		1. 200μm 厚聚氨酯漆或聚氨酯漆 2. 10~20 厚竹木地板（背面满刷氧化钠防腐剂） 3. 专业防潮垫层 4. 50×50 木龙骨@400 架空，表面刷防腐剂 5. 20 厚 1:2.5 水泥砂浆找平 6. 60 厚 C15 混凝土垫层 7. 素土夯实	6. 现浇钢筋混凝土楼板或预制楼板现浇叠合层	1. 竹木地板的种类有：竹条地板，竹片竹系复合地板等。由设计人员选定。 2. 竹木地板铺拼接的要求用胶粘结，与四周墙体留缝均应按铺复合木地板的要求实施。 3. 设计要求燃烧性能为 B1 级时，应另做防火处理。
	地 41B 楼 41B	D290~300 L140~150 1.7kN/m²		1. 200μm 厚聚竹木漆或聚氨酯漆 2. 10~20 厚竹木地板（背面满刷氧化钠防腐剂） 3. 专业防潮垫层 4. 50×50 木龙骨@400 架空，表面刷防腐剂 5. 20 厚 1:2.5 水泥砂浆找平 6. 60 厚 C15 混凝土垫层 7. 150 厚碎石夯入土中	6. 60 厚 LC7.5 轻骨料混凝土 7. 现浇钢筋混凝土楼板或预制楼板现浇叠合层	
	地 41C 楼 41C	D290~300 L140~150 1.7kN/m²		1. 200μm 厚聚氨酯漆或聚氨酯漆 2. 10~20 厚竹木地板（背面满刷氧化钠防腐剂） 3. 专业防潮垫层 4. 50×50 木龙骨@400 架空，表面刷防腐剂 5. 20 厚 1:2.5 水泥砂浆找平 6. 60 厚 C15 混凝土垫层 7. 150 厚粒径 5~32 卵石（碎石）或灌 M2.5 混合砂浆振捣密实 8. 素土夯实	6. 60 厚 1:6 水泥焦渣 7. 现浇钢筋混凝土楼板或预制楼板现浇叠合层	

注：表中 D 为地面总厚度，d 为垫层、填充层厚度；L 为楼面建筑构造总厚度（结构层以上总厚度）。

表4-18　　硬木地板构造做法

名称	编号	厚度及重量	简图	构造做法 地面	构造做法 楼面	附注
硬木地板面层（燃烧性能等级B2）	地31A 楼31A	D95 L35 0.5kN/m²		1. 200μm厚聚酯漆或聚氨酯漆 2. 8~15厚竹木地板，用专用胶粘贴 3. 20厚1∶2.5水泥砂浆找平 4. 水泥浆一道（内掺建筑胶） 5. 60厚C15混凝土垫层 6. 浮铺0.2厚塑料薄膜一层 7. 素土夯实	5. 现浇钢筋混凝土楼板现浇叠合层 或预制楼板现浇叠合层	1. 设计要求燃烧性能为B1级时，应另做防火处理。 2. 硬木地板的品种由设计人选定，如硬木马赛克、硬木企口席纹拼花地板等
	地31B 楼31B	D245 L95 1.35kN/m²		1. 200μm厚聚酯漆或聚氨酯漆 2. 8~15厚硬木地板，用专用胶粘贴 3. 20厚1∶2.5水泥砂浆找平 4. 水泥浆一道（内掺建筑胶） 5. 60厚C15混凝土垫层 6. 浮铺0.2厚塑料薄膜一层 7. 150厚碎石芬入土中	5. 60厚LC7.5轻骨料混凝土 6. 现浇制楼板混凝土模板现浇叠合层 或预制楼板现浇叠合层	
	地31C 楼31C	D245 L95 1.35kN/m²		1. 200μm厚聚酯漆或聚氨酯漆 2. 8~15厚硬木地板，用专有胶粘贴 3. 20厚1∶2.5水泥砂浆找平 4. 水泥浆一道（内掺建筑胶） 5. 60厚LC7.5轻骨料混凝土 6. 浮铺0.2厚塑料薄膜一层 7. 150厚3.7灰土 8. 素土夯实	5. 60厚1∶6水泥焦渣 6. 现浇钢筋混凝土楼板 或预制楼板混凝土模板现浇叠合层	

注：表中D为地面总厚度；d为垫层、填充层厚度；L为楼面建筑构造总厚度（结构层以上总厚度）。

表 4-19

钢屑水泥耐磨层构造做法

名称	编号	厚度及重量	简 图	构造做法 地 面	构造做法 楼 面	附 注
钢屑水泥耐磨面层（燃烧性能等级A）	地44A 楼44A	D130 L30 0.85kN/m²		1. 30厚1:1水泥钢屑面层 2. 水泥浆一道（内掺建筑胶） 3. 100厚C15混凝土垫层 4. 素土夯实	3. 现浇钢筋混凝土楼板或预制楼板现浇叠合层	
	地44B 楼44B	D280 L90 1.70kN/m²		1. 30厚1:1水泥钢屑面层 2. 水泥浆一道（内掺建筑胶） 3. 60厚C15混凝土垫层 4. 150厚碎石夯入土中	2. 60厚LC7.5轻骨料混凝土 3. 现浇钢筋混凝土楼板或预制楼板现浇叠合层	1. 适用于有较强磨损作业和有耐冲击性要求的地面。 2. 耐磨地面也可掺入矿物骨料,相关技术参数见生产厂家说明书
	地44C 楼44C	D280 L90 1.70kN/m²		1. 30厚1:1水泥钢屑面层 2. 水泥浆一道（内掺建筑胶） 3. 60厚C15混凝土垫层 4. 150厚粒径5～32卵石（碎石或灌M2.5混合砂浆振捣密实 5. 素土夯实	2. 60厚1:6水泥焦碴 3. 现浇钢筋混凝土楼板或预制楼板现浇叠合层	

注:表中D为地面总厚度,d为垫层、填充层厚度;L为楼面面建筑构造总厚度(结构层以上总厚度)。

表4-20　金属骨料耐磨面层构造做法

名称	编号	厚度及重量	简图	构造做法（地面）	构造做法（楼面）	附注
金属骨料耐磨面层（燃烧性能等级A）	地45A 楼45A	D110 L50 1.2kN/m²		1. 50厚C25细石混凝土，强度达标后表面撒布金属骨料，2～3厚金属骨料耐磨面层，随打随建筑胶） 2. 水泥浆一道（内掺建筑胶） 3. 60厚C15混凝土垫层 4. 素土夯实	1. 50厚C25细石混凝土，强度达标后表面撒布金属骨料，2～3厚金属骨料耐磨面层，随打随抹光 3. 现浇钢筋混凝土楼板或预制楼板现浇叠合层	1. 适用于有较强磨损作业和有耐冲击性要求的地面，此种地面具有耐油、抗压、不起尘等特点。 2. 金属骨料耐磨地面也称为金属硬化地坪，相关技术参数见生产厂家说明书
	地45B	D260		1. 50厚C25细石混凝土，强度达标后表面撒布金属骨料，2～3厚金属骨料耐磨面层，随打随建筑胶） 2. 水泥浆一道（内掺建筑胶） 3. 60厚C15混凝土垫层 4. 150厚碎石夯入土中	1. 50厚C25细石混凝土，强度达标后表面撒布金属骨料，2～3厚金属骨料耐磨面层，随打随抹光	
	地45C	D260		1. 50厚C25细石混凝土，强度达标后表面撒布金属骨料，2～3厚金属骨料耐磨面层，随打随建筑胶） 2. 水泥浆一道（内掺建筑胶） 3. 60厚C15混凝土垫层 4. 150厚粒径5～32卵石（碎石）灌M2.5混合砂浆振捣密实或C15混凝土 5. 素土夯实		

注：表中 D 为地面总厚度，d 为垫层、填充层厚度；L 为楼面建筑构造总厚度（结构层以上总厚度）。

表4-21 防静电水磨石面层构造做法

名称	编号	厚度及重量	简图	构造做法 地面	构造做法 楼面	附注
防静电水磨石（水泥）面层（燃烧性能等级A）	地54A 楼54A	D100 L40 1.00kN/m²		1. 10厚1:2.5防静电水磨石（或20厚1:2防静电水泥砂浆或NFJ金属骨料砂浆） 2. 防静电水泥浆一道 3. 30厚1:3防静电水泥砂浆找平，内配防静电接地金属网表面抹平 4. 水泥浆一道（内掺建筑胶） 5. 60厚C15混凝土垫层 6. 素土夯实	1. 10厚1:2.5防静电水磨石（或20厚1:2防静电水泥砂浆或NFJ金属骨料砂浆） 2. 防静电水泥浆一道 3. 30厚1:3防静电水泥砂浆找平，内配防静电接地金属网表面抹平 4. 水泥浆一道（内掺建筑胶） 5. 现浇钢筋混凝土楼板或预制楼板现浇叠合层	1. 适用于有防静电要求的房间。 2. 防静电水泥浆和防静电水泥砂浆的掺加剂及防静电接地金属网，由专业施工队施工
	地54B 楼54B	D250 L100 1.85kN/m²		1. 10厚1:2.5防静电水磨石（或20厚1:2防静电水泥砂浆或NFJ金属骨料砂浆） 2. 防静电水泥浆一道 3. 30厚1:3防静电水泥砂浆找平，内配防静电接地金属网表面抹平 4. 水泥浆一道（内掺建筑胶） 5. 60厚C15混凝土垫层 6. 150厚碎石夯入土中	4. 60厚LC7.5轻骨料混凝土 5. 现浇钢筋混凝土楼板或预制楼板现浇叠合层	
	地54C 楼54C	D250 L100 1.85kN/m²		1. 10厚1:2.5防静电水磨石（或20厚1:2防静电水泥砂浆或NFJ金属骨料砂浆） 2. 防静电水泥浆一道 3. 30厚1:3防静电水泥砂浆找平，内配防静电接地金属网表面抹平 4. 水泥浆一道（内掺建筑胶） 5. 60厚C15混凝土垫层 6. 150厚粒径5~32卵石（碎石）灌M2.5混合砂浆振捣密实或3:7灰土 7. 素土夯实	4. 60厚1:6水泥焦渣 5. 现浇钢筋混凝土楼板或预制楼板现浇叠合层	

（续表）

名称	编号	厚度及重量	简图	构造做法（地面）	构造做法（楼面）	附注
防静电水磨石（水泥）面层（有防水层）（燃烧性能等级A）	地55A 楼55A	D120 L60 1.30kN/m²	楼面 地面	1. 10厚1:2.5防静电水磨石（或20厚1:2防静电水泥砂浆或NFJ金属骨料砂浆） 2. 防静电水泥浆一道 3. 30厚1:3水泥砂浆找平层,内配防静电接地金属网表面抹平 4. 1.5厚聚氨酯防水层或2厚聚合物水泥基防水涂料 5. 20厚1:3水泥砂浆 6. 水泥浆一道（内掺建筑胶） 7. 60厚C15混凝土垫层 8. 素土夯实	7. 现浇钢筋混凝土楼板或预制楼板现浇叠合层	1. 适用于有防静电要求的房间。 2. 防静电砂浆和防静电水泥浆的掺加剂及防静电接地金属网,由专业施工队施工。
	地55B 楼55B	D270 L120 2.10kN/m²	楼面 地面	1. 10厚1:2.5防静电水磨石（或20厚1:2防静电水泥砂浆或NFJ金属骨料砂浆） 2. 防静电水泥浆一道 3. 30厚1:3水泥砂浆找平层,内配防静电接地金属网表面抹平 4. 1.5厚聚氨酯防水层或2厚聚合物水泥基防水涂料 5. 20厚1:3水泥砂浆 6. 水泥浆一道（内掺建筑胶） 7. 60厚C15混凝土垫层 8. 150厚碎石夯入土中	6. 60厚LC7.5轻骨料混凝土。 7. 现浇钢筋混凝土楼板或预制楼板现浇叠合层	
	地55C 楼55C	D270 L120 2.10kN/m²	楼面 地面	1. 10厚1:2.5防静电水磨石（或20厚1:2防静电水泥砂浆或NFJ金属骨料砂浆） 2. 防静电水泥浆一道 3. 30厚1:3水泥砂浆找平层,内配防静电接地金属网表面抹平 4. 1.5厚聚氨酯防水层或2厚聚合物水泥基防水涂料 5. 20厚1:3水泥砂浆 6. 水泥浆一道（内掺建筑胶） 7. 60厚C15混凝土垫层 8. 150厚粒径5~32卵石（碎石）灌M2.5混合砂浆振捣密实 9. 素土夯实	6. 60厚1:6水泥焦渣 7. 现浇钢筋混凝土楼板或预制楼板现浇叠合层	

注:表中D为地面总厚度,d为垫层、填充层厚度;L为楼面建筑构造总厚度(结构层以上总厚度)。

三、地毯楼地面

1. 项目说明

地毯可分为天然纤维和合成纤维两类。其由面层、防松涂层和背衬构成(图 4-20)。

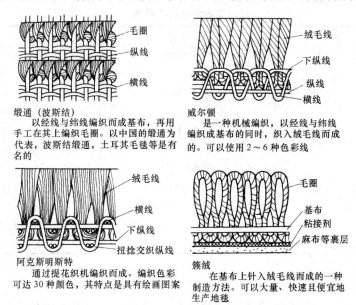

图 4-20　地毯的构造

（1）面层。化纤地毯的面层，一般采用中、长纤维做成，中长纤维制作的面层，绒毛不易脱落、起球，使用寿命较长。纤维的粗细也直接影响地毯的脚感与弹性，也可用短纤维，但不如中、长纤维质量好。

（2）防松涂层。在化纤地毯的初级背衬上涂一层以氯乙烯-偏氯乙烯共聚乳液为基料，添加增塑剂、增稠剂及填充料的防松层涂料，可以增加地毯绒面纤维的固着，使之不易脱落；同时，可在棉纱或丙纶扁丝的初级背衬上形成一层薄膜，防止胶粘剂渗透到绒面层而使面层发硬，并在与次级背衬粘结复合时能减少胶粘剂的用量及增加粘结强度。水溶性防松层，是经过简单的热风烘道干燥装置干燥成膜。

（3）背衬。化纤地毯经过防松涂层处理后，用胶粘剂与麻布粘结复合，形成次级背衬，以增加步履轻松的感觉；同时覆盖织物层的针码，改善地毯背面的耐磨性。胶粘剂采用对化纤及黄麻织物均有良好粘结力的水溶性橡胶，如丁苯胶乳、天然乳胶，加入增稠剂、填充剂、扩散剂等，并经过高速分散，使之成为黏稠的浆液，然后通过辊筒涂敷在预涂过防松层的初级背衬上。涂敷胶粘剂应以地毯面层与麻布间有足够的粘结力，但又不渗透到地毯的绒面里，并以不影响地毯的面层美观及柔软性为标准来控制涂布量。贴上麻布经过几分钟的加热加压使之粘结复合，然后通过简单的热风烘道进一步使乳胶热化、干燥，即可成卷。

2. 项目特征描述提示

地毯楼地面项目特征描述提示：

(1)面层应注明材料品种、规格、颜色，如提花羊毛地毯 5mm 厚浮铺。

(2)应注明防护材料、粘结材料的种类。

(3)应注明压线条种类,如古铜色压口条60mm厚。

3. 地毯的品种、规格

地毯的品种规格见表4-22。

表 4-22　　　　　　　　　　　　常用地毯品种规格　　　　　　　　　　mm

品　　种	规　　格	毛　　高
羊毛地毯	1000～2000	8～15
丙纶毛圈地毯	2000～4000	5～8
丙纶剪绒地毯	2000～4000	5～8
丙纶机织地毯	2000～4000	6～10
腈纶毛圈地毯	2000～4000	5～8
腈纶剪绒地毯	2000～4000	5～8
腈纶机织地毯	2000～4000	6～10
进口簇绒丙纶地毯	3660～4000	7～10
进口机织尼龙地毯	3660～4000	6～15
进口羊毛地毯	3660～4000	8～15
进口腈丙纶羊毛混纺地毯	3660～4000	6～10

4. 工程量计算实例

【例 4-9】　如图 4-21 所示,某房屋客房地面为 20mm 厚 1:3 水泥砂浆找平层,上铺双层地毯,木压条固定,施工至门洞处,试计算其工程量。

【解】　双层地毯工程量＝(2.6－0.24)×(5.4－0.24)×3+1.2×0.24×3＝37.40m²

四、竹、木(复合)地板、金属复合地板

1. 项目说明

(1)竹地板面层。竹地板按加工形式(或结构)可分为三种类型:平压型、侧压型和平侧压型(工字型);按表面颜色可分为三种类型:本色型、漂白型和碳化色型(竹片再次进行高温高压碳化处理后所形成);按表面有无涂饰可分为三种类型:亮光型、亚光型和素板。竹地板面层构造如图 4-22 所示。

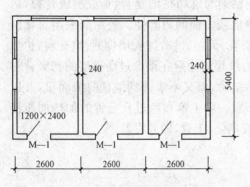

图 4-21　客房地面地毯布置图

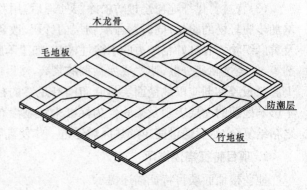

图 4-22　竹地板面层构造

(2)木地板。木地板按材质不同分为硬木地板、复合木地板、强化复合地板、硬木拼花地板和硬木地板砖。硬木地板常称实木地板;复合地板亦称铭木地板;强化复合地板简称强化地板。木地板面层构造做法如图 4-23 所示。

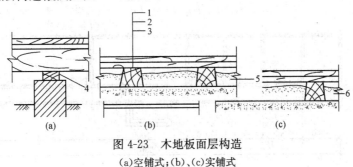

图 4-23　木地板面层构造
(a)空铺式;(b)、(c)实铺式
1—企口板;2—毛地板;3—木格栅;4—垫木;5—剪刀撑;6—炉渣

木地板按铺贴或粘贴基层分为:①硬木地板铺在木楞上;②木楞、毛地板和硬木地板;③木地板铺(或粘贴)在毛地板上,或直接粘贴在水泥面上。

木地板按木板条拼接形式分为直条地板、席纹地板、人字纹地板和方格形地板等;此外,还分为平面地板、企口地板、免刨免漆地板和复合木地板等。

毛地板底面及木楞表面,均应涂刷防腐油,以防腐和预防白蚁。

金属复合地板多用于一些特殊场所,如金属弹簧地板可用于舞厅中舞池地面;镭射钢化夹层玻璃地砖,因其抗冲击、耐磨、装饰效果美观,多用于酒店、宾馆、酒吧等娱乐、休闲场所的地面。

2. 项目特征描述提示

竹、木(复合)地板、金属复合地板项目特征描述提示:

(1)龙骨应注明材料种类、规格、铺设间距。

(2)若有基层应注明材料种类、规格,如 12mm 木工板。

(3)面层应注明材料品种、规格、颜色,如 20mm 厚硬木长条地板。

(4)防护材料应注明种类,如满涂防腐剂再涂防火涂料两遍。

3. 拼木地板规格

拼木地板是用水曲柳、柞木、核桃木、柚木等优质木材,经干燥处理后,加工出条状小木板,经拼装后组成的富有纹理图案的地板。这种地板美观大方,色泽柔和,富有弹性,质感好,有温馨典雅的装饰效果。拼木地板适用于高级楼宅、宾馆、别墅、商店、会议室、体育馆及家庭地面装饰。

拼木地板按拼接方法不同分为平面对缝地板条和凹凸边拼缝地板条两种。其规格见表 4-23。

表 4-23	拼木地板条规格	mm
品　　种	规格	
平面对缝地板条	24×120×8	30×150×10
	30×120×10	37.5×250×15
	50×150×10	50×300×12
	50×300×18	
凹凸边拼缝地板条	50×300×20	50×300×23

4. 工程量计算实例

【例 4-10】 如图 4-24 所示,计算某建筑房间(不包括卫生间)及走廊地面铺贴复合木地板面层工程量。

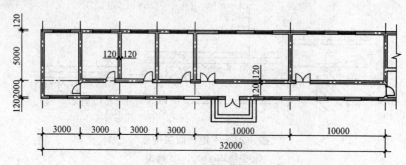

图 4-24　某建筑平面图示意图

【解】 复合木地板面层工程量＝$(7.0-0.12\times2)\times(3.0-0.12\times2)+(5.0-0.12\times2)\times(3.0-0.12\times2)\times3+(5.0-0.12\times2)\times(10.0-0.12\times2)\times2+(2.0-0.12\times2)\times(32.0-3.0-0.12\times2)=201.60\mathrm{m}^2$

五、防静电活动地板

1. 项目说明

防静电活动地板是一种以金属材料或木质材料为基材,表面覆以耐高压装饰板(如三聚氰胺优质装饰板),经高分子合成粘结剂胶合而成的特制地板,再配以专制钢梁、橡胶垫条和可调金属支架装配成活动地板。其广泛应用于计算机房、通信中心、电化教室、实验室、展览台、剧场舞台等。活动地板面层构造做法如图 4-25 所示。

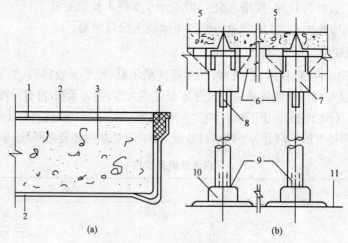

图 4-25　活动地板面层构造

(a)抗静电活动地板块构造;(b)活动地板面层安装

1—柔光高压三聚氰胺贴面板;2—镀锌铁板;3—刨花板基材;4—橡胶密封条;5—活动地板板块;

6—横梁;7—柱帽;8—螺柱;9—活动支架;10—底座;11—楼地面标高

防静电活动地板具有防静电、耐老化、耐磨耐烫、装拆迁移方便、高低可调、下部串通、脚感舒适等优点。

其典型面板平面尺寸有 500mm×500mm、600mm×600mm、762mm×762mm 等。

2. 项目特征描述提示

防静电活动地板项目特征描述提示：

(1)应注明支架高度、材料种类。

(2)面层应注明材料品种、规格、颜色。

(3)防护材料应注明种类，如满涂防腐剂再涂防火涂料两遍。

3. 工程量计算实例

【例 4-11】　某工程平面如图 4-26 所示，附墙垛为 240mm×240mm，门洞宽为 1000mm，地面用防静电活动地板，边界到门扇下面，试计算防静电活动地板工程量。

【解】　防静电活动地板工程量＝(3.6×3— 0.12×4)×(6—0.24)—0.24×0.24×2＋1× 0.24×2＋1×0.12×2＝60.05m²

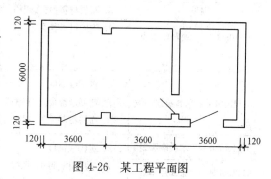

图 4-26　某工程平面图

第六节　踢脚线

一、清单项目设置及工程量计算规则

踢脚线是地面与墙面交接处的构造处理，具有遮盖墙面与地面之间接缝作用，并可防止碰撞墙面或擦洗地面时弄脏墙面。踢脚线有缸砖、木、水泥砂浆和水磨石、大理石之分，如图 4-27 所示。踢脚线工程量清单项目设置及工程量计算规则见表 4-24。

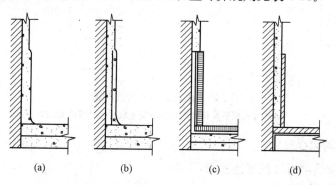

图 4-27　踢脚板

(a)水泥踢脚板；(b)水磨石踢脚板；(c)缸砖踢脚板；(d)木踢脚板

表 4-24　　　　　　　　　　踢脚线(编码:011105)

项目编码	项目名称	项目特征	计量单位	工程量计算规则	工作内容
011105001	水泥砂浆踢脚线	1. 踢脚线高度 2. 底层厚度、砂浆配合比 3. 面层厚度、砂浆配合比	1. m² 2. m	1. 以平方米计量,按设计图示长度乘高度以面积计算 2. 以米计量,按延长米计算	1. 基层清理 2. 底层和面层抹灰 3. 材料运输
011105002	石材踢脚线	1. 踢脚线高度 2. 粘贴层厚度、材料种类 3. 面层材料种类、规格、颜色 4. 防护材料种类			1. 基层清理 2. 底层抹灰 3. 面层铺贴、磨边 4. 擦缝 5. 磨光、酸洗、打蜡 6. 刷防护材料 7. 材料运输
011105003	块料踢脚线				
011105004	塑料板踢脚线	1. 踢脚线高度 2. 粘贴层厚度、材料种类 3. 面层材料品种、规格、颜色			1. 基层清理 2. 基层铺贴 3. 面层铺贴 4. 材料运输
011105005	木质踢脚线	1. 踢脚线高度 2. 基层材料种类、规格 3. 面层材料品种、规格、颜色			
011105006	金属踢脚线				
011105007	防静电踢脚线				

注:石材、块料与粘结材料的结合面刷防渗材料的种类在防护材料种类中描述。

二、水泥砂浆踢脚线

1. 项目说明

水泥砂浆踢脚线构造如图 4-28 所示。其所用材料、施工工艺与水泥砂浆楼地面层相同,且同时施工。施工时要注意踢脚线上口平直,拉 5m 线(不足 5m 拉通线)检查不得超过 4mm。

图 4-28　水泥砂浆踢脚线构造
(a)砖墙水泥砂浆踢脚线;(b)混凝土墙水泥砂浆踢脚线

2. 项目特征描述提示

水泥砂浆踢脚线项目特征描述提示:

(1)应注明踢脚线高度。

(2)底层应注明厚度及砂浆配合比,如 20mm 厚 1:3 水泥砂浆。

(3)面层应注明厚度及砂浆配合比,如 6mm 厚 1:2 水泥砂浆。

3. 工程量计算实例

【例 4-12】　如图 4-3 所示,计算某办公楼二层房间(不包括卫生间)及走廊水泥砂浆踢脚线工程量(做法:水泥砂浆踢脚线高 150mm,门洞口尺寸为 900mm×2100mm)。

【解】　水泥砂浆踢脚线工程量计算有两种方法,一是以米计量;二是以平方米计量。

(1)以米计量,按延长米计算:

工程量=[(3.2-0.12×2)+(5.8-0.12×2)]×4+[(5.0-0.12×2)+(4.0-0.12×2)]×4+[(3.2-0.12×2)+(4.0-0.12×2)]×4+(5.0×2+3.2×3+3.5-0.12×2+1.8-0.12×2)×2-(3.5-0.12×2)-0.9×2×6-0.9×1=128.92m

(2)以平方米计量,按设计图示长度乘高度以面积计算,由方法一可知图示长度为 128.92m,则:

工程量=128.92×0.15=19.34m²

三、石材踢脚线

1. 项目说明

石材踢脚线的厚度与门套线应一致,否则应做倒坡处理;接缝应尽可能小,如有花色,应注意纹理的延续线。

2. 项目特征描述提示

石材踢脚线项目特征描述提示:

(1)应注明踢脚线高度。

(2)粘结层应注明厚度、材料种类。

(3)面层应注明材料品种、规格、颜色。

(4)应注明防护材料种类。

3. 工程量计算实例

【例 4-13】　某房屋平面图如图 4-29 所示,室内水泥砂浆粘贴 200mm 高的石材踢脚线,试计算其工程量。

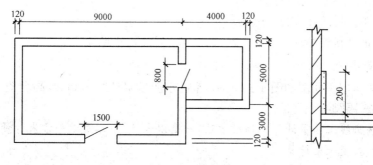

图 4-29　某房屋平面图

【解】　石材踢脚线工程量计算有两种方法,一是以米计量;二是以平方米计量。

(1)以米计量,按延长米计算:

工程量=(9-0.24+8-0.24)×2-0.8-1.5+(4-0.24+5-0.24)×2-0.8+0.12×

2+0.24×2=47.7m

(2)以平方米计量,按设计图示长度乘高度以面积计算,由方法一可知图示长度为47.7m,则:

工程量=47.7×0.20=9.54m²

四、块料踢脚线

1. 项目说明

块料类踢脚线包括大理石、花岗岩、预制水磨石、彩釉砖、缸砖、陶瓷锦砖等材料所做的踢脚线。块料类踢脚线构造如图 4-30 所示。

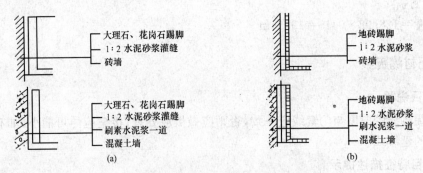

图 4-30 块料类踢脚板构造
(a)大理石、花岗石踢脚线;(b)地砖踢脚线

块料踢脚线施工用板采取后抹水泥砂浆或胶粘结贴在墙上的方法,踢脚线缝宜与地面缝对齐,踢脚线与地面接触部位应缝隙密实,踢脚线上口在同一水平线上,其出墙厚度应一致。

2. 项目特征描述提示

块料踢脚线项目特征描述提示:

(1)应注明踢脚线高度。

(2)粘结层应注明厚度、材料种类。

(3)面层应注明材料品种、规格、颜色。

(4)应注明防护材料种类。

3. 工程量计算实例

【例 4-14】 某房屋平面图如图 4-31 所示,室内水泥砂浆粘结 200mm 高全瓷地板砖块料踢脚线,试计算块料踢脚线工程量。

【解】 块料踢脚线工程量计算有两种方法,一是以米计量;二是以平方米计量。

(1)以米计量,按延长米计算:

工程量=(8-0.24+6-0.24)×2-0.8-1.5+(4-0.24+3-0.24)×2-0.8+0.12×2+0.24×2=37.7m

(2)以平方米计量,按设计图示长度乘高度以面积计算,由方法一可知图示长度为37.7m,则:

工程量=37.7×0.2=7.54m²

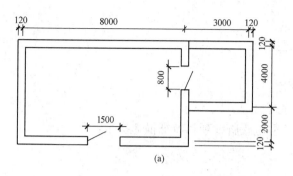
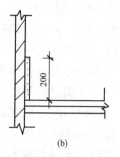

图 4-31 某房屋平面图

五、塑料板、木质、金属、防静电踢脚线

1. 项目说明

(1)塑料板踢脚线构造如图 4-32 所示。软质塑料踢脚线一般上口压一根木条或用硬塑料压条封口,阴角处理成小圆角或 90°。小圆角做法是将两面相交处做成半径 $r=50mm$ 的圆角;90°的做法是将两面相交处做成 90°角,用三角形焊条焊接。踢脚线铺贴后,需对立板和转角施压 24h,以利于板与基层的粘结良好。

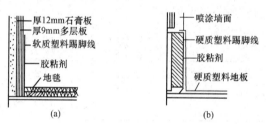

图 4-32 塑料板踢脚线构造
(a)软质塑料踢脚线;(b)硬质塑料踢脚线

(2)木质踢脚线构造如图 4-33 所示。木质踢脚线所用木材最好与木地板面层所用材料相同。

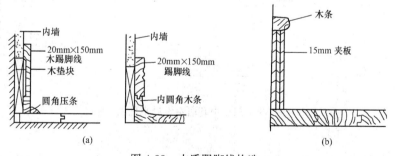

图 4-33 木质踢脚线构造
(a)木踢脚线及地面转角处做法;(b)用木夹板作踢脚线

(3)金属踢脚线的构造与木质踢脚线基本相同。金属踢脚线一般高 100~200mm,安装时应与墙贴紧且上口平直。表面涂漆可按设计要求进行。

(4)防静电踢脚线应与防静电地板配合使用,其构造要求与木质踢脚线基本相同,只是踢脚线所使用的材料不同。防静电踢脚线适用于计算机机房等对静电有较高要求的房间。

2. 项目特征描述提示

(1)塑料板踢脚线项目特征描述提示:

1)应注明踢脚线高度。

2)粘结层应注明材料种类与厚度。

3)面层应注明材料种类、规格、颜色。

(2)木质踢脚线、金属踢脚线、防静电踢脚线项目特征描述提示:

1)应注明踢脚线高度。

2)基层应注明材料种类、规格。

3)面层应注明材料品种、规格、颜色。

3. 工程量计算实例

【例 4-15】　计算如图 4-34 所示卧室榉木夹板踢脚线工程量,踢脚线的高度按 150mm 考虑。

【解】　榉木夹板踢脚线工程量计算有两种方法,一是以米计量;二是以平方米计量。

(1)以米计量,按延长米计算:

工程量=[(3.4-0.24)+(4.8-0.24)]×4-2.40-0.6×2+0.24×2=27.76m

(2)以平方米计量,按设计图示长度乘高度以面积计算,由方法一可知图示长度为 27.76m,则:

工程量=27.76×0.15=4.16m²

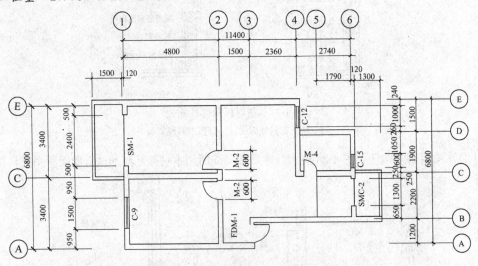

图 4-34　中套居室设计平面图

第七节　楼梯面层

一、清单项目设置及工程量计算规则

楼梯面层工程工程量清单项目设置及工程量计算规则见表 4-25。

表 4-25　　　　　　　　　　　　　　　　楼梯面层(编码:011106)

项目编码	项目名称	项目特征	计量单位	工程量计算规则	工作内容
011106001	石材楼梯面层	1. 找平层厚度、砂浆配合比 2. 粘结层厚度、材料种类 3. 面层材料品种、规格、颜色 4. 防滑条材料种类、规格 5. 勾缝材料种类 6. 防护材料种类 7. 酸洗、打蜡要求			1. 基层清理 2. 抹找平层 3. 面层铺贴、磨边 4. 贴嵌防滑条 5. 勾缝 6. 刷防护材料 7. 酸洗、打蜡 8. 材料运输
011106002	块料楼梯面层				
011106003	拼碎块料面层				
011106004	水泥砂浆楼梯面层	1. 找平层厚度、砂浆配合比 2. 面层厚度、砂浆配合比 3. 防滑条材料种类、规格		按设计图示尺寸以楼梯(包括踏步、休息平台及≤500mm 的楼梯井)水平投影面积计算。楼梯与楼地面相连时,算至梯口梁内侧边沿;无梯口梁者,算至最上一层踏步边沿加 300mm	1. 基层清理 2. 抹找平层 3. 抹面层 4. 抹防滑条 5. 材料运输
011106005	现浇水磨石楼梯面层	1. 找平层厚度、砂浆配合比 2. 面层厚度、水泥石子浆配合比 3. 防滑条材料种类、规格 4. 石子种类、规格、颜色 5. 颜料种类、颜色 6. 磨光、酸洗打蜡要求	m²		1. 基层清理 2. 抹找平层 3. 抹面层 4. 贴嵌防滑条 5. 磨光、酸洗、打蜡 6. 材料运输
011106006	地毯楼梯面层	1. 基层种类 2. 面层材料品种、规格、颜色 3. 防护材料种类 4. 粘结材料种类 5. 固定配件材料种类、规格			1. 基层清理 2. 铺贴面层 3. 固定配件安装 4. 刷防护材料 5. 材料运输
011106007	木板楼梯面层	1. 基层材料种类、规格 2. 面层材料品种、规格、颜色 3. 粘结材料种类 4. 防护材料种类			1. 基层清理 2. 基层铺贴 3. 面层铺贴 4. 刷防护材料 5. 材料运输
011106008	橡胶板楼梯面层	1. 粘结层厚度、材料种类 2. 面层材料品种、规格、颜色 3. 压线条种类			1. 基层清理 2. 面层铺贴 3. 压缝条装钉 4. 材料运输
011106009	塑料板楼梯面层				

注:1. 在描述碎石材项目的面层材料特征时可不用描述规格、颜色。

　　2. 石材、块料与粘结材料的结合面刷防渗材料的种类在防护材料种类中描述。

二、石材、块料、拼碎块料面层

1. 项目说明

石材楼梯面层是楼地面面层的延续项目,它可采用两种粘结方式:若用水泥砂浆粘结,基层为 20mm 厚的 1:3 水泥砂浆;若用胶粘剂粘结,所用大理石胶和 903 胶用量与踢脚线相同。

块料楼梯面层应采用质地均匀,无风化、无裂纹的岩石,其强度、规格要求如下:

(1)条石强度等级不少于 MU60,形状为矩形六面体,厚度宜为 80~120mm。

(2)块石强度等级不少于 MU30,形状接近于棱柱体或四边形、多边形,底面为截锥体,顶面粗琢平整,底面面积不宜小于顶面面积的 60%,厚度为 100~150mm。

块料楼梯面层其他材料选择要求如下:

(1)水泥应采用硅酸盐水泥、普通硅酸盐水泥、矿渣硅酸盐水泥,强度等级不小于42.5 级。

(2)如要求面层为不导电面层时,面层石料应采用辉绿岩加工制成,填缝材料采用辉绿岩加工的砂。

(3)砂用于垫层、结合层和灌缝用。砂宜用粗中砂,洁净无杂质,含泥量不大于 3%。

(4)水泥砂浆如结合层用水泥砂浆,水泥砂浆由试验室出配合比。

(5)沥青胶结料(用于结合层)采用同类沥青与纤维,粉状或纤维和粉状混合的填充料配制。纤维填充料宜采用 6 级石棉和锯木屑,使用前应通过 2.5mm 筛孔的筛子,石棉含水率不大于 7%,锯木屑的含水率不大于 12%。粉状填充料采用磨细的石料,砂或炉灰、粉煤灰、页岩灰和其他的粉状矿物质材料,粒径不大于 0.3mm。

2. 项目特征描述提示

石材楼梯面层、块料楼梯面层、拼碎块料面层项目特征描述提示:

(1)找平层应注明厚度、砂浆配合比,如素水泥浆一遍,20mm 厚 1:3 水泥砂浆。

(2)粘结层应注明厚度、材料种类,如 20mm 厚 1:2 干硬性水泥砂浆。

(3)面层应注明材料品种、规格、颜色。

(4)防滑条应注明材料种类、规格。

(5)勾缝应注明材料种类。

(6)应注明防护材料的种类。

(7)如醋洗打蜡应注明要求,如表面草酸处理后打蜡上光。

3. 楼梯块料面层工程量计算

楼梯块料面层工程量分层按其水平投影面积计算(包括踏步、平台、小于 500mm 宽的楼梯井以及最上一层踏步沿 300mm),如图 4-35 所示。

即:

当 $b>500mm$ 时,$S=\sum(LB)-\sum(lb)$

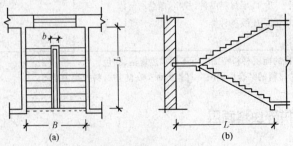

图 4-35 楼梯示意图

(a)平面图;(b)剖面图

当 $b \leqslant 500\text{mm}$ 时，$S = \sum(LB)$

式中　S——楼梯面层的工程量(m^2)；

　　　L——楼梯的水平投影长度(m)；

　　　B——楼梯的水平投影宽度(m)；

　　　l——楼梯井的水平投影长度(m)；

　　　b——楼梯井的水平投影宽度(m)。

4. 工程量计算实例

【例 4-16】　某 6 层建筑物，平台梁宽 250mm，欲铺贴大理石楼梯面，试根据图 4-36 所示平面图计算其工程量。

【解】　石材楼梯面层工程量＝$(3.2-0.24) \times (5.3-0.24) \times (6-1) = 74.89\text{m}^2$

三、水泥砂浆楼梯面层

1. 项目说明

采用水泥砂浆制作的楼面，其构造和做法可参见前述"水泥砂浆楼地面"的相关内容。

2. 项目特征描述提示

水泥砂浆楼梯面层项目特征描述提示：

(1)找平层应注明厚度、砂浆配合比，如素水泥浆一遍、20mm 厚 1∶3 水泥砂浆。

(2)面层应注明厚度、砂浆配合比。

(3)如有防滑条应注明材料种类、规格，如金刚砂防滑条。

3. 工程量计算实例

【例 4-17】　假设图 4-37 所示混凝土楼梯为 1∶3 水泥砂浆抹面，试计算其工程量。

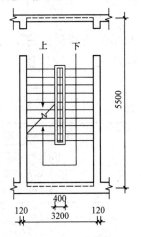

图 4-36　某石材楼梯平面图

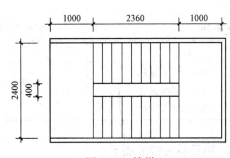

图 4-37　楼梯

【解】　楼梯按水平投影面积计算，只包括踏步板和休息平台，且楼梯井在 500mm 宽以内，故不扣除面积。则：

楼梯抹水泥砂浆工程量＝$(2.36+1.00 \times 2) \times 2.4 = 10.46\text{m}^2$

四、现浇水磨石楼梯面层

1. 项目说明

采用水磨石现浇而成的楼梯面,其构造和材质、施工要求可参见上述"现浇水磨石楼地面"的相关内容。

2. 项目特征描述提示

现浇水磨石楼梯面层项目特征描述提示:

(1)找平层应注明厚度、砂浆配合比,如 20mm 厚 1∶3 水泥砂浆。

(2)面层应注明厚度、水泥石子浆配合比。

(3)若是彩色水磨石地面应注明石子种类、颜色、规格以及颜料种类,如方解石、白色。

(4)防滑条应注明材料种类、规格。

(5)应注明磨光、酸洗、打蜡要求。

3. 工程量计算实例

【例 4-18】 如图 4-38 所示,计算某现浇钢筋混凝土楼梯水磨石面层工程量。

【解】 根据计算规则,水磨石面层工程量以图示水平投影面积计算,不扣除小于 500mm 楼梯井的面积。则:

$$水磨石楼梯面层工程量=(2.6-0.24)\times(5.1-0.24)$$
$$=2.36\times4.86$$
$$=11.47m^2$$

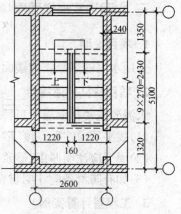

图 4-38 某办公楼四层示意图

五、地毯楼梯面层

1. 项目说明

楼梯面地毯为固定式铺设,与楼地面地毯一样分带垫和不带垫两种。铺设在楼梯、走廊上的地毯常有纯毛地毯、化纤地毯等,尤以化纤地毯用得较多。化纤地毯的品种规格见表 4-26。

表 4-26　　　　　　　　　　　　　化纤地毯的品种规格

品　　名	规　　格	材 质 及 色 泽
聚丙烯切绒地毯	幅宽:3m、3.6m、4m 针距:2.5mm	丙纶长丝、桂圆色
聚丙烯切绒地毯		丙纶长丝、酱红色
聚丙烯圈绒地毯		尼龙长丝、胡桃色

2. 项目特征描述提示

地毯楼梯面层项目特征描述提示:

(1)应注明基层种类。

(2)面层应注明材料品种、规格、颜色,如 3mm 厚带底胶丙纶地毯。

(3)应注明防护材料、粘结材料种类。

（4）应注明固定配件材料种类、规格。

3. 工程量计算实例

【例 4-19】　如图 4-39 所示为某住宅地毯楼梯面，试计算其工程量。

【解】　楼梯井宽 400mm，不必扣除楼梯井面积。则：

地毯楼梯面层工程量＝（3.2－0.24）×（4.1－0.24）＝11.43m²

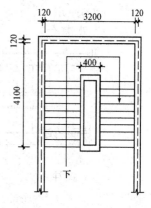

图 4-39　楼梯平面图

六、木板、橡胶板、塑料板楼梯面层

1. 项目说明

木板楼梯面层是用单层面层和双层面层铺设而成。单层木板面层是在木格栅上直接钉企口板；双层木板面层是在木格栅上先钉一层毛地板，再钉一层企口板。木格栅有空铺和实铺两种形式。空铺式是将格栅两头置于墙体的垫木上，木格栅之间加设剪刀撑；实铺式是将木格栅铺于混凝土结构层上或水泥混凝土垫层上，木格栅之间填以炉渣等隔声材料，并加设横向木撑，其构造做法如图 4-40 所示。

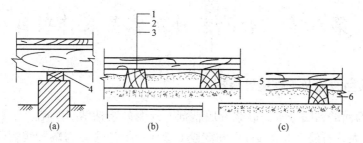

图 4-40　木板楼梯面层构造

(a)空铺式；(b)、(c)实铺式

1—企口板；2—毛地板；3—木格栅；4—垫木；5—剪刀撑；6—炉渣

2. 项目特征描述提示

（1）木板楼梯面层项目特征描述提示：

1）基层应注明材料种类、规格，如 15mm 厚木工板。

2）面层应注明材料品种、规格、颜色。

3）应注明粘结材料种类。

4）防护材料应注明种类，如龙骨、基层满涂防腐剂。

（2）橡胶板、塑料板楼梯面层项目特征描述提示：

1）应注明粘结层厚度、材料种类。

2）面层应注明材料品种、规格、颜色。

3）采用压线条应注明种类。

3. 工程量计算实例

【例 4-20】　如图 4-41 所示为某二层建筑楼设计图，设计为木板楼梯面层，计算木板楼梯面层工程量(不包括楼梯踢脚线)。

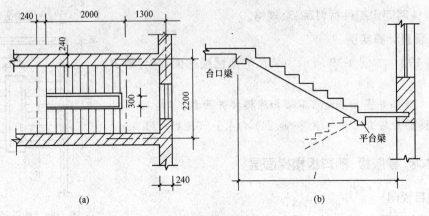

图 4-41　木板楼梯设计图

(a)平面图；(b)剖面图

【解】　木板楼梯面层工程量＝(2.2－0.24)×(0.24＋2.0＋1.3－0.12)＝6.70m²

第八节　台阶装饰及零星装饰项目

一、清单项目设置及工程量计算规则

　　台阶石材饰面的粘贴分水泥砂浆和胶粘剂。水泥砂浆粘结层厚度(20mm)与楼梯相同，胶粘剂粘贴层(大理石胶 0.357kg/m²，903 胶 0.381kg/m²)用量与踢脚线相同。台阶装饰的清单项目包括石材台阶面、块料台阶面、拼碎块料台阶面、水泥砂浆台阶面、现浇水磨石台阶面、剁假石台阶面，其工程量清单项目设置及工程量计算规则见表 4-27。

表 4-27　　　　　　　　　　　　台阶装饰(编码:011107)

项目编码	项目名称	项目特征	计量单位	工程量计算规则	工作内容
011107001	石材台阶面	1. 找平层厚度、砂浆配合比 2. 粘结层材料种类 3. 面层材料品种、规格、颜色 4. 勾缝材料种类 5. 防滑条材料种类、规格 6. 防护材料种类	m²	按设计图示尺寸以台阶(包括最上层踏步边沿加300mm)水平投影面积计算	1. 基层清理 2. 抹找平层 3. 面层铺贴 4. 贴嵌防滑条 5. 勾缝 6. 刷防护材料 7. 材料运输
011107002	块料台阶面				
011107003	拼碎块料台阶面				
011107004	水泥砂浆台阶面	1. 找平层厚度、砂浆配合比 2. 面层厚度、砂浆配合比 3. 防滑条材料种类			1. 基层清理 2. 抹找平层 3. 抹面层 4. 抹防滑条 5. 材料运输

项目编码	项目名称	项目特征	计量单位	工程量计算规则	工作内容
011107005	现浇水磨石台阶面	1. 找平层厚度、砂浆配合比 2. 面层厚度、水泥石子浆配合比 3. 防滑条材料种类、规格 4. 石子种类、规格、颜色 5. 颜料种类、颜色 6. 磨光、酸洗、打蜡要求	m²	按设计图示尺寸以台阶(包括最上层踏步边沿加300mm)水平投影面积计算	1. 清理基层 2. 抹找平层 3. 抹面层 4. 贴嵌防滑条 5. 打磨、酸洗、打蜡 6. 材料运输
011107006	剁假石台阶面	1. 找平层厚度、砂浆配合比 2. 面层厚度、砂浆配合比 3. 剁假石要求			1. 清理基层 2. 抹找平层 3. 抹面层 4. 剁假石 5. 材料运输

注:1. 在描述碎石材项目的面层材料特征时可不用描述规格、颜色。

    2. 石材、块料与粘结材料的结合面刷防渗材料的种类在防护材料种类中描述。

二、台阶装饰构造做法

(1)石材、块料台阶面构造做法见表4-28。

表4-28   **石材、块料台阶面构造做法**

名称	编号	厚度	简 图	构 造 做 法 A	构 造 做 法 B	附 注
地砖面层台阶	台8A 台8B	388~392		1. 8~12厚铺地砖面层,1:1水泥砂浆勾缝(宽缝);或水泥浆擦缝(密缝) 2. 撒素水泥面(洒适量清水) 3. 20厚1:3硬性水泥砂浆结合层 4. 素水泥浆一道(内掺建筑胶) 5. 60厚C15混凝土,台阶面向外坡1% 6. 300厚粒径5~32卵石(砾石)灌M2.5混合砂浆,宽出面层100 7. 素土夯实	6. 300厚3:7灰土分两步夯实宽出面层100	1. 施工图中应注明台阶的平面尺寸及高度。 2. 建筑胶品种由设计人定。 3. 设计人应在施工图中注明地砖、石材的品种、规格、颜色、表面质感及缝宽。 4. 抛光石材面层应设防滑带,可烧毛或划槽。 5. 多雨、多雪地区,室外台阶不应采用抛光面砖及抛光石材。 6. 地砖面层应为防滑地砖
薄板石材面层台阶	台9A 台9B	410		1. 30厚花岗石板铺面,背面及四周边满除防污剂,灌水泥浆擦缝,台口双层加厚处用环氧或硅酮胶粘贴与面板相同的石条 2. 撒素水泥面(洒适量清水) 3. 20厚1:3干硬性水泥砂浆结合层 4. 素水泥浆一道(内掺建筑胶) 5. 60厚C15混凝土,台阶面向外坡1% 6. 300厚粒径5~32卵石(砾石)灌M2.5混合砂浆,宽出面层100 7. 素土夯实	6. 300厚3:7灰土分两步夯实,宽出面层100	

名称	编号	厚度	简图	构造做法 A	B	附注
碎拼大理石板面层台阶	台10A 台10B	400~410		1.20~30厚花碎拼彩色大理石板铺面,1:2水泥砂浆(或彩色水泥浆)勾缝 2.撒素水泥面(洒适量清水) 3.20厚1:3干硬性水泥砂浆粘结层 4.素水泥浆一道(内掺建筑胶) 5.60厚C15混凝土,台阶面向外坡1%		1.施工图中应注明台阶的平面尺寸及高度。 2.建筑胶品种由设计人定。 3.设计人应在施工图中注明石材的品种、规格、颜色、表面质感
				6.300厚粒径5~32卵石(砾石)灌M2.5混合砂浆,宽出面层100	6.300厚3:7灰土分两步夯实,宽出面层100	
				7.素土夯实		
碎拼青石板面层台阶	台11A 台11B	395~400		1.15~20厚碎拼青石板铺面(表面平整)1:2水泥砂浆勾缝 2.撒素水泥面(洒适量清水) 3.20厚1:3干硬性水泥砂浆粘结层 4.素水泥浆一道(内掺建筑胶) 5.60厚C15混凝土,台阶面向外坡1%		
				6.300厚粒径5~32卵石(砾石)灌M2.5混合砂浆,宽出面层100	6.300厚3:7灰土分两步夯实,宽出面层100	
				7.素土夯实		

（2）水泥砂浆台阶面构造做法见表4-29。

表4-29　　　　　　　　　　水泥砂浆台阶面构造做法

名称	编号	厚度	简图	构造做法 A	B
水泥面层台阶	台2A 台2B	380		1.20厚1:2.5水泥砂浆面层 2.素水泥浆一道(内掺建筑胶) 3.60厚C15混凝土,台阶面向外坡1%	
				4.300厚粒径5~32卵石(砾石)灌M2.5混合砂浆,宽出面层100	4.300厚3:7灰土分两步夯实,宽出面层100
				5.素土夯实	

（3）现浇水磨石台阶面构造做法见表4-30。

（4）剁假石台阶面构造做法见表4-31。

表 4-30　　　　　　　　　　　　　现浇水磨石台阶面构造做法

名称	编号	厚度	简图	构造做法		附注
				A	B	
现制水磨石面层台阶	台4A 台4B	392		1. 12厚1∶2.5普通水泥白石子(或白水泥彩色石子)磨石面层磨光 2. 素水泥浆一道(内掺建筑胶) 3. 20厚1∶3水泥砂浆找平层 4. 素水泥浆一道(内掺建筑胶) 5. 60厚C15混凝土,台阶面向外坡1%		1. 施工图中应注明台阶的平面尺寸及高度。 2. 建筑胶品种由设计人定。 3. 彩色水磨石的水泥及石子颜色由设计人定,并在施工图中注明。 4. 水磨石台阶的防滑条可采用1∶1金刚砂水泥防滑条,或划槽防滑。 5. 多雨、多雪地区室外不应采用水磨石台阶
				6. 300厚粒径5～32卵石(砾石)灌 M2.5混合砂浆,宽出面层100	6. 300厚3∶7灰土分两步夯实,宽出面层100	
				7. 素土夯实		

表 4-31　　　　　　　　　　　　　剁假石台阶面构造做法

名称	编号	厚度	简图	构造做法		附注
				A	B	
剁假石面层台阶	台4A 台4B	385		1. 10厚1∶1∶2.5水泥砂浆石子,用斧剁毛两遍成活,台阶边沿留20宽不剁 2. 素水泥浆一道(内掺建筑胶) 3. 15厚1∶3水泥砂浆找平层 4. 素水泥浆一道(内掺建筑胶) 5. 60厚C15混凝土,台阶面向外坡1%		1. 施工图中应注明台阶的平面尺寸及高度。 2. 建筑胶品种由设计人定。 3. 砌筑用砖应采用非黏土实心砖
				6. 300厚粒径5～32卵石(砾石)灌 M2.5混合砂浆,宽出面层100	6. 300厚3∶7灰土分两步夯实,宽出面层100	
				7. 素土夯实		

三、石材、块料、拼碎块料台阶面

1. 项目说明

石材台阶面现在较为常用的材料是大理石和花岗石,其具有强度高,使用时间长,对各种腐蚀有良好的抗腐蚀作用等优点。

块料台阶面指用块砖做地面、台阶的面层,常需做耐腐蚀加工,用沥青砂浆铺砌而成。

2. 项目特征描述

石材、块料、拼碎块料台阶面项目特征描述提示:

(1)找平层应注明厚度、砂浆配合比。

(2)粘结层应注明材料种类,如20mm厚1∶2干硬性水泥砂浆。

(3)面层应注明材料品种、规格、颜色。

(4)应注明勾缝材料种类,如水泥浆擦缝。

(5)防滑条应注明材料种类、规格。

(6)应注明防护材料种类。

3. 台阶块料面层工程量计算

台阶块料面层工程量按台阶水平投影面积计算,但不包括翼墙、侧面装饰,当台阶与平台相连时,台阶与平台的分界线,应以最上层踏步外沿另加

300mm 计算,如图 4-42 所示台阶工程量可按下式计算:

$$S=LB$$

式中　S——台阶块料面层工程量(m^2);

　　　L——台阶计算长度(m);

　　　B——台阶计算宽度(m)。

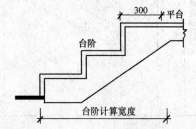

图 4-42　台阶示意图

4. 工程量计算实例

【例 4-21】　某建筑物门前台阶如图 4-43 所示,试计算贴大理石面层工程量。

【解】　台阶贴大理石面层工程量=(6.0+0.3×2)×0.3×3+(4.0-0.3)×0.3×3
　　　　　　　　　　　　=9.27m^2

平台贴大理石面层工程量=(6.0-0.3)×(4.0-0.3)=21.09m^2

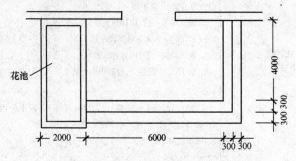

图 4-43　某建筑物门前台阶示意图

四、水泥砂浆台阶面

1. 项目说明

水泥砂浆台阶面的构造、做法可参见整体面层中水泥砂浆楼地面的相关内容。

2. 项目特征描述

水泥砂浆台阶面项目特征描述提示:

(1)找平层应注明砂浆配合比和厚度。

(2)面层应注明厚度、砂浆配合比。

(3)防滑条应注明材料种类。

3. 工程量计算实例

【例 4-22】　计算如图 4-44 所示阳台工程量。

【解】 阳台工程量＝2.6×1.2＝3.12m²

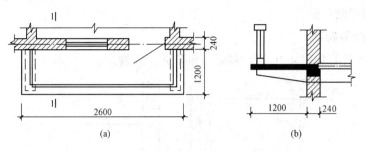

图 4-44 阳台平剖面图

(a)阳台平面图;(b)1—1 剖面图

五、现浇水磨石台阶面

1. 项目说明

现浇水磨石台阶面是指用天然石料的石子,与水泥砂浆拌和在一起,浇抹结硬,再经磨光、打蜡而成的台阶面。

2. 项目特征描述

现浇水磨石台阶面项目特征描述提示:

(1)找平层应描述厚度和砂浆配合比。

(2)面层应注明厚度,水泥石子浆配合比。

(3)若是彩色水磨石台阶面应注明石子种类、颜色、规格,以及颜料种类、颜色,如方解石、白色。

(4)应注明磨光、酸洗、打蜡要求。

3. 工程量计算实例

【例 4-23】 如图 4-45 所示为某建筑物入口处台阶平面图,台阶做一般水磨石,底层 1：3 水泥砂浆厚 20mm,面层 1：3 水泥白石子浆厚 20mm,试计算其工程量。

【解】 按工程量计算规则,台阶部分工程量应算至最上层踏步外沿加 300mm 处,即:

水磨石台阶工程量＝3.5×1.3－(3.0－0.3×2)×(1.05－0.3)＝2.75m²

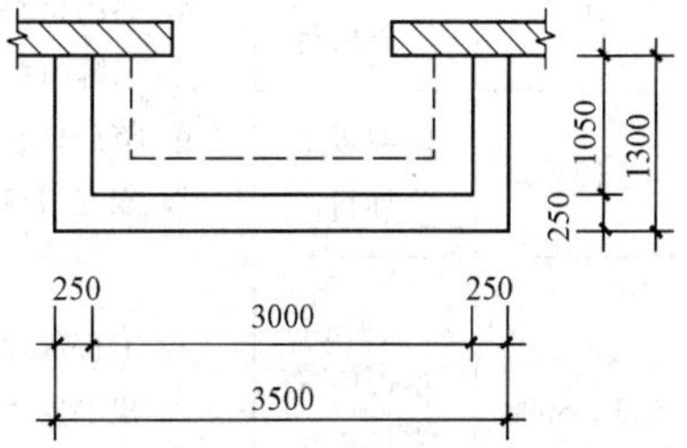

图 4-45 某台阶示意图

六、剁假石台阶面

1. 项目说明

剁假石是一种人造石料,制作过程是用石粉、水泥等加水拌和抹在建筑物的表面,半凝固后,用斧子剁出纹理。

2. 项目特征描述

剁假石台阶面项目特征描述提示:

(1)找平层应描述厚度和砂浆配合比。

（2）面层应注明砂浆配合比、厚度。

（3）应注明剁假石要求。

3. 工程量计算实例

【例 4-24】 计算如图 4-46 所示剁假石台阶面工程量。

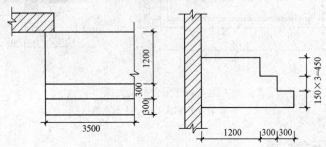

图 4-46　剁假石台阶示意图

(a)台阶平面图；(b)台阶剖面图

【解】 剁假石台阶面工程量＝3.5×0.3×3＝3.15m²

七、零星装饰项目

楼地面零星项目是指楼地面中装饰面积小于 0.5m² 的项目，如楼梯踏步的侧边、台阶的牵边、小便池、蹲台蹲脚、池槽、花池、独立柱的造型柱脚等。零星装饰项目工程工程量清单项目设置及工程量计算规则见表 4-32。

表 4-32　　　　　　　　　零星装饰项目(编码:011108)

项目编码	项目名称	项目特征	计量单位	工程量计算规则	工作内容
011108001	石材零星项目	1. 工程部位 2. 找平层厚度、砂浆配合比 3. 贴结合层厚度、材料种类 4. 面层材料品种、规格、颜色 5. 勾缝材料种类 6. 防护材料种类 7. 酸洗、打蜡要求	m²	按设计图示尺寸以面积计算	1. 清理基层 2. 抹找平层 3. 面层铺贴、磨边 4. 勾缝 5. 刷防护材料 6. 酸洗、打蜡 7. 材料运输
011108002	拼碎石材零星项目				
011108003	块料零星项目				
011108004	水泥砂浆零星项目	1. 工程部位 2. 找平层厚度、砂浆配合比 3. 面层厚度、砂浆厚度			1. 清理基层 2. 抹找平层 3. 抹面层 4. 材料运输

注:1. 楼梯、台阶牵边和侧面镶贴块料面层,不大于 0.5m² 的少量分散的楼地面镶贴块料面层,应按本表执行。

2. 石材、块料与粘结材料的结合面刷防渗材料的种类在防护材料种类中描述。

1. 项目特征描述

（1）石材零星项目、拼碎石材零星项目及块料零星项目项目特征描述提示：

1)应注明工程部位,如楼梯台阶侧面。

2)找平层应注明厚度、砂浆配合比。

3)粘结层应注明厚度、材料种类。

4)面层材料应注明品种、规格、颜色。

5)勾缝应注明材料种类。

6)应描述防护材料种类。

7)应注明酸洗、打蜡要求,如表面草酸处理后打蜡上光。

(2)水泥砂浆零星项目项目特征描述提示:

1)应注明工程部位,如阳台挡水线。

2)找平层应描述厚度、砂浆厚度。

3)面层应注明厚度、砂浆配合比。

2. 工程量计算实例

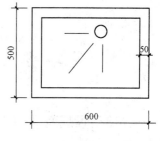

图 4-47　拖把池面贴面砖示意图

【例 4-25】　如图 4-47 所示,某厕所内拖把池面贴面砖(池内外按高 500mm 计),试计算其工程量。

【解】　面砖工程量＝[(0.5＋0.6)×2×0.5](池外侧壁)＋[(0.6—0.05×2＋0.5—0.05×2)×2×0.5](池内侧壁)＋(0.6×0.5)(池边及池底)＝2.3m²

本章思考重点

BENZHANG SIKAOZHONGDIAN

1. 有关平面砂浆找平层的适用范围有何规定?

2. 与"08 计价规范"相比,有关块料面层的计算规则有何不同,该如何计算?

3. 有关橡塑面层的项目特征,描述时应注意哪些事项?

4. 楼梯块料面层工程量计算时,楼梯井的水平投影宽度对其有何影响?

5. 楼地面零星项目对其装饰面积是如何界定的?

第五章 墙、柱面装饰与隔断、幕墙工程
工程量清单计价

第一节 新旧规范的区别及相关说明

一、"13计量规范"与"08计价规范"的区别

(1)墙、柱面装饰与隔断、幕墙工程共10节35个项目,"13计量规范"增加了立面砂浆找平层、柱、梁面砂浆找平层、零星项目砂浆找平、墙面装饰浮雕、成品装饰柱等项目,并将"08计价规范"的隔断项目拆分成木隔断、金属隔断、玻璃隔断、塑料隔断、成品隔断、其他隔断6个项目。

(2)取消了对整个项目价值影响不大且难于描述或重复的项目特征。

(3)取消了部分项目的工作内容。

二、工程量计算规则相关说明

(1)飘窗凸出外墙面增加的抹灰并入外墙工程量内。

(2)有吊顶天棚的内墙面抹灰,抹至吊顶以上部分在综合单价中考虑。

第二节 墙面抹灰

一、清单项目设置及工程量计算规则

墙面抹灰按质量标准分普通抹灰、中级抹灰和高级抹灰三个等级。一般多采用普通抹灰和中级抹灰。抹灰的总厚度通常为:内墙15~20mm,外墙20~25mm。抹灰一般由三层组成(图5-1)。墙面抹灰的清单项目包括墙面一般抹灰、墙面装饰抹灰、墙面勾缝、立面砂浆找平层,其工程量清单项目设置及工程量计算规则见表5-1。

二、墙面抹灰构造做法

常见墙面抹灰做法见表5-2。

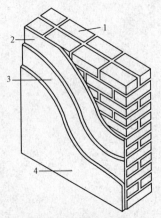

图 5-1 墙柱面抹灰的组成

1—墙体;2—底层;3—中层;4—面层

表 5-1 墙面抹灰(编号:011201)

项目编码	项目名称	项目特征	计量单位	工程量计算规则	工作内容
011201001	墙面一般抹灰	1. 墙体类型 2. 底层厚度、砂浆配合比 3. 面层厚度、砂浆配合比	m²	按设计图示尺寸以面积计算。扣除墙裙、门窗洞口及单个>0.3m²的孔洞面积,不扣除踢脚线、挂镜线和墙与构件交接处的面积,门窗洞口和孔洞的侧壁及顶面不增加面积。附墙柱、梁、垛、烟囱侧壁并入相应的墙面面积内	1. 基层清理 2. 砂浆制作、运输 3. 底层抹灰 4. 抹面层 5. 抹装饰面 6. 勾分格缝
011201002	墙面装饰抹灰	4. 装饰面材料种类 5. 分格缝宽度、材料种类			
011201003	墙面勾缝	1. 勾缝类型 2. 勾缝材料种类		1. 外墙抹灰面积按外墙垂直投影面积计算 2. 外墙裙抹灰面积按其长度乘以高度计算 3. 内墙抹灰面积按主墙间的净长乘以高度计算 　(1)无墙裙的,高度按室内楼地面至天棚底面计算 　(2)有墙裙的,高度按墙裙顶至天棚底面计算 　(3)有吊顶天棚抹灰,高度算至天棚底 4. 内墙裙抹灰面按内墙净长乘以高度计算	1. 基层清理 2. 砂浆制作、运输 3. 勾缝
011201004	立面砂浆找平层	1. 基层类型 2. 找平层砂浆厚度、配合比			1. 基层清理 2. 砂浆制作、运输 3. 抹灰找平

注:1. 立面砂浆找平层项目适用于仅做找平层的立面抹灰。
　　2. 墙面抹石灰砂浆、水泥砂浆、混合砂浆、聚合物水泥砂浆、麻刀石灰浆、石膏灰浆等按表 5-1 中墙面一般抹灰列项;墙面水刷石、斩假石、干粘石、假面砖等按表 5-1 中墙面装饰抹灰列项。
　　3. 飘窗凸出外墙而增加的抹灰并入外墙工程量内。
　　4. 有吊顶天棚的内墙面抹灰,抹至吊顶以上部分去综合单价中考虑。

表 5-2 常见墙面抹灰

名称	适用范围	项次	分层做法	厚度/mm	施工要点	注意事项
石灰砂浆抹灰	砖墙基层	1	①1:2:8(石灰膏:砂:黏土)砂浆(或1:3石灰黏土草秸灰)打底、中层。 ②1:2~1:2.5 石灰砂浆面层压光(或纸筋石灰)	13 (13~15) 6 (2)		石灰砂浆的抹灰层,应待前一层7~8成干后,方可涂抹后一层
		2	①1:2.5 石灰砂浆抹底层。 ②1:2.5 石灰砂浆抹中层。 ③在中层还潮湿时刮石灰膏	7~9 7~9 1	①中层石灰砂浆木抹子搓平稍干后,立即用铁抹子来回刮白灰膏,达到表面光滑平整,无砂眼、无裂纹,愈薄愈好。 ②白灰膏刮后 2 天未干前再压实压光一次	

续一

名称	适用范围	项次	分　层　做　法	厚度/mm	施　工　要　点	注意事项
石灰砂浆抹灰	砖墙基层	3	①1∶2.5 石灰砂浆抹底层。 ②1∶2.5 石灰砂浆抹中层。 ③刮大白腻子	7～9 7～9 1	①中层石灰砂浆木抹子搓平后,再用铁抹子压光。 ②满刮大白腻子两遍砂子打磨。 ③大白腻子配比是:大白粉∶滑石粉乳液∶甲基纤维素溶液＝60∶40∶(2～4.75)	石灰砂浆的抹灰层,应待前一层 7～8 成干后,方可涂抹后一层
		4	①1∶3 石灰砂浆抹底层。 ②1∶3 石灰砂浆抹中层。 ③1∶1 石灰木屑(或谷壳)抹面	7 7 10	①锯末屑过 5mm 孔筛,使用前石灰膏与木屑拌和均匀,经钙化 24h,使木屑纤维软化。 ②适用于有吸声要求的房间	
	加气混凝土条板基层	5	①1∶3 石灰砂浆抹底层、中层。 ②待中层灰稍干用 1∶1 石灰砂浆随抹随搓平压光			
		6	①1∶3 石灰砂浆抹底层。 ②1∶3 石灰砂浆抹中层。 ③刮石灰膏		墙面浇水湿润、刷一道聚乙烯醇甲缩醛胶∶水＝1∶(3～4)溶液,随即抹灰	
	砖墙基层	7	①1∶1∶6 水泥白灰砂浆抹底层。 ②1∶1∶6 水泥白灰砂浆抹中层。 ③刮白灰膏或大白腻子	7～9 7～9 1	刮石灰膏见第 2 项;刮大白腻子见第 3 项	
水泥混合砂浆抹灰	用于做油漆墙面抹灰	8	1∶1∶3∶5(水泥∶石灰膏∶砂子∶木屑)打底,分两遍成活,木抹子搓平	15～18	①适用于有吸音要求的房间。 ②木屑同第 4 项	水泥混合砂浆的抹灰层,应待前一层抹灰凝结后,方可涂抹后一层
		9	①1∶0.3∶3 水泥石灰砂浆抹底层。 ②1∶0.3∶3 水泥石灰砂浆抹中层。 ③1∶0.3∶3 水泥石灰砂浆罩面	7 7 5	如为混凝土基层,要先刮水泥浆(水灰比 0.37～0.40)或洒水泥砂浆处理,随即抹灰	
水泥砂浆抹灰	砖墙抹墙裙、踢脚板	10	①1∶3 水泥砂浆抹底层。 ②1∶3 水泥砂浆抹中层。 ③1∶2.5 或 1∶2 水泥砂浆罩面	5～7 5～7 5		①水泥砂浆抹灰层应待前一层抹灰层凝结后,方可涂抹后一层。 ②水泥砂浆不得涂抹在石灰砂浆层上
	混凝土基层	11	①1∶3 水泥砂浆抹底层。 ②1∶3 水泥砂浆抹中层。 ③1∶2.5 水泥砂浆罩面	5～7 5～7 5	混凝土表面先刮水泥浆(水灰比 0.37～0.40)或洒水泥砂浆处理	
	水池子、窗台	12	①1∶2.5 水泥砂浆抹底层。 ②1∶2.5 水泥砂浆抹中层。 ③1∶2 水泥砂浆罩面	5～7 5～7 5	①水池子抹底要找出泛水。 ②水池罩面时侧面、底面要同时抹完,阳角用阳角抹子捋光,阴角用阴角抹子捋光形成一个整体	

名称	适用范围	项次	分层做法	厚度/mm	施工要点	注意事项
聚合物水泥砂浆抹灰	加气混凝土基层	13	①1:1:4水泥石灰砂浆用含7%108胶水溶液拌制聚合物砂浆抹底层、中层。	10	加气混凝土表面洁净,刷一遍108胶:水=1:(3~4)溶液,随即抹灰	
			②1:3水泥砂浆用含7%108胶水溶液拌制聚合物水泥砂浆抹面层	8		
纸筋石灰或麻刀石灰抹灰	砖墙基层	14	①1:2.5石灰砂浆抹底层。	7~9	①纸筋石灰配合比是:100:1.2(质量比)。	
			②1:2.5石灰砂浆抹中层。	7~9	②麻刀石灰配合比是:白灰膏:麻刀=100:1.7(质量比)	
			③纸筋石灰或麻刀石灰罩面	2或3		
		15	①1:1:6水泥石灰砂浆抹底层。	7~9		
			②1:1:6水泥石灰砂浆抹中层。	7~9		
			③纸筋石灰或麻刀石灰罩面	2或3		
	混凝土基层	16	①1:0.3:6水泥石灰砂浆抹底层(或用1:3:9,1:0.5:4,1:1:6水泥石灰砂浆视具体情况而定)。	7~9	基层处理及分层抹灰方法同第11项	
			②用上述配合比抹中层。	7~9		
			③纸筋石灰或麻刀石灰罩面	2或3		
	混凝土大板或大模板内墙基层	17	①聚合物水泥砂浆或水泥混合砂浆喷毛打底。	1~3		
			②纸筋石灰或麻刀石灰罩面	2或3		
	加气混凝土砌块或条板基层	18	①1:3:9水泥石灰砂浆抹底层。	3	基层处理与第10项相同	
			②1:3石灰砂浆抹中层。	7~9		
			③纸筋石灰或麻刀石灰罩面	2或3		
		19	①1:0.2:3水泥石灰砂浆喷涂成小拉毛。	3~5	①基层处理与第10项相同。	
			②1:0.5:4水泥石灰砂浆找平(或采用机械喷涂抹灰)。	7~9	②小拉毛完后,应喷水养护2~3d。	
			③纸筋石灰或麻刀石灰罩面	2或3	③待中层六七成干时,喷水湿润后进行罩面	
	加气混凝土条板	20	①1:3石灰砂浆抹底层。	4		
			②1:3石灰砂浆抹中层。	4		
			③纸筋石灰或麻刀石灰罩面	2或3		
	板条、苇箔金属网墙	21	①麻刀石灰或纸筋石灰砂浆抹底层。	3~6		
			②同上配比抹中层。	3~6		
			③1:2.5石灰砂浆(略掺麻刀)找平。	2~3		
			④纸筋石灰或麻刀石灰抹面层	2或3		

名称	适用范围	项次	分 层 做 法	厚度/mm	施 工 要 点	注意事项
石灰膏抹灰	高级装修的墙面	22	①1：2～1：3麻刀石灰抹底层。②同上配比抹中层。③13：6：4(石膏粉：水：石灰膏)罩面分二遍成活，在第一遍未收水时即进行第二遍抹灰，随即用铁抹子修补压光两遍，最后用铁抹子溜光至表面密实光滑为止	6 7 2～3	①底、中层灰用麻刀石灰，应在20d前化好备用，其中麻刀为白麻丝，石灰宜用2：8块灰，配合比为麻刀：石灰＝7.5：130(质量比)。②石膏一般宜用乙级建筑石膏，结硬时间为5min左右，4900孔筛余量不大于10%。③基层不宜用水泥砂浆或混合砂浆打底，亦不得掺氯盐，以防泛潮面层脱落	罩面石膏灰不得涂抹在水泥砂浆层上
水砂面层抹灰	高级建筑内墙面	23	①1：2～1：3麻刀石灰砂浆抹底、中层(要求表面平整垂直)。②水砂抹面分两遍抹成，应在第一遍砂浆略有收水即进行抹第二遍，第一遍竖向抹，第二遍横向抹(抹水砂前，底子灰如有缺陷应修补完整，待墙干燥一致方能进行水砂抹面，否则将影响其表面颜色不均；墙面要均匀洒水，充分湿润，门窗玻璃必须装好，防止面层水分蒸发过快而发生龟裂)。③水砂抹完后，用钢皮尺子压两遍，最后用钢皮抹子先横向后竖向溜光到表面密实光滑为止	13 2～3	①使用材料水砂：用沿海地区的细砂，其平均粒径0.15mm，容量为1050kg，使用时用清水淘洗、去污泥杂质，含泥量小于2%为宜。石灰：必须是洁白块灰，不允许有灰末子，氧化钙含量不小于75%的二级石灰。水：一般以食用水为佳。②水砂砂浆拌制：块灰随淋随拌浆(用3mm孔径筛过滤)，将淘洗净的砂和沥浆过的熟灰浆进行拌和，拌和后水砂呈淡灰色为宜，稠度为12.5cm，熟灰浆：水砂＝1：0.75(质量比)或1：0.815(体积比)，每立方米水砂砂浆约用水砂750kg，块灰300kg。③使用熟灰浆拌和的目的在于使砂内盐分尽快蒸发，防止墙面产生龟裂，水砂拌合后置于池内进行消化3～7d后方可使用	

注：1. 本表所列配合比无注明者均为体积比。

　　2. 水泥强度等级32.5级以上，石灰为含水率50%的石灰膏。

三、墙面一般抹灰

1. 项目说明

一般抹灰工程按质量要求分为普通抹灰和高级抹灰，主要工序如下：

普通抹灰——分层赶平、修整，表面压光。

高级抹灰——阴、阳角找方，设置标筋，分层赶平、修整，表面压光。

墙面抹灰由底层抹灰、中层抹灰和面层抹灰组成，如图5-2所示。

2. 项目特征描述提示

墙面一般抹灰项目特征描述提示：

(1)应注明墙体类型，如砖内墙、混凝土外墙。

(2)应注明各层砂浆的配合比、厚度。

(3)装饰面应注明材料种类。

(4)应注明分格缝的宽度和使用的分格材料，如20mm 塑料条分格。

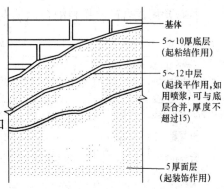

图 5-2　抹灰的构造

基体

5～10厚底层（起粘结作用）

5～12中层（起找平作用，如用喷浆，可与底层合并，厚度不超过15）

5厚面层（起装饰作用）

3. 墙面一般抹灰砂浆配合比资料

(1)一般抹灰砂浆配合比见表 5-3。

(2)常用水泥砂浆用料配合比见表 5-4。

表 5-3 一般抹灰砂浆配合比

抹灰砂浆组成材料	配合比(体积比)	应 用 范 围
石灰∶砂	1∶2～1∶3	用于砖石墙面层(潮湿部分除外)
水泥∶石灰∶砂	1∶0.3∶3～1∶1∶6	墙面混合砂浆打底
石灰∶水泥∶砂	1∶0.5∶4.5～1∶1∶6	用于檐口、勒脚、女儿墙外脚以及比较潮湿处
水泥∶砂	1∶2.5～1∶3	用于浴室、潮湿车间等墙裙、勒脚或地面基层
水泥∶石膏∶砂∶锯末	1∶1∶3∶5	用于吸声粉刷

表 5-4 常用水泥砂浆用料配合比

配合比(体积比)		1∶1	1∶2	1∶2.5	1∶3	1∶3.5	1∶4
名称	单位	每 1m³ 水泥砂浆数量					
42.5 级水泥	kg	812	517	438	379	335	300
天然砂	m³	0.81	1.05	1.12	1.17	1.21	1.24
天然净砂	kg	999	1 305	1 387	1 448	1 494	1 530
水	kg	360	350	350	350	340	340

(3)常用石灰砂浆配合比见表 5-5。

表 5-5 常用石灰砂浆配合比

配合比(体积比)		1∶1	1∶2	1∶2.5	1∶3	1∶3.5
名称	单位	每 1m³ 石灰砂浆数量				
生石灰	kg	399	274	235	207	184
石灰膏	m³	0.64	0.44	0.38	0.33	0.30
天然砂	m³	0.85	1.01	1.05	1.09	1.10
天然净砂	kg	1 047	1 247	1 035	1 351	1 363
水	kg	460	380	360	350	360

（4）常用混合砂浆用料配合比见表 5-6。

表 5-6　　　　　　　　　　常用混合砂浆用料配合比

配合比(体积比)		1：0.3：3	1：0.5：4	1：1：2	1：1：4	1：1：6	1：3：9
名称	单位	每 1m³ 混合砂浆数量					
42.5 级水泥	kg	361	282	397	261	195	121
生石灰	kg	56	74	208	136	140	190
石灰膏	m³	0.09	0.12	0.33	0.22	0.16	0.30
天然砂	m³	1.03	1.08	0.84	1.03	1.03	1.10
天然净砂	kg	1 270	1 331	1 039	1 275	1 275	1 362
水	kg	350	350	390	360	340	360

（5）常用其他灰浆参考配合比见表 5-7。

表 5-7　　　　　　　　　　常用其他灰浆参考配合比

项　　目		素水泥浆	麻刀灰浆	麻刀混合灰浆	纸筋灰浆
名称	单位	每 1m³ 用料数量			
42.5 级水泥	kg	1 888		60	—
生石灰	kg	—	634	639	554
纸筋	kg	—	—	—	153
麻刀	kg	—	10.23	10.23	—
水	kg	390	700	700	610

4. 墙面抹灰工程量确定

（1）内墙抹灰工程量确定。

1）内墙抹灰高度计算规定：

①无墙裙的，其高度按室内地面或楼面至天棚底面之间距离计算，如图 5-3(a)所示。

②有墙裙的，其高度按墙裙顶至天棚底面之间的距离计算，如图 5-3(b)所示。

③钉板条天棚的内墙抹灰，其高度按室内地面或楼面至天棚底面另加 100mm 计算，如图 5-3(c)所示。

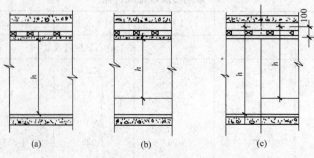

图 5-3　内墙抹灰高度

2)应扣除,不扣除及不增加面积。内墙抹灰应扣除门窗洞口和空圈所占面积;不扣除踢脚板、挂镜线、0.3m² 以内的孔洞和墙与构件交接处的面积;洞口侧壁和顶面面积也不增加。

3)应并入面积。附墙垛和附墙烟囱侧壁面积应与内墙抹灰工程量合并计算。

(2)外墙抹灰工程量确定。

1)外墙面高度均由室外地坪起,其终点算至:

①平屋顶有挑檐(天沟)的,算至挑檐(天沟)底面,如图 5-4(a)所示。

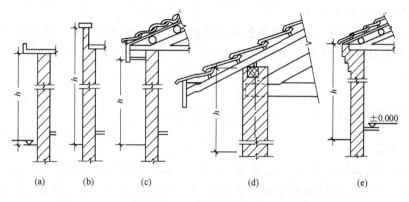

图 5-4　外墙抹灰高度

②平屋顶无挑檐天沟,带女儿墙,算至女儿墙压顶底面,如图 5-4(b)所示。

③坡屋顶带檐口天棚的,算至檐口天棚底面,如图 5-4(c)所示。

④坡屋顶带挑檐无檐口天棚的,算至屋面板底,如图 5-4(d)所示。

⑤砖出檐者,算至挑檐上表面,如图 5-4(e)所示。

2)应扣除、不增加面积。应扣除门窗洞口、外墙裙和大于 0.3m² 孔洞所占面积;洞口侧壁面积不另增加。

3)并入面积和另算面积:附墙垛、梁、柱侧面抹灰面积并入外墙抹灰工程量内计算。

5. 工程量计算实例

【例 5-1】　某工程平面与剖面图如图 5-5 所示,室内墙面抹 1:2 水泥砂浆底、1:3 石灰砂浆找平层、麻刀石灰浆面层,共 20mm 厚。室内墙裙采用 1:3 水泥砂浆打底(19mm 厚),1:2.5 水泥砂浆面层(6mm 厚),计算室内墙面一般抹灰和室内墙裙工程量。

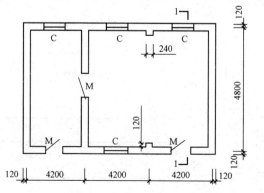
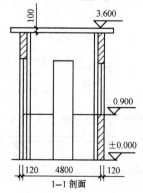

图 5-5　某工程平面与剖面图

M:1000mm×2700mm　　　共 3 个

C:1500mm×1800mm　　　共 4 个

【解】　(1)墙面一般抹灰工程量计算:

室内墙面抹灰工程量＝主墙间净长度×墙面高度－门窗等面积＋垛的侧面抹灰面积

室内墙面一般抹灰工程量＝[(4.20×3－0.24×2＋0.12×2)×2＋(4.80－0.24)×4]×

(3.60－0.10－0.90)－1.00×(2.70－0.90)×4－1.50×1.80×4＝93.70m²

(2)室内墙裙工程量计算:

室内墙裙抹灰工程量＝主墙间净长度×墙裙高度－门窗所占面积＋垛的侧面抹灰面积

室内墙裙工程量＝[(4.20×3－0.24×2＋0.12×2)×2＋(4.80－0.24)×4－1.00×4]×

0.90＝35.06m²

四、墙面装饰抹灰

1. 项目说明

墙面装饰抹灰包括水刷石抹灰、斩假石抹灰、干粘石抹灰、假面砖墙面抹灰等。

(1)水刷石是石粒类材料饰面的传统做法,其特点是采取适当的艺术处理,如分格分色、线条凹凸等,使饰面达到自然、明快和庄重的艺术效果。水刷石一般多用于建筑物墙面、檐口、腰线、窗楣、窗套、门套、柱子、阳台、雨篷、勒脚、花台等部位。

(2)斩假石又称剁斧石,是仿制天然石料的一种建筑饰面。用不同的骨料或掺入不同的颜料,可以制成仿花岗石、玄武石、青条石等斩假石。斩假石在我国有悠久的历史,其特点是通过细致的加工使其表面石纹逼真、规整,形态丰富,给人一种类似天然岩石的美感效果。

(3)干粘石面层粉刷,也称干撒石或干喷石。它是在水泥纸筋灰或纯水泥浆或水泥白灰砂浆粘结层的表面,用人工或机械喷枪均匀地撒喷一层石子,用钢板拍平拍实。此种面层,适用于建筑物外部装饰。这种做法与水刷石比较,既节约水泥、石粒等原材料,减少湿作业,又能明显提高工效。

(4)假面砖饰面是近年来通过反复实践比较成功的新工艺。这种饰面操作简单,美观大方,在经济效果上低于水刷石造价的 50%,提高工效达 40%。它适用于各种基层墙面。假面砖饰面构造如图 5-6 和图 5-7 所示。

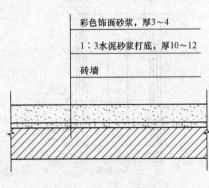

图 5-6　假面砖饰面构造(一)

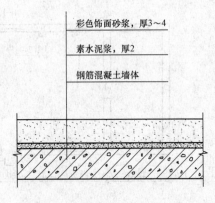

图 5-7　假面砖饰面构造(二)

2. 项目特征描述提示

墙面装饰抹灰项目特征描述提示：

(1)应注明墙体类型，如砖内墙、混凝土外墙。

(2)应注明各层砂浆的配合比、厚度。

(3)装饰面应注明材料种类。

(4)应注明分格缝的宽度和使用的分格材料，如 20mm 塑料条分格。

3. 墙面装饰抹灰砂浆用量

装饰砂浆用量见表 5-8～表 5-12。

表 5-8　　　　　　　　　　　　　常用美术水磨石

编号	磨石名称	石　子			水　泥		颜　料	
		种类	规格 /mm	用量 /(kg/m²)	种类	用量 /(kg/m²)	种类	用量 /(kg/m²)
1	黑墨玉	墨玉	2～$\frac{12}{13}$	26	青水泥	9	炭墨	0.18
2	沉香玉	沉香玉 汉白玉 墨玉	2～$\frac{12}{13}$ 3～4	15.6 7.8 2.6	白水泥	9	铬黄	0.09
3	晚霞	晚霞 汉白玉 铁岭红	2～$\frac{12}{13}$ 3～4	16.9 6.5 2.6	白水泥 青水泥	8.1 0.9	铬黄 地板黄 朱红	0.009 0.018 0.0072
4	白底墨玉	墨玉 (圆石)	2～$\frac{12}{15}$	26	白水泥	9	铬绿	0.0072
5	小桃红	桃红 墨玉	2～$\frac{12}{15}$ 3～4	23.4 2.6	白水泥	10	铬黄 朱红	0.045 0.036
6	海玉	海玉 彩霞 海玉	15～30 2～4 2～4	20.8 2.6 2.6	白水泥	10	铬黄	0.072
7	彩霞		15～30	80	白水泥	90	氧化铁红	0.06
8	铁岭红	铁岭红	2～$\frac{12}{16}$	26	白水泥 青水泥	1.8 7.2	氧化铁红	0.135

表 5-9　　　　　　　　　　　　　颜料掺量等级

颜料掺量等级	微量级	轻量级	中量级	重量级	特重量级
点水泥质量/(%)	0.1 以下	0.1～0.9	1～5	6～10	11～15

表 5-10　　　　　　　　　　　　每 1m³ 白石子浆配合比用料表

项　目	单位	1∶1.25	1∶1.5	1∶2	1∶2.5	1∶3
水泥(32.5级)	kg	1099	915	686	550	458
白石子	kg	1072	1189	1376	1459	1459
水	m³	0.30	0.30	0.30	0.30	0.30

表 5-11　　　　　　　　　　　　每 1m³ 石屑浆配合比用料表

项　目	单　位	水泥石屑浆	水泥豆石浆
		1∶2	1∶1.25
水泥(32.5级)	kg	686	1099
豆粒砂	m³	—	0.73
石屑	kg	1376	—

表 5-12　　　　　　　　　外墙装饰砂浆的配合比及抹灰厚度表　　　　　　　　　mm

项　目	分　层　做　法		厚　度
水刷石	水泥砂浆 1∶3 底层		15
	水泥白石子浆 1∶5 面层		10
剁假石	水泥砂浆 1∶3 底层		16
	水泥石屑 1∶2 面层		10
水磨石	水泥砂浆 1∶3 底层		16
	水泥白石子浆 1∶2.5 面层		12
干粘石	水泥砂浆 1∶3 底层		15
	水泥砂浆 1∶2 面层		7
	撒粘石面		
石灰拉毛	水泥砂浆 1∶3 底层		14
	纸筋灰浆面层		6
水泥拉毛	混合砂浆 1∶3∶9 底层		14
	混合砂浆 1∶1∶2 面层		6
喷涂	混凝土外墙	水泥砂浆 1∶3 底层	1
		混合砂浆 1∶1∶2 面层	4
	砖外墙	水泥砂浆 1∶3 底层	15
		混合砂浆 1∶1 面层	4
滚涂	混凝土墙	水泥砂浆 1∶3 底层	1
		混合砂浆 1∶1∶2 面层	4
	砖　墙	水泥砂浆 1∶3 底层	15
		混合砂浆 1∶1∶2 面层	4

4. 工程量计算实例

【例 5-2】 某工程外墙示意图如图 5-8 所示，外墙面抹水泥砂浆，底层为 1∶3 水泥砂浆打底 14mm 厚，面层为 1∶2 水泥砂浆抹面 6mm 厚；外墙裙水刷石，1∶3 水泥砂浆打底 12mm 厚，素水泥浆两遍，1∶2.5 水泥白石子 10mm 厚（分格），挑檐水刷白石，计算外墙裙装饰抹灰工程量。

　　M：1000mm×2500mm

　　C：1200mm×1500mm

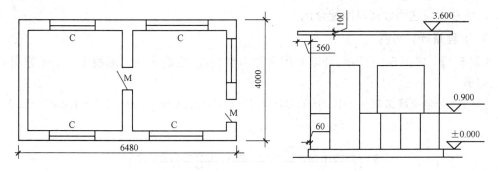

图 5-8　某工程外墙示意图

【解】 外墙装饰抹灰工程量＝外墙面长度×抹灰高度－门窗等面积＋垛梁柱的侧面抹灰面积

外墙裙水刷白石子工程量＝[(6.48＋4.00)×2－1.00]×0.90

　　　　　　　　　　　　＝17.96m²

五、墙面勾缝与立面砂浆找平层

1. 项目说明

墙面勾缝的形式有平缝、平凹缝、圆凹缝、凸缝、斜缝五种，如图 5-9 所示。

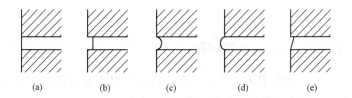

图 5-9　勾缝形式

(a)平缝；(b)平凹缝；(c)圆凹缝；(d)凸缝；(e)斜缝

(1)平缝。勾成的墙面平整，用于外墙及内墙勾缝。

(2)凹缝。照墙面退进 2~3mm 深。凹缝又平分凹缝和圆凹缝。圆凹缝是将灰缝压溜成一个圆形的凹槽。

(3)凸缝。是将灰缝做成圆形凸线，使线条清晰明显，墙面美观，多用于石墙。

(4)斜缝。是将水平缝中的上部勾缝砂浆压进一些，使其成为一个斜面向上的缝，该缝泻水方便,多用于烟囱。

2. 项目特征描述提示

(1)墙面勾缝项目特征描述提示:

1)应注明勾缝的类型,如勾平缝。

2)应注明勾缝材料种类,如1:1.5水泥砂浆。

(2)立面砂浆找平层项目特征描述提示:

1)应注明基层类型。

2)找平层应注明砂浆厚度配合比。

3. 工程量计算实例

【例 5-3】　如图 5-10 所示,外墙采用水泥砂浆勾缝,层高 3.6m,墙裙高 1.2m,求外墙勾缝工程量。

【解】　外墙勾缝工程量=(9.9+0.24+4.5+0.24)×(3.6-1.2)-1.5×1.8×5-0.9×2

　　　　　=56.12m^2

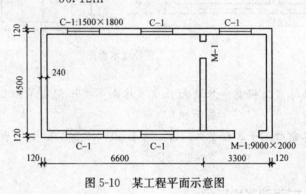

图 5-10　某工程平面示意图

第三节　柱(梁)面抹灰

一、清单项目设置及工程量计算规则

柱(梁)面抹灰清单项目包括柱、梁面一般抹灰,柱、梁面装饰抹灰,柱、梁面砂浆找平,柱面勾缝,其工程量清单项目设置及工程量计算规则见表 5-13。

二、柱(梁)面一般抹灰

1. 项目说明

柱按材料一般分为砖柱、砖壁柱和钢筋混凝土柱,按形状又可分为方柱、圆柱、多角形柱等。柱面抹灰根据柱的材料、形状、用途的不同,抹灰方法也有所不同。

一般来说,室内柱一般用石灰砂浆或水泥混合砂浆抹底层、中层,麻刀石灰或纸筋石灰抹面层;室外常用水泥砂浆抹灰。

表 5-13　　　　　　　　　　**柱(梁)面抹灰(编码:011202)**

项目编码	项目名称	项目特征	计量单位	工程量计算规则	工作内容
011202001	柱、梁面一般抹灰	1. 柱(梁)体类型 2. 底层厚度、砂浆配合比 3. 面层厚度、砂浆配合比 4. 装饰面材料种类 5. 分格缝宽度、材料种类	m²	1. 柱面抹灰:按设计图示柱断面周长乘高度以面积计算 2. 梁面抹灰:按设计图示梁断面周长乘长度以面积计算	1. 基层清理 2. 砂浆制作、运输 3. 底层抹灰 4. 抹面层 5. 勾分格缝
011202002	柱、梁面装饰抹灰				
011202003	柱、梁面砂浆找平	1. 柱(梁)体类型 2. 找平的砂浆厚度、配合比			1. 基层清理 2. 砂浆制作、运输 3. 抹灰找平
011202004	柱面勾缝	1. 勾缝类型 2. 勾缝材料种类		按设计图示柱断面周长乘高度以面积计算	1. 基层清理 2. 砂浆制作、运输 3. 勾缝

注:1. 砂浆找平项目适用于仅做找平层的柱(梁)面抹灰。

2. 柱(梁)面抹石灰砂浆、水泥砂浆、混合砂浆、聚合物水泥砂浆、麻刀石灰浆、石膏灰浆等按表 5-13 中柱(梁)面一般抹灰编码列项;柱(梁)面水刷石、斩假石、干粘石、假面砖等按表 5-13 中柱(梁)面装饰抹灰编码列项。

2. 项目特征描述提示

柱(梁)面一般抹灰项目特征描述提示:

(1)应注明柱(梁)体类型。

(2)应注明各底层、面层砂浆厚度的配合比。

(3)应注明装饰面对材料种类。

(4)应注明分格缝的宽度和使用的分格材料。

3. 工程量计算实例

【例 5-4】　如图 5-11 所示,计算柱面抹水泥砂浆工程量。

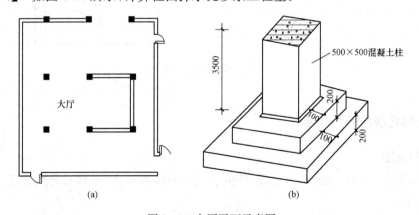

图 5-11　大厅平面示意图

(a)大厅示意图;(b)混凝土柱示意图

【解】　水泥砂浆一般抹灰工程量=0.5×4×3.5×6

=42m²

三、柱(梁)面装饰抹灰

1. 项目说明

柱(梁)面装饰抹灰包括水刷石抹灰、斩假石抹灰、干粘石抹灰、假面砖柱(梁)面抹灰等。其构造要求及操作方法参见上述"墙面装饰抹灰"的内容。

2. 项目特征描述提示

柱(梁)面装饰抹灰项目特征描述提示:

(1)应注明柱(梁)体类型。

(2)应注明各底层、面层、厚度砂浆的配合比。

(3)应注明装饰面材料种类。

(4)应注明分格缝的宽度和使用的分格材料。

3. 工程量计算实例

【例 5-5】如图 5-12 所示,钢筋混凝土柱面水刷石抹灰,试计算其工程量。

【解】　柱面装饰抹灰工程量=柱断面周长×高度

$$=0.40×4×3.3$$
$$=5.28m^2$$

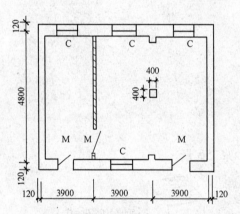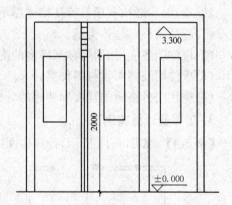

图 5-12　柱面装饰

四、柱面勾缝与砂浆找平

1. 项目说明

柱面勾缝的形式有平缝、平凹缝、圆凹缝、凸缝、斜缝等种类,其构造形式参见上述"墙面勾缝"的内容。

2. 项目特征描述提示

(1)柱面勾缝项目特征描述提示:

1)应注明勾缝的类型,如凸缝。

2)应注明勾缝材料种类,如水泥砂浆。

(2)柱、梁面砂浆找平项目特征描述：

1)应注明柱(梁)体类型。

2)应注明找平的砂浆厚度、配合比。

3. 工程量计算实例

【例5-6】 计算如图5-13所示柱面勾缝抹水泥砂浆工程量。

【解】 柱面勾缝工程量＝$0.5 \times 4 \times 4.8 +$ $[(0.5 + 0.06 \times 4)^2 - 0.5^2] + [(0.5 + 0.06 \times 4) \times$ $4 \times 0.3 + (0.4 + 0.06 \times 2) \times 4 \times 0.1] = 10.99 \text{m}^2$

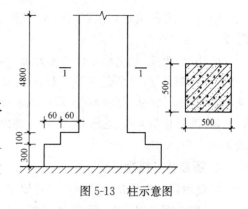

图5-13 柱示意图

第四节 零星抹灰

一、清单项目设置及工程量计算规则

零星抹灰清单项目包括零星项目一般抹灰、零星项目装饰抹灰、零星项目砂浆找平,其工程量清单项目设置及工程量计算规则见表5-14。

表5-14 零星抹灰(编码:011203)

项目编码	项目名称	项目特征	计量单位	工程量计算规则	工作内容
011203001	零星项目一般抹灰	1. 基层类型、部位 2. 底层厚度、砂浆配合比 3. 面层厚度、砂浆配合比 4. 装饰面材料种类 5. 分格缝宽度、材料种类	m²	按设计图示尺寸以面积计算	1. 基层清理 2. 砂浆制作、运输 3. 底层抹灰 4. 抹面层 5. 抹装饰面 6. 勾分格缝
011203002	零星项目装饰抹灰				
011203003	零星项目砂浆找平	1. 基层类型、部位 2. 找平的砂浆厚度、配合比			1. 基层清理 2. 砂浆制作、运输 3. 抹灰找平

注:1. 零星项目抹石灰砂浆、水泥砂浆、混合砂浆、聚合物水泥砂浆、麻刀石灰浆、石膏灰浆等按表5-14中零星项目一般抹灰编码列项;水刷石、斩假石、干粘石、假面砖等按表5-14中零星项目装饰抹灰编码列项。

2. 墙、柱(梁)面≤0.5m²的少量分散的抹灰按表5-14中零星抹灰项目编码列项。

二、零星项目一般抹灰

1. 项目说明

零星项目一般抹灰包括墙裙、里窗台抹灰、阳台抹灰、挑檐抹灰等。

(1)墙裙、里窗台均为室内易受碰撞、易受潮湿部位。一般用1:3水泥砂浆作底层,用1:(2～2.5)的水泥砂浆罩面压光。其水泥强度等级不宜太高,一般选用42.5R级早强型水泥。墙裙、里窗台抹灰是在室内墙面、顶棚、地面抹灰完成后进行。其抹面一般凸出墙面抹灰层 5～7mm。

(2)阳台抹灰,是室外装饰的重要部分,要求各个阳台上下成垂直线,左右成水平线,进出一致,各个细部划一,颜色一致。抹灰前要注意清理基层,把混凝土基层清扫干净并用水冲洗,用钢丝刷子将基层刷到露出混凝土新槎。

(3)挑檐是指天沟、遮阳板、雨篷等挑出墙面用作挡雨、避阳的结构物,挑檐抹灰的构造做法如图 5-14 所示。

2. 项目特征描述提示

零星项目一般抹灰项目特征描述提示:

(1)应注明基层类型、部位,如挑檐基体。

(2)应分别注明底层、面层厚度、砂浆配合比。

(3)装饰面应注明材料种类。

(4)应注明分格缝宽度、材料种类。

3. 工程量计算实例

【例 5-7】　计算图 5-15 所示,水泥砂浆抹小便池(长 2m)工程量。

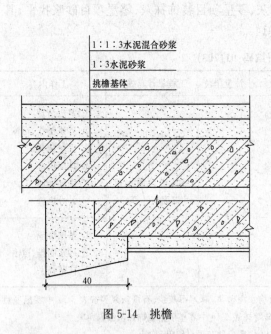

图 5-14　挑檐　　　　　　　　　　图 5-15　小便池图

【解】　小便池抹灰工程量＝2×(0.18+0.3+0.4×π÷2)

　　　　　　　　　　　　　＝2.22m²

三、零星项目装饰抹灰

1. 项目说明

零星项目装饰抹灰是指挑檐、天沟、腰线、窗台线、门窗套、压顶、栏杆、栏板、扶手、遮阳板、池槽、阳台、雨篷周边等的装饰抹灰。其分为砂浆装饰抹灰和石碴类装饰抹灰两类,具体同墙面装饰抹灰。

装饰抹面层应利用不同的施工操作方法将其直接做成饰面层。如拉毛灰、拉条灰、洒毛灰、假面砖、仿石、水刷石、干粘石、水磨石以及喷砂、喷涂、弹涂、滚涂和彩色抹灰等多种抹灰装饰做法。其面层的厚度、色彩和图案形式,应符合设计要求,并应施于已经硬化和粗糙而平整的中层砂浆面上,操作之前应洒水湿润。当装饰抹灰面层有分格要求时,其分格条的宽窄厚薄必须一致,粘贴于中层砂浆面上应横平竖直,交接严密,饰面完工后适时取出。装饰抹灰面层的施工缝,应留在分格缝、墙阴角、水落管背后或蚀立装饰组成部分的边缘处。

2. 项目特征描述提示

零星项目装饰抹灰项目特征描述提示:

(1)应注明基层类型、部位。

(2)应注明各层砂浆厚度配合比,如 8mm 厚 1:3 水泥砂浆打底,7mm 厚 1:3 水泥砂浆找平扫毛,刷水泥浆一遍。

(3)装饰面应注明材料种类。

(4)应注明分格缝的宽度和使用的分格材料,如 20mm 塑料条分格。

第五节　墙面块料面层

一、清单项目设置及工程量计算规则

墙面块料面层清单项目包括石材墙面、拼碎石材墙面、块料墙面、干挂石材钢骨架,其工程量清单项目设置及工程量计算规则见表 5-15。

表 5-15　　　　　　　　　　　墙面块料面层(编码:011204)

项目编码	项目名称	项目特征	计量单位	工程量计算规则	工作内容
011204001	石材墙面	1. 墙体类型 2. 安装方式 3. 面层材料品种、规格、颜色 4. 缝宽、嵌缝材料种类 5. 防护材料种类 6. 磨光、酸洗、打蜡要求	m²	按镶贴表面积计算	1. 基层清理 2. 砂浆制作、运输 3. 粘结层铺贴 4. 面层安装 5. 嵌缝 6. 刷防护材料 7. 磨光、酸洗、打蜡
011204002	拼碎石材墙面				
011204003	块料墙面				
011204004	干挂石材钢骨架	1. 骨架种类、规格 2. 防锈漆品种遍数	t	按设计图示以质量计算	1. 骨架制作、运输、安装 2. 刷漆

注:1. 在描述碎块项目的面层材料特征时可不用描述规格、颜色。

2. 石材、块料与粘结材料的结合面刷防渗材料的种类在防护层材料种类中描述。

3. 安装方式可描述为砂浆或粘结剂粘贴、挂贴、干挂等,不论哪种安装方式,都要详细描述与组价相关的内容。

二、石材墙面

1. 项目说明

石材墙面镶贴块料常用的材料有天然大理石、花岗石、人造石饰面材料等。

(1)大理石饰面板。大理石是一种变质岩,是由石灰岩变质而成,颜色有纯黑、纯白、纯灰等色泽和各种混杂花纹色彩。天然大理石板材规格分为定型和非定型两类。定型板材为正方形或矩形,其规格按表 4-9 规定。

(2)花岗石饰面板。花岗石主要由石英、长石和少量云母等矿物组成,因矿物成分的不同组分而形成不同的色泽和颗粒结晶效果,是各类岩浆岩的统称,如花岗岩、安山岩、辉绿岩、辉长岩等。花岗石其板材按形状分为正方形、长方形及异型;按加工程度分为细琢面板(代号 RB,表面平整光滑)、镜面板(代号 PL,有镜面光泽)、粗面板(代号 RU,依加工效果分为机刨板、剁斧板、锤击板和烧毛板等)。部分产品花色及规格见表 5-16。

表 5-16　　　　　　　　　　　花岗石装饰板材品种及规格举例　　　　　　　　　　mm

品种名称	常用规格及说明		
白麻石 黑麻石 粉红麻石 幻彩绿麻石	常用规格: 　　　长×宽 300×300　　600×1000 300×600　　800×900 400×400　　800×1000		厚度 10~20
印度红麻石 皇妃红麻石 芝麻石(密花) 紫彩麻石 啡钻麻石 幻彩红麻石 绿星石 绿钻麻石 绿佑红石 啡钻蓝石 红钻麻石 美满红石 浪涛红石 紫晶麻石	长×宽 400×600　　800×1200 400×600　　800×1500 600×600　　1500×1000 600×900　　2000×1000 说明: 1."麻石"为花岗石的俗称; 2.天然花岗石装饰板的具体产品名称,各生产厂均根据产品表面色泽和自然纹理图案效果自取其名,称谓各异,有的则体现产地特点,如中国红、将军红、济南青、穗州花玉、豫南红、少林红等等; 3.产品规格尺寸可根据工程需要和设计规定与生产厂或经销商进行协商订制		

(3)人造石饰面板。人造石饰面材料是用天然大理石、花岗石之碎石、石屑、石粉为填充材料,由不饱和聚酯树脂为胶粘剂(也可用水泥为胶粘剂),经搅拌成型、研磨、抛光而制成。其中常用的是人造石饰面板和预制水磨石饰面板。

1)人造石饰面板分为有机人造石饰面板、无机人造石饰面板和复合人造石饰面板。其产品规格及主要性能见表 5-17~表 5-19。

表 5-17　　　　　　　　　聚酯型人造大理石装饰板的主要性能及规格

项　目	性 能 指 标	常 用 规 格 /mm
表观密度/(g/cm³)	2.0～2.4	300×300×(5～9)
抗压强度/MPa	70～150	300×400×(8～15)
抗弯强度/MPa	18～35	300×500×(10～15)
弹性模量/MPa	(1.5～3.5)×10⁴	300×600×(10～15)
		500×1000×(10～15)
表面光泽度	70～80	1200×1500×20

表 5-18　　　　　　　　　氯氧镁人造石装饰板主要性能及规格

项　目	性 能 指 标	主 要 规 格 /mm
表观密度/(g/cm³)	<1.5	
抗弯强度/MPa	>15	2000×1000×3
抗压强度/MPa	>10	2000×1000×4
抗冲击强度/(kJ/m²)	>5	2000×1000×5

注：花色多样，主要分单色和套印花饰两类，常用花色以仿切片胶合板木纹为主，宜用于室内墙面及吊顶罩面。

表 5-19　　　　　　　　　浮印大理石饰面板主要性能及规格

项　目	性 能 指 标	规 格 尺 寸 /mm
抗弯强度/MPa	20.5	
抗冲击强度/(kJ/m²)	5.7	
磨损度(g/cm²)	0.0273	按基材规格而定最大可达1200×800
吸水率/(%)	2.07	
热稳定性	良好	

2) 预制水磨石板是以水泥和彩色石屑拌和，经成型、养护、研磨、抛光等工艺制成。它具有强度高、坚固耐用、美观、施工简便等特点。预制水磨石板产品有定型和不定型两种，定型水磨石板品种规格见表5-20。

表 5-20　　　　　　　　　定型水磨石板品种规格　　　　　　　　　　mm

平　　板			踢　脚　板		
长	宽	厚	长	宽	厚
500	500	25.50	500	120	19.25
400	400	25	400	120	19.25
300	300	19.25	300	120	19.25

2. 项目特征描述提示

石材墙面项目特征描述提示：

(1)应注明墙体类型,如墙面镶贴白麻花岗石。

(2)应注明石材安装方式,如砂浆或粘结剂粘贴、挂贴、化学螺栓或普通螺栓。

(3)应注明面层材料的品种、规格、颜色。

(4)应注明缝宽及其嵌缝材料种类。

(5)应注明防护材料种类。

(6)应注明磨光、酸洗、打蜡要求,如表面擦净、抛光。

3. 工程量计算实例

【例5-8】 如图5-16所示为某单位大厅墙面示意图,墙面长度为4m,高度为3m,试计算不同面层材料镶贴工程量。

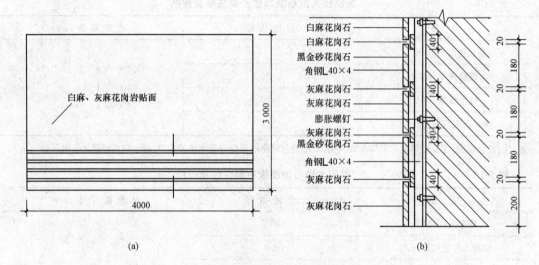

图5-16　某单位大厅墙面示意图

(a)平面图;(b)剖面图

【解】 墙面镶贴块料面层工程量＝图示设计净长×图示设计净高

(1)白麻花岗岩工程量＝$(3-0.18\times3-0.2-0.02\times3)\times4$

$$=8.8m^2$$

(2)灰麻花岗岩工程量＝$(0.2+0.18+0.04\times3)\times4$

$$=2m^2$$

(3)黑金砂石材墙面工程量＝$0.18\times2\times4$

$$=1.44m^2$$

三、拼碎石材墙面

1. 项目说明

碎拼石材墙面是指使用裁切石材剩下的边角余料经过分类加工作为填充材料,由不饱和酯树脂(或水泥)为胶粘剂,经搅拌成型、研磨、抛光等工序组合而成的墙面装饰项目。常见拼碎石材墙面一般为拼碎大理石墙面。

在生产大理石光面和镜面饰面板材时,裁剪的边角余料经过适当的分类加工后可用以制作拼碎大理石墙面、地面等,使建筑饰面丰富多彩。

2. 项目特征描述提示

拼碎石材墙面项目特征描述提示:

(1)应注明墙体类型,如拼碎大理石墙。

(2)应注明拼碎石材安装方式,如砂浆或粘结剂粘贴、挂贴、化学螺栓或普通螺栓。

(3)应注明面层材料的品种、规格、颜色。

(4)应注明缝宽及其嵌缝材料种类。

(5)应注明防护材料种类。

(6)应注明磨光、酸洗、打蜡要求,即表面擦净、抛光。

3. 工程量计算实例

【例5-9】 某建筑物平面图如图5-17所示,墙厚240mm,层高3.3m,有120mm高的木质踢脚板。试求图示墙面拼碎大理石的工程量。

【解】 由图可看出,拼碎大理石墙面工程量为墙面的表面积减去门及窗所占的面积,根据其工程量计算规则,得:

拼碎大理石墙面工程量＝[(5.0−0.24)＋(3.5−0.24)]×2×(3.3−0.12)×3−1.5×(2.4−0.12)−1.2×(2.4−0.12)×2−0.9×(2.1−0.12)×2−2.7×1.8×2＝130.85m²

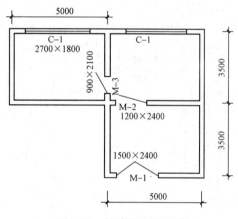

图5-17　某建筑物平面图

四、块料墙面

1. 项目说明

块料墙面包括釉面砖墙面、陶瓷锦砖墙面等。

(1)釉面砖又称为瓷砖、瓷片,是一种薄型精陶制品,多用于建筑内墙面装饰。

(2)外墙面砖的种类规格见表5-21。

表5-21　　　　　　　　　　　外墙面砖的种类规格　　　　　　　　　　　　　　mm

名　称	一般规格	说　明
表面无釉外墙面砖(又称墙面砖)	200×100×12 150×75×12	有白、浅黄、深黄、红、绿等色
表面有釉外墙面砖(又称彩釉砖)	75×75×8 108×108×8	有粉红、蓝、绿、金砂釉、黄白等色
线　砖	100×100×150 100×100×10	表面有突起线纹,有釉并有黄绿等色
外墙立体面砖(又称立体彩釉砖)	100×100×10	表面有釉,做成各种立体图案

陶瓷马赛克又称陶瓷锦砖,它是用于装饰与保护建筑物地面及墙面的由多块小砖拼贴成

联的陶瓷砖。其按表面性质分为有釉和无釉两种,按砖联可分为单色、混色和拼花,基本形状和规格见表 5-22。

表 5-22 陶瓷马赛克的基本形状和规格 mm

基本形状	名 称		规 格				厚 度
			a	b	c	d	
	正方	大方	39.0	39.0	—	—	5.0
		中大方	23.6	23.6	—	—	5.0
		中方	18.5	18.5	—	—	5.0
		小方	15.2	15.2	—	—	5.0
		长方 (长条)	39.0	18.5	—	—	5.0
	对角	大对角	39.0	19.2	27.9	—	5.0
		小对角	32.1	15.9	22.8	—	5.0
		斜长条 (斜条)	36.4	11.9	37.9	22.7	5.0
		六角	25	—	—	—	5.0
		半八角	15	15	18	40	5.0
		长条对角	7.5	15	18	20	5.0

2. 项目特征描述提示

块料墙面项目特征描述提示:

(1)应注明墙体类型,如陶瓷锦砖墙。

(2)应注明块料安装方式,如砂浆或粘结剂粘贴、挂贴、化学螺栓或普通螺栓。

(3)应注明面层材料的品种、规格、颜色。

(4)应注明缝宽及其嵌缝材料种类。

(5)应注明防护材料种类。

(6)应注明磨光、酸洗、打蜡要求,即表面擦净、抛光。

3. 工程量计算实例

【例 5-10】　某卫生间的一侧墙面如图 5-18 所示,墙面贴 2.5m 高的白色瓷砖,窗侧壁贴瓷砖宽 100mm,试计算贴瓷砖工程量。

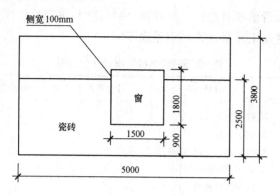

图 5-18　某卫生间墙面示意图

【解】　墙面贴瓷砖的工程量＝5.0×2.5－1.5×(2.5－0.9)＋[(2.5－0.9)×2＋1.5]×0.10

$$＝10.57m^2$$

五、干挂石材钢骨架

1. 项目说明

干挂石材是采用金属挂件将石材饰面直接悬挂在主体结构上,形成一种完整的围护结构体系。钢骨架常采用型钢龙骨、轻钢龙骨、铝合金龙骨等材料。常用干挂石材钢骨架的连接方式有两种,第一种是角钢在槽钢的外侧,这种连接方式成本较高,占用空间较大,适合室外使用;第二种是角钢在槽钢的内侧,这种连接方式成本较低,占用空间小,适合室内使用。

2. 项目特征描述提示

干挂石材钢骨架项目特征描述提示:

(1)应注明骨架种类、规格。

(2)应注明防锈漆种类和遍数。

3. 工程量计算实例

【例 5-11】　如图 5-16 所示为某单位大厅墙面示意图,墙面长度为 4m,高度为 3m,其中,角钢为同下 40×4,高度方向布置 8 根,试计算干挂石材钢骨架工程量。

【解】　查角钢重量为 $2.422×10^{-3}$,根据公式:干挂石材钢骨架工程量＝图示设计规格的型材×相应型材线重量

干挂石材钢骨架工程量＝(4×8＋3×8)×$2.422×10^{-3}$

$$＝0.136t$$

第六节　柱(梁)面镶贴块料

一、清单项目设置及工程量计算规则

柱(梁)面镶贴块料清单项目包括石材柱面、块料柱面、拼碎块柱面、石材梁面、块料梁面,其工程量清单项目设置及工程量计算规则见表 5-23。

表 5-23　　　　　　　　　柱(梁)面镶贴块料(编码:011205)

项目编码	项目名称	项目特征	计量单位	工程量计算规则	工作内容
011205001	石材柱面	1. 柱截面类型、尺寸 2. 安装方式	m²	按镶贴表面积计算	1. 基层清理 2. 砂浆制作、运输 3. 粘结层铺贴 4. 面层安装 5. 嵌缝 6. 刷防护材料 7. 磨光、酸洗、打蜡
011205002	块料柱面	3. 面层材料品种、规格、颜色 4. 缝宽、嵌缝材料种类			
011205003	拼碎块柱面	5. 防护材料种类 6. 磨光、酸洗、打蜡要求			
011205004	石材梁面	1. 安装方式 2. 面层材料品种、规格、颜色 3. 缝宽、嵌缝材料种类			
011205005	块料梁面	4. 防护材料种类 5. 磨光、酸洗、打蜡要求			

注:1. 在描述碎块项目的面层材料特征时可不用描述规格、颜色。

　　2. 石材、块料与粘接材料的结合面刷防渗材料的种类在防护层材料种类中描述。

　　3. 柱梁面干挂石材的钢骨架按表 5-15 相应项目编码列项。

二、石材柱面

1. 项目说明

石材柱面的构造做法与石材墙面基本相同,常用的石材柱面的镶贴块料有天然大理石、花岗石、人造石等。

2. 项目特征描述提示

石材柱面项目特征描述提示:

(1)应注明柱截面类型和尺寸。

(2)应注明石材柱面安装方式,如砂浆(粘结剂)粘贴、挂贴、化学螺栓(普通螺栓)、型网骨架干挂、化学螺栓(普通螺栓)干挂。

(3)应注明面层材料品种、规格、颜色,如 600mm×600mm 芝麻白花岗石、背面刷环氧树脂粘粗砂。

(4)应注明缝宽及其嵌缝材料种类,如白水泥浆勾缝。

(5)应注明防护材料种类。

（6）应注明磨光、酸洗、打蜡要求。

3. 工程量计算实例

【例5-12】　某建筑物钢筋混凝土柱8根，构造如图5-20所示，柱面挂贴花岗石面层，试计算其工程量。

【解】　柱面挂贴花岗石工程量＝柱身挂贴花岗石工程量＋柱帽挂贴花岗石工程量

柱身挂贴花岗石工程量＝0.40×4×3.7×8＝47.36m²

花岗石柱帽工程量按图示尺寸展开面积计算四棱台全斜表面积＝斜高×（上面的周边长＋下面的周边长）÷2

已知斜高为0.158m，按图示数据代入，柱帽展开面积＝0.158×（0.5×4＋0.4×4）÷2×8＝2.28m²

柱面、柱帽工程量合并工程量＝47.36＋2.28
$$＝49.64m²$$

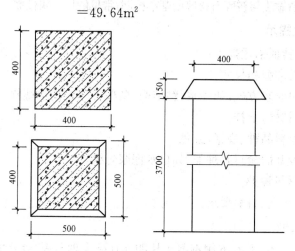

图5-20　钢筋混凝土柱示意图

三、块料柱面

1. 项目说明

块料柱面的构造要求及施工方法与块料墙面基本相同，常见的块料柱面有釉面砖柱面、陶瓷锦砖柱面等。

2. 项目特征描述提示

块料柱面项目特征描述提示：

（1）应注明柱截面形式和尺寸。

（2）应注明块料安装方式，如砂浆（粘结剂）粘贴、挂贴、化学螺栓（普通螺栓）、型网骨架干挂、化学螺栓（普通螺栓）干挂。

（3）应注明面层材料品种、规格、颜色。

（4）应注明缝宽及其嵌缝材料种类，如白水泥浆勾缝。

（5）应注明防护材料种类。

（6）应注明磨光、酸洗、打蜡要求。

3. 工程量计算实例

【**例5-13**】　某单位大门砖柱4根,砖柱块料面层设计尺寸如图5-21所示,面层水泥砂浆贴玻璃锦砖,计算柱面镶贴块料工程量。

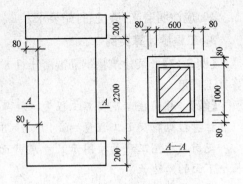

【**解**】　块料柱面镶贴工程量＝镶贴表面积

块料柱面工程量＝$(0.6+1.0)×2×2.2×4$
　　　　　　　＝$28.16m^2$

图 5-21　某大门砖柱块料面层尺寸

四、拼碎块柱面

1. 项目说明

拼碎块柱面的构造做法与拼碎石材墙面基本相同,常见的拼碎块柱面一般为拼碎大理石柱面。

2. 项目特征描述提示

拼碎块柱面项目特征描述提示:

(1)应注明柱截面类型和尺寸。

(2)应注明拼碎块安装方式,如砂浆(粘结剂)粘贴、挂贴、化学螺栓(普通螺栓)、型网骨架干挂、化学螺栓(普通螺栓)干挂。

(3)应注明面层材料品种、规格、颜色。

(4)应注明缝宽及其嵌缝材料种类,如白水泥浆勾缝。

(5)应注明防护材料种类。

(6)应注明磨光、酸洗、打蜡要求。

3. 工程量计算实例

【**例5-14**】　如图5-22所示,6根混凝土柱四面挂贴大理石板,计算大理石板柱工程量。

【**解**】　拼碎石材柱面工程量＝$0.4×4×4.5×6=43.2m^2$

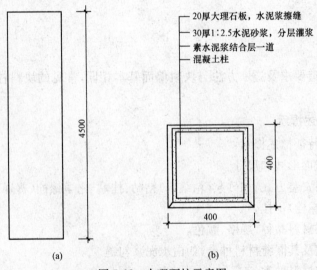

图 5-22　大理石柱示意图

(a)大理石柱立面图;(b)大理石柱平面图

五、石材梁面、块料梁面

1. 项目说明

石材梁面的构造要求与做法与石材墙面基本相同,石材梁面的灌缝应饱满,嵌缝应严密,且应选用平整、方正,未出现碰损、污染现象的石材。

块料梁面的构造要求及做法与前述块料墙面基本相同。块料梁面选料时应剔除色纹、暗缝、隐伤的板材,加工孔洞、开槽时应仔细操作。

2. 项目特征描述提示

石材梁面、块料梁面项目特征描述提示:

(1)应注明安装方式。

(2)应注明面层材料品种、规格、颜色。

(3)应注明缝宽及其嵌缝材料。

(4)应注明防护材料种类。

(5)应注明磨光、酸洗、打蜡要求,如表面擦净、抛光。

3. 工程量计算实例

【例 5-15】　如图 5-23 所示为某建筑结构示意图,表面镶贴石材,试计算石材梁面工程量。

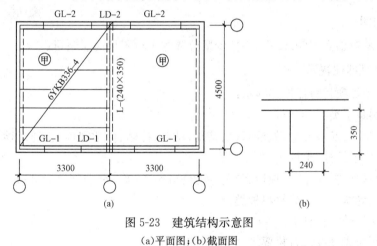

图 5-23　建筑结构示意图

(a)平面图;(b)截面图

【解】　石材梁面工程量＝(0.24×4.5)×2＋(0.35×4.5)×2＋(0.24×0.35)×2

＝5.48m²

第七节　镶贴零星块料

一、清单项目设置及工程量计算规则

镶贴零星块料清单项目包括石材零星项目、块料零星项目、拼碎块零星项目,其工程量清单项目设置及工程量计算规则见表 5-24。

表 5-24　　　　　　　　　　　**镶贴零星块料(编码：011206)**

项目编码	项目名称	项目特征	计量单位	工程量计算规则	工作内容
011206001	石材零星项目	1. 基层类型、部位 2. 安装方式 3. 面层材料品种、规格、颜色 4. 缝宽、嵌缝材料种类 5. 防护材料种类 6. 磨光、酸洗、打蜡要求	m²	按镶贴表面积计算	1. 基层清理 2. 砂浆制作、运输 3. 面层安装 4. 嵌缝 5. 刷防护材料 6. 磨光、酸洗、打蜡
011206002	块料零星项目				
011206003	拼碎块零星项目				

注：1. 在描述碎块项目的面层材料特征时可不用描述规格、颜色。

2. 石材、块料与粘接材料的结合面刷防渗材料的种类在防护材料种类中描述。

3. 零星项目干挂石材的钢骨架按表 5-15 相应项目编码列项。

4. 墙柱面≤0.5m² 的少量分散的镶贴块料面层按表 5-24 中零星项目执行。

二、石材零星项目

1. 项目说明

石材零星是指小面积(0.5m² 以内)少量分散的石材零星面层项目。

2. 项目特征描述提示

石材零星项目项目特征描述提示：

(1)应注明基层类型、部位。

(2)应注明石材安装方式,如砂浆(粘结剂)粘贴、挂贴、化学螺栓(普通螺栓)、型钢骨架干挂、化学螺栓(普通螺栓)干挂。

(3)应注明面层材料品种、规格、颜色,如 200mm×200mm 非网纹大理石。

(4)应注明缝宽及其嵌缝材料种类。

(5)应注明防护材料种类。

(6)应注明磨光、酸洗、打蜡要求,如清洁表面。

3. 工程量计算实例

【例 5-16】　如图 5-24 所示为某橱窗大板玻璃下面墙垛装饰,试计算其工程量。

【解】　墙垛中国黑石材饰面工程量＝[(0.2－0.02)×2(两侧)＋0.3](台面)×1.7

$$=1.12m^2$$

三、块料、拼碎块零星项目

1. 项目说明

块料零星项目是指小面积(0.5m² 以内)少量分散的釉面砖面层、陶瓷锦砖面层等项目。

拼碎石材零星项目是指小面积(0.5m² 以内)的少量分散拼碎石材面层项目。

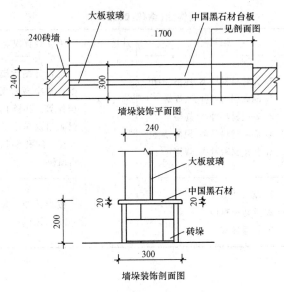

图 5-24 墙垛装饰大样图

2. 项目特征描述提示

块料、拼碎块零星项目项目特征描述提示：

(1)应注明基层类型、部位。

(2)应注明安装方式,如砂浆(粘结剂)粘贴、挂贴、化学螺栓(普通螺栓)、型钢骨架干挂、化学螺栓(普通螺栓)干挂。

(3)应注明面层材料品种、规格、颜色。

(4)应注明缝宽及其嵌缝材料种类。

(5)应注明防护材料种类。

(6)应注明磨光、酸洗、打蜡要求,如清洁表面。

3. 工程量计算实例

【例 5-17】 某单位大门砖柱 4 根,砖柱块料面层设计尺寸如图 5-21 所示,面层水泥砂浆贴玻璃锦砖,计算压顶及柱脚工程量。

【解】 块料零星项目工程量＝按设计图示尺寸展开面积计算

压顶及柱脚工程量＝[(0.76＋1.16)×2×0.2＋(0.68＋1.08)×2×0.08]×2×4

＝8.40m²

第八节 墙饰面

一、清单项目设置及工程量计算规则

墙饰面清单项目包括墙面装饰板、墙面装饰浮雕,其工程量清单项目设置及工程量计算规则见表 5-25。

表 5-25　　　　　　　　　　　　　墙饰面(编码:011207)

项目编码	项目名称	项目特征	计量单位	工程量计算规则	工作内容
011207001	墙面装饰板	1. 龙骨材料种类、规格、中距 2. 隔离层材料种类、规格 3. 基层材料种类、规格 4. 面层材料品种、规格、颜色 5. 压条材料种类、规格	m²	按设计图示墙净长乘净高以面积计算。扣除门窗洞口及单个＞0.3m² 的孔洞所占面积	1. 基层清理 2. 龙骨制作、运输、安装 3. 钉隔离层 4. 基层铺钉 5. 面层铺贴
011207002	墙面装饰浮雕	1. 基层类型 2. 浮雕材料种类 3. 浮雕样式		按设计图示尺寸以面积计算	1. 基层清理 2. 材料制作、运输 3. 安装成型

二、墙面装饰板

1. 项目说明

常用的墙面装饰板有金属饰面板、塑料饰面板、镜面玻璃装饰板等。

(1)金属饰面板。常用金属饰面板的产品、规格可参见表 5-26。

表 5-26　　　　　　　　　　　　　　金属饰面板

名　称	说　　明
彩色涂层钢板	多以热轧钢板和镀锌钢板为原板,表面层压聚氯乙烯或聚丙烯酸酯、环氧树脂、醇酸树脂等薄膜,亦可涂覆有机、无机或复合涂料。可用于墙面、屋面板等。 厚度有 0.35mm、0.4mm、0.5mm、0.6mm、0.7mm、0.8mm、0.9mm、1.0mm、1.5mm 和 2.0mm;长度有 1800mm、2000mm;宽度有 450mm、500mm 和 1000mm
彩色不锈钢板	在不锈钢板上进行技术和艺术加工,使其具有多种色彩的不锈钢板,其特点:能耐 200℃的温度;耐盐雾腐蚀性优于一般不锈钢板;弯曲 90°彩色层不损坏;彩色层经久不褪色。适用于高级建筑墙面装饰。 厚度有 0.2mm、0.3mm、0.4mm、0.5mm、0.6mm、0.7mm 和 0.8mm;长度有 1000～2000mm;宽度有 500～1000mm
镜面不锈钢板	用不锈钢板经特殊抛光处理而成。用于高级公用建筑墙面、柱面及门厅装饰。其规格尺寸(mm×mm):400×400、500×500、600×600、600×1200;厚度为 0.3～0.6mm
铝合金板	产品有:铝合金花纹板、铝质浅花纹板、铝及铝合金波纹板、铝及铝合金压型板、铝合金装饰板等
塑铝板	是以铝合金片与聚乙烯复合材复合加工而成。可分为镜面塑铝板、镜纹塑铝板和非镜面塑铝板三种

(2)塑料饰面板。常用塑料饰面板的产品、规格可参见表 5-27。

表 5-27　　　　　　　　　　塑料装饰板的产品品种及规格、特性　　　　　　　　　　　mm

产品名称	说　明	特　性	规　格
塑料镜面板	塑料镜面板是由聚丙烯树脂,以大型塑料注射机、真空成型设备等加工而成。表面经特殊工艺,喷镀成金、银镜面效果	该板无毒无味、可弯曲、质轻、耐化学腐蚀,有金、银等色。表面光亮如镜激艳明快,富丽堂皇	(1～2)×1000×1830
塑料岗纹板	塑料镜面板是由聚丙烯树脂,以大型塑料注射机、真空成型设备等加工而成。表面经特殊工艺,喷镀成金、银镜面效果。但表面是以特殊工艺,印刷成高级花岗石花纹效果	该板无毒、无味、可弯曲、质轻、耐化学腐蚀,表面呈花岗石纹,可以假乱真	(1～3)×980×1830
塑料彩绘板	塑料彩绘板是以 PS(聚苯乙烯)或 SAN(苯乙烯-丙烯腈)经加工压制而成。表面特殊工艺印刷成各种彩绘图案	该板无毒无味、图案美观、颜色鲜艳、强度高、韧性好、耐化学腐蚀、有镭射效果	3×1000×1830
塑料晶晶板	塑料晶晶板是以 PS 或 SAN 树脂通过设备压制加工而成	该板无毒、无味、强度高、硬度高、韧性好、透光不透影、有镭射效果、耐化学腐蚀	(3～8)×1200×1830
塑料晶晶彩绘板	以 PS 或 SAN 树脂通过高级设备压制加工而成,表面经特殊工艺,印有各种彩绘图案	图案美观、色彩鲜艳、无毒无味、强度高、硬度高、韧性好、透光不透影、有镭射效果、耐化学腐蚀	3×1000×1830

(3)镜面玻璃装饰板。建筑内墙装修所用的镜面玻璃,在构造上、材质上,与一般玻璃镜均有所不同,它是以高级浮法平板玻璃,经镀银、镀铜、镀漆等特殊工艺加工而成,与一般镀银玻璃镜、真空镀铝玻璃镜相比,具有镜面尺寸大、成像清晰逼真、抗盐雾及抗热性能好、使用寿命长等特点。有白色、茶色两种。

2. 项目特征描述提示

墙面装饰板项目特征描述提示:

(1)应注明龙骨的材料种类、规格、中距,如 40mm×40mm 一等杉木龙骨,中距 300mm×300mm。

(2)应注明隔离层、基层材料种类、规格,面层材料品种、规格、颜色。

(3)应注明压条材料种类、规格。

3. 工程量计算实例

【例 5-18】　试计算图 5-25 所示墙面装饰工程量。

【解】　墙面装饰工程量=2.4×1.22×6+1.5×2.1×0.12-1.5×2.1=14.80m²

墙面装饰工程量=0.8×1.22×6-0.6×1.5=4.96m²

三、墙面装饰浮雕

1. 项目说明

浮雕是雕塑与绘画结合的产物,用压缩的办法来处理对象,靠透视等因素来表现三维空

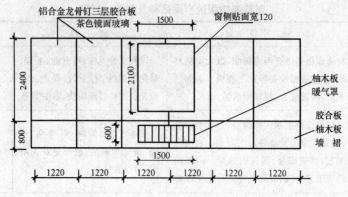

图 5-25 某建筑面墙面装饰示意图

间,并只供一面或两面观看。目前的室内浮雕、壁画及有关艺术手段的应用效果,从功能方面看可分为大型厅堂、小型厅堂(又分餐厅、会议厅、会客厅)、居家厅室等,从空间造型应用范围看可分为墙壁、天花板、柱体等。

浮雕壁画从材质上划分,主要有:铜、不锈钢、石材、木质、砂岩、玻璃钢、水泥等。

2. 项目特征描述提示

墙面装饰浮雕项目特征描述提示:应注明基层类型、浮雕材料种类和浮雕样式。

3. 工程量计算实例

【例 5-19】 如图 5-26 所示,采用砂岩浮雕,以现代抽象型浮雕样式定制,浮雕尺寸为 1500mm×3500mm,试计算其工程量。

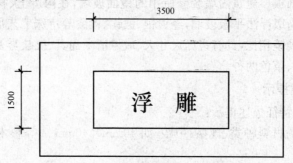

图 5-26 某办公楼会议厅墙面

【解】 墙面装饰浮雕工程量=1.5×3.5=5.25m²

第九节 柱(梁)饰面

一、清单项目设置及工程量计算规则

柱(梁)饰面清单项目包括柱(梁)面装饰、成品装饰柱,其工程量清单项目设置及工程量计算规则见表 5-28。

表 5-28 柱(梁)饰面(编码：011208)

项目编码	项目名称	项目特征	计量单位	工程量计算规则	工作内容
011208001	柱(梁)面装饰	1. 龙骨材料种类、规格、中距 2. 隔离层材料种类 3. 基层材料种类、规格 4. 面层材料品种、规格、颜色 5. 压条材料种类、规格	m²	按设计图示饰面外围尺寸以面积计算。柱帽、柱墩并入相应柱饰面工程量内	1. 清理基层 2. 龙骨制作、运输、安装 3. 钉隔离层 4. 基层铺钉 5. 面层铺贴
011208002	成品装饰柱	1. 柱截面、高度尺寸 2. 柱材质	1. 根 2. m	1. 以根计量，按设计数量计算 2. 以米计量，按设计长度计算	柱运输、固定、安装

二、柱(梁)面装饰

1. 项目说明

柱(梁)面装饰的构造及做法与墙饰面基本相同,其所用材料要求参见"墙饰面"的相关内容。

2. 项目特征描述提示

柱(梁)面装饰项目特征描述提示：

(1)应列出龙骨的材料种类规格、中距。

(2)应列出隔离层材料种类。

(3)应列出基层的材料品种、规格,如木工板 10mm 厚。

(4)应列出面层的材料品种、规格、颜色,如胡桃木 3mm 厚。

(5)压条材料种类、规格。

3. 工程量计算实例

【例 5-20】 木龙骨,五合板基层,不锈钢柱面尺寸如图 5-27 所示,共 4 根,龙骨断面 30mm×40mm,中距 250mm,试计算其工程量。

【解】 柱面装饰板工程量＝柱饰面外围周长×装饰高度＋柱帽、柱墩面积柱面装饰工程量

$$＝1.20×3.14×6.00×4$$
$$＝90.43m^2$$

三、成品装饰柱

1. 项目特征描述提示

成品装饰柱项目特征描述提示:应注明柱截面、高度尺寸以及柱的材质。

2. 工程量计算实例

【例 5-21】 某商场一层立有 5 根直径为 1.3m,柱高 3.2m 的装饰柱(图 5-28),试计算其工程量。

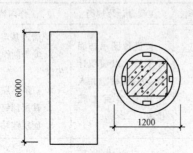

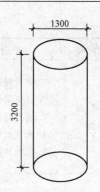

图 5-27　不锈钢柱面尺寸　　　　　　　图 5-28　某商场装饰柱示意图

【解】　根据工程量计算规则，成品装饰柱的工程量以数量或长度计算，则：

成品装饰柱工程量＝5 根

或成品装饰柱工程量＝3.2×5＝16m

第十节　幕墙工程

一、清单项目设置及工程量计算规则

幕墙工程工程量清单项目包括带骨架幕墙、全玻（无框玻璃）幕墙，其工程量清单项目设置及工程量计算规则见表 5-29。

表 5-29　　　　　　　　　　　　幕墙工程（编码：011209）

项目编码	项目名称	项目特征	计量单位	工程量计算规则	工作内容
011209001	带骨架幕墙	1. 骨架材料种类、规格、中距 2. 面层材料品种、规格、颜色 3. 面层固定方式 4. 隔离带、框边封闭材料品种、规格 5. 嵌缝、塞口材料种类	m²	按设计图示框外围尺寸以面积计算。与幕墙同种材质的窗所占面积不扣除	1. 骨架制作、运输、安装 2. 面层安装 3. 隔离带、框边封闭 4. 嵌缝、塞口 5. 清洗
011209002	全玻（无框玻璃）幕墙	1. 玻璃品种、规格、颜色 2. 粘结塞口材料种类 3. 固定方式		按设计图示尺寸以面积计算。带肋全玻幕墙按展开面积计算	1. 幕墙安装 2. 嵌缝、塞口 3. 清洗

注：幕墙钢骨架按表 5-15 干挂石材钢骨架编码列项。

二、带骨架幕墙

1. 项目说明

带骨架幕墙包括玻璃幕墙、金属板幕墙和石材幕墙等。

(1)玻璃幕墙

1)全隐框玻璃幕墙。全隐框玻璃幕墙的构造是在铝合金构件组成的框格上固定玻璃框，玻璃框的上框挂在铝合金整个框格体系的横梁上，其余三边分别用不同方法固定在立柱及横梁上(图 5-29)。

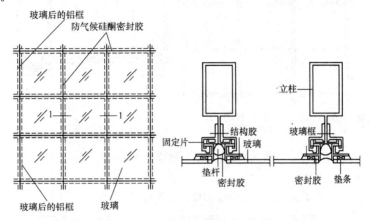

图 5-29 全隐框玻璃幕墙

2)半隐框玻璃幕墙。

①竖隐横不隐玻璃幕墙。这种玻璃幕墙只有立柱隐在玻璃后面，玻璃安放在横梁的玻璃镶嵌槽内，镶嵌槽外加盖铝合金压板，盖在玻璃外面(图 5-30)。

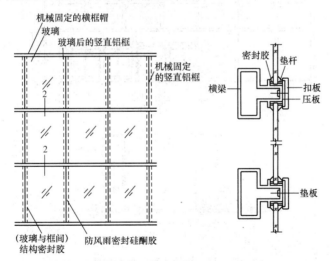

图 5-30 竖隐横不隐玻璃幕墙构造

②横隐竖不隐玻璃幕墙。竖边用铝合金压板固定在立柱的玻璃镶嵌槽内，形成从上到下整片玻璃由立柱压板分隔成长条形画面(图 5-31)。

3)挂架式玻璃幕墙。挂架式玻璃幕墙构造如图 5-32 所示。

(2)金属板幕墙

金属板幕墙一般悬挂在承重骨架的外墙面上。它具有典雅庄重，质感丰富以及坚固、耐久、易拆卸等优点，适用于各种工业与民用建筑。

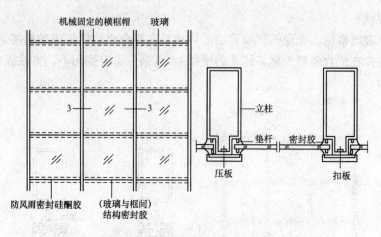

图 5-31　横隐竖不隐玻璃幕墙构造

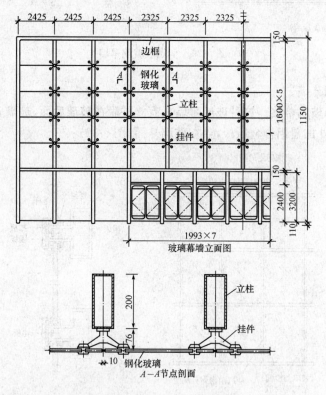

图 5-32　挂架式玻璃幕墙构造

1)按材料分类。金属板幕墙按材料可分为单一材料板和复合材料板两种。

①单一材料板。单一材料板为一种质地的材料,如钢板、铝板、铜板、不锈钢板等。

②复合材料板。复合材料板是由两种或两种以上质地的材料组成的,如铝合金板、搪瓷板、烤漆板、镀锌板、色塑料膜板、金属夹心板等。

2)按板面形状分类。金属幕墙按板面形状可分为光面平板、纹面平板、波纹板、压型板、立体盒板等,如图 5-33 所示。

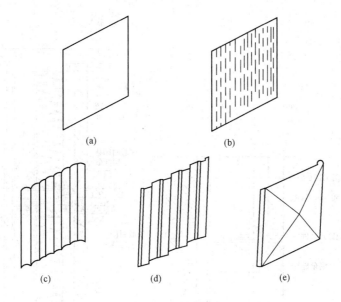

图 5-33　金属幕墙板

(a)光面平板;(b)纹面平板;(c)波形板;(d)压型板;(e)立体盒板

(3)石材幕墙

石材幕墙干挂法构造分类基本上可分为以下几类:直接干挂式、骨架干挂式、单元干挂式和预制复合板干挂式,前三类多用于混凝土结构基体,后者多用于钢结构工程(图5-34~

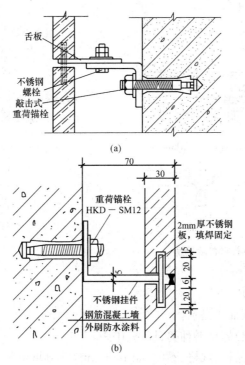

图 5-34　直接式干挂石材幕墙构造

(a)二次直接法;(b)直接做法

图 5-37)。

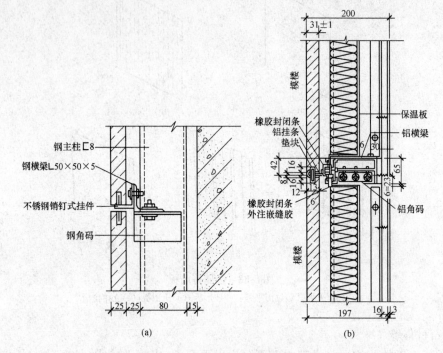

(a)   (b)

图 5-35 骨架式干挂石材幕墙构造
(a)不设保温层；(b)设保温层

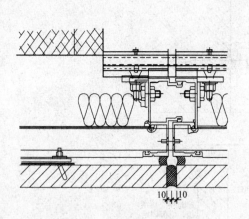

图 5-36 单元体石材幕墙构造

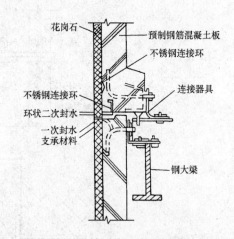

图 5-37 预制复合板干挂石材幕墙构造

2. 项目特征描述提示

带骨架幕墙项目特征描述提示：

(1)应注明型材(骨架)的材料种类、规格、中距。

(2)应注明面层材料品种、规格、颜色，如 1400mm×1000mm 镀膜中空玻璃。

(3)应注明面层固定方式。

(4)应注明隔离带、框边封闭材料品种、规格。

(5)应注明嵌缝、塞口材料种类。

3. 工程量计算实例

【例 5-22】 如图 5-38 所示,某大厅外立面为铝板幕墙,高 12m,计算幕墙工程量。

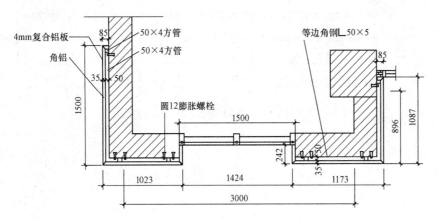

图 5-38 大厅外立面铝板幕墙剖面图

【解】 幕墙工程量=(1.5+1.023+0.242×2+1.173+1.087+0.085×2)×12

$\qquad$ =65.24m²

三、全玻(无框玻璃)幕墙

1. 项目说明

全玻璃幕墙是指面板和肋板均为玻璃的幕墙。面板和肋板之间用透明硅酮胶粘接,幕墙完全透明,能创造出一种独特的通透视觉装饰效果。当玻璃高度小于 4m 时,可以不加玻璃肋;当玻璃高度大于 4m 时,就应用玻璃肋来加强,玻璃肋的厚度应不小于 19mm。

全玻璃幕墙可分为坐地式和悬挂式两种。坐地式玻璃幕墙的构造简单、造价较低,主要靠底座承重,缺点是玻璃在自重作用下容易产生弯曲变形,造成视觉上的图像失真。在玻璃高度大于 6m 时,就必须采用悬挂式,即用特殊的金属夹具将大块玻璃悬挂吊起(包括玻璃肋),构成没有变形的大面积连续玻璃幕墙。用这种方法可以消除由自重引起的玻璃挠曲,创造出既美观通透又安全可靠的空间效果。

2. 项目特征描述提示

全玻璃(无框玻璃)幕墙项目特征描述提示:

(1)应注明玻璃的规格、品种、颜色。

(2)应注明粘结塞口料种类。

(3)应注明固定方式。

3. 工程量计算实例

【例 5-23】 如图 5-39 所示,某办公楼外立面玻璃幕墙,计算玻璃幕墙工程量。

【解】 玻璃幕墙工程量=2.92×(1.123×2+0.879×7)

$\qquad$ =24.53m²

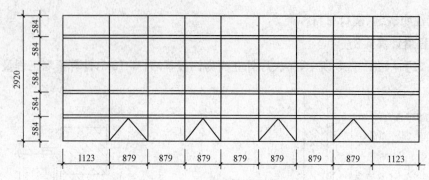

图 5-39　某办公楼外立面玻璃幕墙

第十一节　隔断工程

一、清单项目设置及工程量计算规则

隔断是指专门作为分隔室内空间的立面,使应用更加灵活,主要起遮挡作用,一般不做到板下,有的甚至可以移动。按外部形式和构造方式,可以将隔断划分为花格式、屏风式、移动式、帷幕式和家具式等。其中,花格式隔断有木制、金属、混凝土等制品,其形式多种多样,如图 5-40 所示。隔断清单项目包括木隔断、金属隔断、玻璃隔断、塑料隔断、成品隔断、其他隔断,其工程量清单项目设置及工程量计算规则见表 5-30。

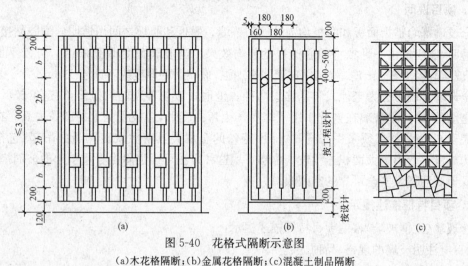

图 5-40　花格式隔断示意图
(a)木花格隔断;(b)金属花格隔断;(c)混凝土制品隔断

二、木隔断、金属隔断

1. 项目说明

(1)花式木隔断。花式木隔断分为直栅漏空型和井格式两种。其中,直栅漏空型是将木板直立成等距离空隙的栅栏,板与板之间可加设带几何形状的木块做连接件,用铁钉固定即可;

表 5-30 隔断(编码:011210)

项目编码	项目名称	项目特征	计量单位	工程量计算规则	工作内容
011210001	木隔断	1. 骨架、边框材料种类、规格 2. 隔板材料品种、规格、颜色 3. 嵌缝、塞口材料品种 4. 压条材料种类	m²	按设计图示框外围尺寸以面积计算。不扣除单个≤0.3m²的孔洞所占面积;浴厕门的材质与隔断相同时,门的面积并入隔断面积内	1. 骨架及边框制作、运输、安装 2. 隔板制作、运输、安装 3. 嵌缝、塞口 4. 装钉压条
011210002	金属隔断	1. 骨架、边框材料种类、规格 2. 隔板材料品种、规格、颜色 3. 嵌缝、塞口材料品种			1. 骨架及边框制作、运输、安装 2. 隔板制作、运输、安装 3. 嵌缝、塞口
011210003	玻璃隔断	1. 边框材料种类、规格 2. 玻璃品种、规格、颜色 3. 嵌缝、塞口材料品种		按设计图示框外围尺寸以面积计算。不扣除单个≤0.3m²的孔洞所占面积	1. 边框制作、运输、安装 2. 玻璃制作、运输、安装 3. 嵌缝、塞口
011210004	塑料隔断	1. 边框材料种类、规格 2. 隔板材料品种、规格、颜色 3. 嵌缝、塞口材料品种			1. 骨架及边框制作、运输、安装 2. 隔板制作、运输、安装 3. 嵌缝、塞口
011210005	成品隔断	1. 隔断材料品种、规格、颜色 2. 配件品种、规格	1. m² 2. 间	1. 以平方米计量,按设计图示框外围尺寸以面积计算 2. 以间计量,按设计间的数量计算	1. 隔断运输、安装 2. 嵌缝、塞口
011210006	其他隔断	1. 骨架、边框材料种类、规格 2. 隔板材料品种、规格、颜色 3. 嵌缝、塞口材料品种	m²	按设计图示框外围尺寸以面积计算。不扣除单个≤0.3m²的孔洞所占面积	1. 骨架及边框安装 2. 隔板安装 3. 嵌缝、塞口

井格式是用木板做成方格或博古架形式的透空隔断。

(2)铝合金条板隔断。铝合金条板隔断是采用铝合金型材做骨架,用铝合金槽做边轨,将宽100mm的铝合金板插入槽内,用螺钉加固而成。

2. 项目特征描述提示

木隔断、金属隔断项目特征描述提示:

(1)应注明骨架、边框材料种类、规格,如50型轻钢龙骨。

(2)应注明隔板材料的品种、规格和颜色。

(3)应注明嵌缝、塞口材料品种。

(4)应注明压条材料种类。

3. 工程量计算实例

【例5-24】 根据图5-41所示,计算厕所木隔断工程量。

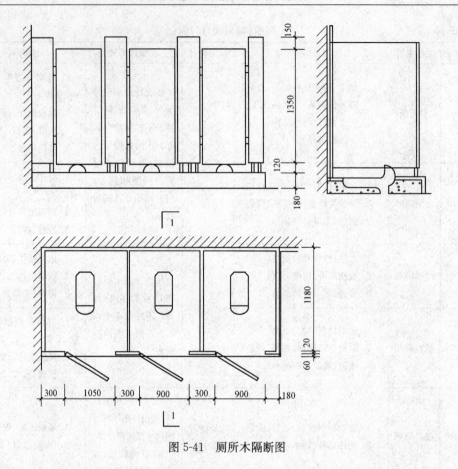

图 5-41　厕所木隔断图

【解】　厕所木隔断工程量＝(1.35＋0.15)×(0.30×3＋0.18＋1.18×3)＋1.35×
　　　　　　0.90×2＋1.35×1.05
　　　　　　＝10.78m²

三、玻璃隔断、塑料隔断

1. 项目说明

(1)木骨架玻璃隔断。木骨架玻璃隔断分为全玻和半玻。其中,全玻是采用断面规格为45mm×60mm、间距800mm×500mm 的双向木龙骨;半玻是采用断面规格为 45mm×32mm,相同间距的双向木龙骨,并在其上单面镶嵌 5mm 平板玻璃。

(2)全玻璃隔断。全玻璃隔断是用角钢做骨架,然后嵌贴普通玻璃或钢化玻璃而成。

(3)铝合金玻璃隔断。铝合金玻璃隔断是用铝合金型材做框架,然后镶嵌 5mm 厚平板玻璃制成。

(4)玻璃砖隔断。玻璃砖隔断分为分格嵌缝式和全砖式。其中,分格嵌缝式采用槽钢(65mm×40mm×4.8mm)做立柱,按每间隔 800mm 布置。用扁钢(65mm×5mm)做横撑和边框,将玻璃砖(190mm×190mm×80mm)用 1：2 白水泥石子浆夹砌在槽钢的槽口内,在砖缝中用直径 3mm 的冷拔钢丝进行拉结,最后用白水泥擦缝即可。

2. 项目特征描述提示

(1)玻璃隔断项目特征描述提示：

1)应注明边框材料种类、规格。

2)注明玻璃的品种、规格与颜色。

3)应注明嵌缝、塞口的材料品种。

(2)塑料隔断项目特征描述提示：

1)应注明边框材料种类、规格。

2)应注明隔板材料的品种、规格和颜色。

3)应注明嵌缝、塞口的材料品种。

3. 工程量计算实例

【例 5-25】　计算如图 5-42 所示卫生间塑料轻质隔断工程量。

【解】　塑料轻质隔断工程量＝$1.3 \times 1.5 = 1.95\text{m}^2$

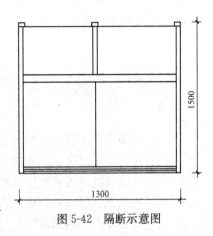

图 5-42　隔断示意图

四、成品隔断、其他隔断

1. 项目说明

(1)成品隔断。成品隔断是一种特殊的隔断产品，其主要材料和附件是在工厂预加工，现场可以便捷组装，即装即用的安全隔断产品。

成品办公隔断通常应用于室内分隔，主框架一般需要和吊顶、地面以及固有墙体做牢固连接，以达到抗侧撞击要求、长期使用要求、抗震级要求、高雅美观要求、可重新拆装要求、室内环保要求等，加上各种墙面材料相映衬，起到艺术、隔声、防火、隐蔽、壁挂等作用，彰显个性。

成品隔断主要是由高强度铝合金做框架和艺术板体做墙面相结合，附属高分子密封材料和五金连接件组成的，使整个墙体结合更紧密、牢固。隔断铝合金材料是一种组合材料，接点结构成 H 型，由 1.2～2.0mm 厚的镁铝合金，按 H 型挤压组合成型，经阳极氧化或表面电渡处理，制成高精级铝合金隔断型材。处理后的隔断型材表面具有很强的漆膜硬度、抗冲击力，也具有很高的漆膜附着力，不易脱落老化，具有极强的光泽效果，其耐久性远超一般的铝材喷涂。成品隔断墙框架和面板连接处，根据需要均配装半圆形密封胶条，可有效阻隔声音和灰尘，也使两者的结合更严密，缓冲侧面撞击，也可适当弥补建筑完成面收边的效果。同样由高分子材料制造的门用密封条预装，使办公隔断墙的整体隔音系数达到相应高的标准。

(2)不锈钢柱嵌防弹玻璃隔断。不锈钢柱嵌防弹玻璃，是采用 $\phi76 \times 2$ 不锈钢管做立柱，用 10mm×20mm×1mm 不锈钢槽钢做边框，嵌 19mm 厚防弹玻璃制成。

2. 项目特征描述提示

(1)成品隔断项目特征描述提示：

1)应注明隔墙材料的品种、规格和颜色。

2)注明成品隔断的配件品种、规格。

（2）其他隔断项目特征描述提示：

1）应注明骨架、边框材料种类、规格。

2）应注明隔板材料的品种、规格和颜色。

3）应注明嵌缝、塞口材料品种。

3. 工程量计算实例

【例 5-26】 某餐厅设有 12 个木质雕花成品隔断，每间隔断都是以长方形的样式安放，规格尺寸为 3000mm×2400mm×1800mm，试计算其工程量。

【解】 根据成品隔断工程量计算规则，则：

成品隔断工程量＝(3＋2.4)×2×1.8×12＝233.28m²

或成品隔断工程量＝12 间

本章思考重点

BENZHANG SIKAOZHONGDIAN

1. 内墙抹灰工程量计算时，其抹灰高度应如何确定？

2. 内墙抹灰时哪些面积应扣除，哪些为不扣除及不增加面积？

3. 柱面勾缝的形式有哪几类？

4. 零星抹灰项目包括哪些？

5. 填写墙面块料面层项目特征时，应如何描述？

第六章　天棚工程工程量清单计价

天棚的造型是多种多样的,除平面型外有多种起伏型。起伏型吊顶即上凸或下凹的形式,它可有两个或更多的高低层次,其剖面有梯形、圆拱形、折线形等。水平面上有方、圆、菱、三角、多边形等几何形状。天棚类型如图6-1所示。

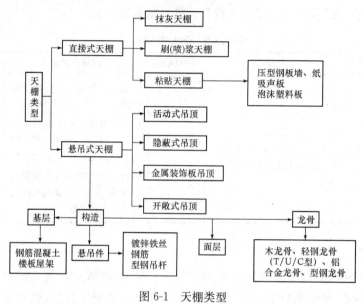

图6-1　天棚类型

第一节　新旧规范的区别及相关说明

一、"13计量规范"与"08计价规范"的区别

(1)天棚工程共4节10个项目,"13计量规范"增加了采光天棚1个项目。
(2)取消了天棚装饰中面层材料颜色与油漆品种、刷漆遍数的项目特征描述。
(3)取消了天棚装饰中刷油漆的工作内容。

二、工程量计算规则相关说明

采光天棚骨架不包括在天棚工程中,应单独按《房屋建筑与装饰工程工程量计算规范》(GB 50854—2013)附录F金属结构工程相关项目编码列项。

天棚装饰刷油漆、涂料以及裱糊,按《房屋建筑与装饰工程工程量计算规范》(GB 50854—2013)附录P油漆、涂料、裱糊工程相应项目编码列项。

第二节 天棚抹灰、吊顶及采光

一、天棚抹灰

1. 清单项目设置及工程量计算规则

天棚抹灰工程量清单项目设置及工程量计算规则见表 6-1。

表 6-1　　　　　　　　　　　天棚抹灰(编码:011301)

项目编码	项目名称	项目特征	计量单位	工程量计算规则	工作内容
011301001	天棚抹灰	1. 基层类型 2. 抹灰厚度、材料种类 3. 砂浆配合比	m²	按设计图示尺寸以水平投影面积计算。不扣除间壁墙、垛、柱、附墙烟囱、检查口和管道所占的面积,带梁天棚的梁两侧抹灰面积并入天棚面积内,板式楼梯底面抹灰按斜面积计算,锯齿形楼梯底板抹灰按展开面积计算	1. 基层清理 2. 底层抹灰 3. 抹面层

2. 项目说明

天棚抹灰,按抹灰级别不同可分为普、中、高三个等级;按抹灰材料不同可分为石灰麻刀灰浆、水泥麻刀砂浆、涂刷涂料等;按天棚基层不同可分为混凝土基层、板条基层和钢丝网基层抹灰。常见天棚抹灰分层做法见表 6-2。

表 6-2　　　　　　　　　　　常见天棚抹灰分层做法

名称	分层做法	厚度/mm	施工要点	注意事项
现浇混凝土楼板天棚抹灰	①1:0.5:1 水泥石灰砂浆抹底层。 ②1:3:9 水泥石灰砂浆抹中层。 ③纸筋石灰或麻刀灰抹面层	2 6 2 或 3	纸筋石灰配合比,白灰膏:纸筋=100:1.2(质量比);麻刀灰配合比,白灰膏:细麻刀=100:1.7(质量比)	①现浇混凝土楼板天棚抹头道灰时,必须与模板木纹的方向垂直,并用钢皮抹子用力抹实,越薄越好,底子灰抹完后紧跟抹第二遍找平,待六七成干时,即应罩面
	①1:0.2:4 水泥纸筋砂浆抹底层。 ②1:0.2:4 水泥纸筋砂浆抹中层找平。 ③纸筋灰罩面	2~3 10 2		
预制混凝土楼板天棚抹灰	①1:0.5:1 水泥石灰混合砂浆抹底层。 ②1:3:9 水泥石灰砂浆抹中层。 ③纸筋石灰或麻刀灰抹面层	2 6 2 或 3	抹前,要先将预制板缝勾实勾平	
	①1:0.5:4 水泥石灰砂浆抹底层。 ②1:0.5:4 水泥石灰砂浆抹中层。 ③纸筋灰罩面	4 4 2	①基体板缝处理。 ②底层与中层抹灰要连续操作	

续表

名称	分层做法	厚度/mm	施工要点	注意事项
预制混凝土楼板天棚抹灰	①1：0.3：6水泥纸筋灰砂浆抹底层、中层。	7	适用机械喷涂抹灰	②无论现浇或预制楼板天棚,如用人工抹灰,都应进行基体处理,即混凝土表面先刮水泥浆或洒水泥砂浆
	②1：0.2：6水泥细纸筋灰罩面压光	5		
	①1：1水泥砂浆(加水泥重量2%的聚醋酸乙烯乳液)抹底层。	2	①适用于高级装修工程。②底层抹灰需养护2～3d后,再做找平层	
	②1：3：9水泥石灰砂浆抹中层。	6		
	③纸筋灰罩面	2		
板条、苇箔金属网天棚抹灰	①纸筋石灰或麻刀石灰砂浆抹底层。	3～6	底层砂浆应压入板条缝或网眼内,形成转脚结合牢固	天棚的高级抹灰,应加钉长350～450mm的麻束,间距为400mm并交错布置;分遍按放射状梳理抹进中层砂浆内
	②纸筋石灰或麻刀石灰砂浆抹中层。	3～6		
	③1：2.5石灰砂浆(略掺麻刀)找平。	2～3		
	④纸筋石灰或麻刀石灰砂浆罩面	2或3		
钢板网天棚抹灰	①1：0.2：2石灰水泥砂浆(略掺麻刀)抹底层,灰浆要挤入网眼中。	3	①钢板网吊顶龙骨以40cm×40cm方格为宜。②为避免木龙骨收缩变形使抹灰层开裂,可使用φ6钢筋,拉直钉在木龙骨上,然后用铅丝把钢板网撑紧,绑扎在钢筋上。③适用于大面积厅室等高级装修工程	
	②挂麻丁,将小束麻丝每隔30cm左右挂在钢板网网眼上,两端纤维垂下,长25cm。			
	③1：2石灰砂浆抹中层,分两遍成活,每遍将悬挂的麻丁向四周散开1/2,抹入灰浆中。	3		
	④纸筋灰罩面	2		

注：1. 本表所列配合比无注明者均为体积比。

2. 水泥强度等级32.5级以上,石灰为含水率50%的石灰膏。

3. 项目特征描述提示

天棚抹灰项目特征描述提示：

(1)基层应说明是现浇板、预制板或其他类型板。

(2)说明抹灰厚度、材料种类。

(3)说明砂浆配合比。

4. 工程量计算实例

【例6-1】　某工程现浇井字梁天棚如图6-2所示,麻刀石灰浆面层,试计算其工程量。

【解】　天棚抹灰工程量＝主墙间的净长度×主墙间的净宽度＋梁侧面面积

天棚抹灰工程量＝$(6.80-0.24)\times(4.20-0.24)+(0.40-0.12)\times(6.80-0.24)\times2+$$(0.25-0.12)\times(4.20-0.24-0.3)\times2\times2-(0.25-0.12)\times0.15\times4=31.48m^2$

二、吊顶天棚

1. 清单项目设置及工程量计算规则

吊顶天棚工程量清单项目设置及工程量计算规则见表6-3。

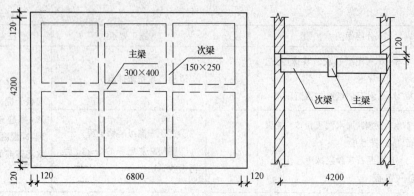

图 6-2　现浇井字梁顶棚

表 6-3　　　　　　　　　　　　　　　天棚吊顶(编码:011302)

项目编码	项目名称	项目特征	计量单位	工程量计算规则	工作内容
011302001	吊顶天棚	1. 吊顶形式、吊杆规格、高度 2. 龙骨材料种类、规格、中距 3. 基层材料种类、规格 4. 面层材料品种、规格 5. 压条材料种类、规格 6. 嵌缝材料种类 7. 防护材料种类	m²	按设计图示尺寸以水平投影面积计算。天棚面中的灯槽及跌级、锯齿形、吊挂式、藻井式天棚面积不展开计算。不扣除间壁墙、检查口、附墙烟囱、柱垛和管道所占面积,扣除单个>0.3m²的孔洞、独立柱及与天棚相连的窗帘盒所占的面积	1. 基层清理、吊杆安装 2. 龙骨安装 3. 基层板铺贴 4. 面层铺贴 5. 嵌缝 6. 刷防护材料

2. 项目说明

吊顶又名天棚、平顶、天花板,是室内装饰工程的一个重要组成部分。吊顶从它的形式来分有直接式和悬吊式两种,目前以悬吊式吊顶的应用最为广泛。悬吊式吊顶的构造主要由基层、悬吊件、龙骨和面层组成,如图 6-3 所示。

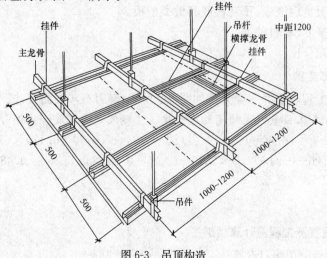

图 6-3　吊顶构造

常见天棚吊顶做法见表 6-4。

表 6-4　　　　　　　　　　　常见天棚吊顶做法　　　　　　　　　　mm

编号	名　称	图　示	做　法　说　明	厚度	附　注
1	板底喷涂		钢筋混凝土楼板(预制) 板底勾缝 板底刮腻子 喷涂料		
2	板底抹灰喷涂(一)		钢筋混凝土楼板(现浇) 板底刷素水泥浆一道 1:0.5:1 水泥石膏砂浆 1:3:9 水泥石灰膏砂浆 纸筋灰罩面 喷涂料	 2 6 2	
3	板底抹灰喷涂(二)		钢筋混凝土楼板 板底刷水泥浆一道 1:3 水泥砂浆打底 1:2.5 水泥砂浆罩面 喷涂料	 5 5	
4	板底油漆		钢筋混凝土板 板底刷水泥浆一道 1:0.3:3 水泥石灰膏砂浆 1:0.3:2.5 水泥石灰膏砂浆 刷无光油漆	 5 5	
5	纸面石膏板吊顶喷涂		钢筋混凝土板 $\phi 8$ 钢筋吊杆、双向吊点、中距 900~1200 轻钢主龙骨 轻钢次龙骨 纸面石膏板或埃特板 刷防潮涂料(氯偏乳液或乳化光油一道) 刮腻子找平 顶棚喷涂	 9~12	轻钢龙骨分上人和不上人两种,上人龙骨壁厚为 1.5mm,不上人龙骨壁厚为 0.63mm
6	纸面石膏板吊顶贴壁纸		钢筋混凝土板 $\phi 8$ 钢筋吊杆、双向吊点、中距 900~1200 轻钢主龙骨 轻钢次龙骨 纸面石膏板或埃特板 棚面刷一道 108 胶水溶液 配合比:108 胶:水=3:7	 9~12	
			贴壁纸,纸背面和棚顶面均刷胶,配比: 　　108 胶:纤维素=1:0.3 (纤维素水溶液浓度为 4%)并稍加水		也可用壁纸胶粘贴

续一

编号	名　称	图　示	做　法　说　明	厚度	附　注
7	纸面石膏板吊顶粘贴铝塑板或矿棉板		钢筋混凝土板 φ8 钢筋吊杆、双向吊点、中距 900～1200 轻钢主龙骨 轻钢次龙骨 纸面石膏板或埃特板 铝塑板、用 XY401 胶粘剂直接粘贴	 9～12 6	
8	穿孔石膏吸声板吊顶		钢筋混凝土板 φ8 钢筋吊杆、双向吊点、中距 900～1200 轻钢主龙骨 轻钢次龙骨 穿孔石膏吸声板 刷无光油漆	 9	在穿孔石膏吸声板上放 50 厚超细玻璃棉,用玻璃布包好
9	水泥石棉板吊顶		钢筋混凝土板 50×70 大木龙骨,中距 900～1200 50×50 小木龙骨,中距 450～600 水泥石棉板 刷无光油漆	 5	穿孔水泥石棉板吸声吊顶,做法相同,在龙骨内填 50 厚超细玻璃棉用玻璃布包好
10	矿棉板吊顶		钢筋混凝土板 φ8 钢筋吊杆、双向吊点、中距 900～1200 轻钢主龙骨 铝合金中龙骨⊥32×22×1.3,中距等于板材宽度(边龙骨⌐35×11×0.75) 铝合金横撑⊥25×22×1.3,中距等于板材宽度 矿棉板	 18	矿棉板规格:600×600×18,500×500×18
11	胶合板吊顶		钢筋混凝土板 50×70 大木龙骨、中距 900～1200(用 8号镀锌铁丝吊牢) 50×50 小木龙骨、中距 450～600 胶合板 油漆	 5	混凝土板与吊杆铁丝连接用膨胀螺栓或射钉
12	穿孔胶合板吸声吊顶		钢筋混凝土板 50×70 大木龙骨、中距 900～1200(用 8号镀锌铁丝吊牢) 50×50 小木龙骨、中距 450～600 胶合板穿孔(在胶合板上面放 50 厚超细玻璃丝棉,用玻璃布包好) 油漆	 5	混凝土板与吊杆铁丝连接用膨胀螺栓或射钉

编号	名　称	图　示	做　法　说　明	厚度	附　注
13	穿孔铝板吸声顶棚		钢筋混凝土板 $\phi8$ 钢筋吊杆、双向吊点、中距 900～1200 轻钢主龙骨 轻钢次龙骨 穿孔铝板(在穿孔铝板上面和龙骨中间填 50 厚超细玻璃棉,用玻璃布包好) 喷漆或本色		混凝土板与吊杆铁丝连接用膨胀螺栓或射钉
14	铝合金条板吊顶(又称铝合金扣板)		钢筋混凝土板 $\phi8$ 钢筋吊杆、双向吊点、中距 900～1200 轻钢主龙骨(60×30×1.5) 中龙骨 铝合金条板	0.8～1	铝合金条板有本色、古铜色、金色烤漆
15	铝合金条板挂板吊顶		钢筋混凝土板 $\phi8$ 钢筋吊杆、双向吊点、中距 900～1200 轻钢主龙骨(60×30×1.5) 中龙骨 铝合金条板挂板		铝合金条板烤漆各种颜色(白、蓝、红为多)
16	木格栅吊顶		钢筋混凝土板 $\phi8$ 钢筋吊杆、双向吊点,中距 900～1200 龙骨 木格栅 200×200,150×150 等见方	80～150	木格栅用九层夹板制作成型
17	铝合金格栅吊顶		钢筋混凝土板 $\phi6$ 钢筋吊杆、双向吊点、中距 900～1200 龙骨 铝格栅(80×80×40、100×100×45、125×125×45、150×150×5 等)		M6 膨胀螺栓,∟25×25×3,角钢 $l=30$,吊杆 $\phi6.5$ 钢筋
18	不锈钢镜面吊顶		钢筋混凝土板 $\phi8$ 钢筋吊杆、双向吊点,中距 900～1200 轻钢主龙骨 轻钢次龙骨 不锈钢镜面		
19	玻璃镜面吊顶		钢筋混凝土板 $\phi8$ 钢筋吊杆、双向吊点、中距 900～1200 轻钢主龙骨 轻钢次龙骨 胶合板 双面弹力胶带粘贴 玻璃镜面	5 3 5～6	胶合板与玻璃镜面先用双面胶粘结,再用不锈钢螺钉固牢

3. 项目特征描述提示

吊顶天棚项目特征描述提示：

(1)应说明吊顶形式、吊杆规格、高度。

(2)应描述龙骨的材料种类、规格、中距。

(3)应描述基层材料种类、规格。

(4)应描述面层材料种类、规格，如 240mm×1200mm×5mm 白色穿孔水泥石棉板。

(5)采用压条的应描述压条材料种类、规格。

(6)应描述嵌缝、防护材料种类。

4. 各种天棚、吊顶木楞规格及中距计算参考表

各种天棚、吊顶木楞规格及中距计算参考见表 6-5。

表 6-5　　　　　　　　各种天棚、吊顶木楞规格及中距计算参考表

类别	主楞跨度 /m		主楞/cm			次楞/cm			板厚 /cm	保温层厚度 /cm
			中距	断面		中距	断面			
				方木	圆木		不靠墙	靠墙		
保温天棚	1.5 以内					50	4×6	3×6	1.5	5
	3.0 以内		150	7×12	φ10	45	4×6	3×6	1.5	5
	4.0 以内		120	7×12	φ10	45	4×6	3×6	1.5	5
普通天棚	1.5 以内					50	4×5	3×5		
	3.0 以内		150	6×12	φ8	45	4×5	3×5		
	4.0 以内		120	6×12	φ8	45	4×5	3×5		
	楞木吊在混凝土板上	单层楞		4×8	$\frac{1}{2}$φ8	50	4×5	3×5		
		双层楞	150			50	4×5	3×5		

5. 吊顶间距尺寸

吊顶间距尺寸如图 6-4、表 6-6 所示。

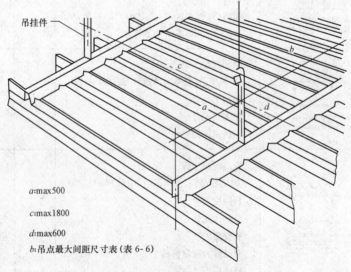

吊挂件

a:max500

c:max1800

d:max600

b:吊点最大间距尺寸表(表 6-6)

图 6-4　格片式吊顶示意图

表 6-6	吊点最大间距尺寸	mm
条板间距	2 个吊点	3 个以上吊点
100	1700	2000
150	1850	2200
200	2000	2350

6. 天棚吊顶木材用量参考表

天棚吊顶木材用量参考表见表 6-7。

表 6-7	天棚吊顶木材用量参考表		
项　　　目	规格/mm	单　位	每 100m² 用量
格　栅	70×120	m³	0.803
	70×130	m³	0.891
	70×140	m³	0.968
	70×150	m³	1.045
	80×140	m³	1.122
	80×150	m³	1.199
	80×160	m³	1.287
	90×150	m³	1.342
	90×160	m³	1.403
吊顶格栅	40×40	m²	0.475
	40×60	m³	0.713
吊　木	40×40	m³	0.330

7. 工程量计算实例

【例 6-2】　某三级天棚尺寸如图 6-5 所示,钢筋混凝土板下吊双层楞木,面层为塑料板,计算吊顶天棚工程量。

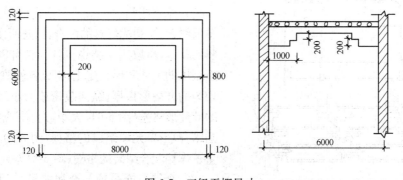

图 6-5　三级天棚尺寸

【解】　吊顶天棚工程量＝主墙间净长度×主墙间净宽度－独立柱及相连窗帘盒等所占面积

吊顶天棚工程量＝(8.0－0.24)×(6.0－0.24)

　　　　　　　　＝44.70m²

三、其他形式天棚吊顶

1. 清单项目设置及工程量计算规则

其他形式天棚吊顶清单项目包括格栅吊顶、吊筒吊顶、藤条造型悬挂吊顶、织物软雕吊顶、装饰网架吊顶,其工程量清单项目设置及工程量计算规则见表 6-8。

表 6-8　　　　　　　　　　　　天棚吊顶(编码:011302)

项目编码	项目名称	项目特征	计量单位	工程量计算规则	工作内容
011302002	格栅吊顶	1. 龙骨材料种类、规格、中距 2. 基层材料种类、规格 3. 面层材料品种、规格 4. 防护材料种类	m²	按设计图示尺寸以水平投影面积计算	1. 基层清理 2. 安装龙骨 3. 基层板铺贴 4. 面层铺贴 5. 刷防护材料
011302003	吊筒吊顶	1. 吊筒形状、规格 2. 吊筒材料种类 3. 防护材料种类			1. 基层清理 2. 吊筒制作安装 3. 刷防护材料
011302004	藤条造型悬挂吊顶	1. 骨架材料种类、规格 3. 面层材料品种、规格			1. 基层清理 2. 龙骨安装 3. 铺贴面层
011302005	织物软雕吊顶				
011302006	装饰网架吊顶	网架材料品种、规格			1. 基层清理 2. 网架制作安装

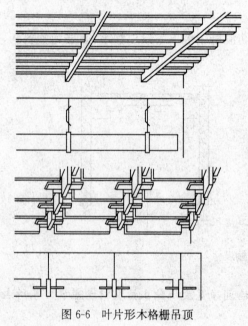

图 6-6　叶片形木格栅吊顶

2. 项目说明

(1)格栅吊顶。格栅吊顶包括木格栅吊顶和金属格栅吊顶等。

1)木格栅吊顶。吊顶木格栅的造型形式、平面布局图案、与顶棚灯具的配合,以及所使用的木质材料品种等,均取决于装饰设计。它可以利用板块及造型体的尺寸和形状变化,组成各种图案的格栅,如均匀的方格形格栅,纵横疏密或大小尺寸规律布置的叶片形格栅(图 6-6),大小方盒子或圆盒子(或方圆结合)形单元体组成的格栅(图 6-7),以及单板与盒子体相配合组装的格栅(图 6-8)等。

2)金属格栅吊顶。金属格栅吊顶可分为空腹型和花片型,其中,花片型金属格栅采用 1mm 厚度的金属板,以其不同形状及组成的图案分为不同系列,如图 6-9 所示。

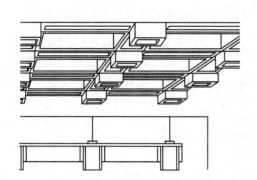

图 6-7　大小方(或圆)盒子式木格栅吊顶

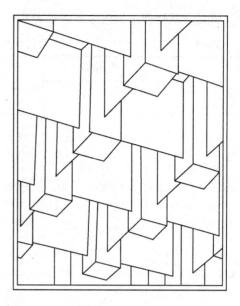

图 6-8　单板与盒子形相结合的木格栅吊顶

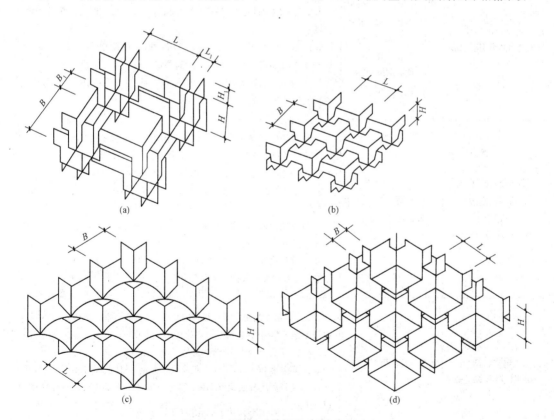

图 6-9　金属花片格栅的不同系列图形

(a)$L=170,L_1=80,B=170,B_1=80,H=50,H_1=25$；(b)$L=100,B=100,H=50$；

(c)$L=100,B=100,H=50$；(d)$L=150$；$B=150,H=50$

(本图规格尺寸主要参照北京市建筑轻钢结构厂产品)

常见金属格栅吊顶构造做法见表 6-9。

表 6-9 常见金属格栅吊顶构造做法 mm

名称	编号	构造做法
方形格栅吊顶 (燃烧性能等级 A 级)	棚 37B 双层龙骨不上人	1. 金属方型格栅 2. T 型轻钢次龙骨 TB24×28,间距 1000,与主龙骨插接 3. T 型轻钢主龙骨 TB24×38(或 TB24×28),间距 1000,用挂件与承载龙骨固定 4. U 型轻钢承载龙骨 CB38×12,间距≤1500,用吊件与钢筋吊杆联结后找平 5. 10 号镀锌低碳钢丝(或 φ8 钢筋)吊杆,双向中距≤1500,吊杆上部与板底预留吊环(勾)固定 6. 现浇钢筋混凝土板底预留 φ10 钢筋吊环(勾),双向中距≤1500(预制混凝土板可在板缝内预留吊环)
铝方格栅吊顶 (燃烧性能等级 A 级)	棚 39B (铝方格中距 75～300) a. 方格高度:50 b. 方格高度:60 c. 方格高度:80 d. 方格高度:100 双层龙骨不上人	1. 由主副骨条、上下层组条组成的铝方格栅 600×1200(1200×1200),用 φ2 钢丝挂钩与承载龙骨联结 2. U 型轻钢承载龙骨 CS38×12,间距≤1500,用吊件与钢筋吊杆联结后找平 3. 10 号镀锌低碳钢丝(或 φ8 钢筋)吊杆,中距横向≤1200,纵向≤1500,吊杆上部与板底预留吊环(勾)固定 4. 现浇钢筋混凝土板底预留 φ8 钢筋吊环(勾),双向中距≤1200(预制混凝土板可在板缝内预留吊环)
金属花格栅吊顶 三角形及六边形 格栅吊顶 (燃烧性能等级 A 级)	棚 40B 棚 41B 双层龙骨不上人	1. 钢或铝格栅预制成 1000×1000(600×1200)或根据需要 2. T 型轻钢次龙骨 TB23×26,间距 1000,与主龙骨插接 3. T 型轻钢主龙骨 TB23×32,间距 1000,用挂件与承载龙骨固定 4. U 型轻钢承载龙骨 CS38×12,间距≤1500,用吊件与钢筋吊杆联结后找平 5. 10 号镀锌低碳钢丝(或 φ4 钢筋)吊杆,双向中距≤1500,吊杆上部与板底预留吊环勾固定 6. 现浇钢筋混凝土板底预留 φ10 钢筋吊环(勾),双向中距≤1500(预制混凝土板可在板缝内预留吊环)
大型吸声格栅 组合吊顶 (燃烧性级等级 A 级)	棚 43 铝合金支架形式 a. 六角形 b. 三角形 不上人	1. 0.5 厚铝板制复合吸声板,厚 30 高 200～300,板面钻微孔孔率 15％,内填超细玻璃棉(或岩棉毡),固定于铝合金吸声体支架上 2. φ100 铝合金吸声体支架,支架上端与吊杆联结 3. φ8 钢筋套丝吊杆,双向中距由设计人定,吊杆上部与 φ20 钢管固定 4. 钢筋混凝土板底预埋钢板 100×100×6,焊接钢管 φ20,双向中距由设计人定

(2)吊筒吊顶:圆筒系以 Q235 钢板加工而成,表面喷塑,有多种颜色,该顶棚具有新颖别致、艺术性好、稳定性强、可以任意组合等特点,如图 6-10 所示。

(3)网架(装饰)吊顶:是指采用不锈钢管、铜合金管等材料制作的成空间网架结构状的吊顶。这类吊顶具有造型简洁新颖、结构韵律美、通透感强等特点。如图 6-11 所示为某装饰网架大样及连接节点构造。

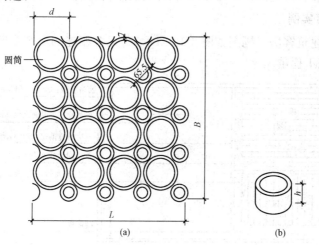

图 6-10　筒形天棚示意图
(a)平面图;(b)立面图

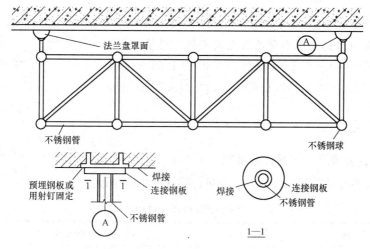

图 6-11　装饰网架大样及连接节点构造

3. 项目特征描述提示

(1)格栅吊顶项目特征描述提示:

1)应描述龙骨的材料种类、规格(型号)、中距。

2)应分别描述基层、面层材料品种、规格。

3)描述防护材料种类。

(2)吊筒吊顶项目特征描述提示:

1)应描述吊筒的材料种类、形状、规格。

2)有防护材料,应说明防护材料品种。

(3)藤条造型悬挂吊顶、织物软雕吊顶项目特征描述提示:应说明骨架及面层材料的品种、规格。

（4）装饰网架吊顶项目特征描述提示：应说明网架材料的品种、规格。

4. 工程量计算实例

【例 6-3】 某建筑客房天棚图如图 6-12 所示，与天棚相连的窗帘盒断面如图 6-13 所示，试计算铝合金天棚工程量。

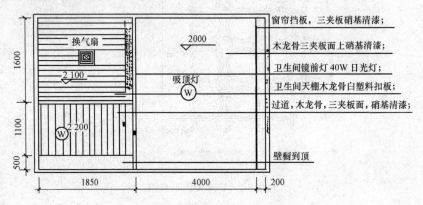

图 6-12　某宾馆标准客房 5 吊顶

【解】 由于客房各部位天棚做法不同，吊顶工程量应为房间天棚工程量与走道天棚工程量及卫生间天棚工程量之和。

吊顶工程量 $=(4-0.2-0.12)\times3.2+(1.85-0.24)\times(1.1-0.12)+(1.6-0.24)\times(1.85-0.12)=15.71\text{m}^2$

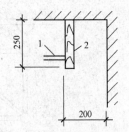

图 6-13　标准客房窗帘盒断面
1—顶棚；2—窗帘盒

四、采光天棚

1. 清单项目设置及工程量计算规则

采光天棚工程量清单项目设置及工程量计算规则见表 6-10。

表 6-10　　　　　　　　　　　采光天棚（编码：011303）

项目编码	项目名称	项目特征	计量单位	工程量计算规则	工作内容
011303001	采光天棚	1. 骨架类型 2. 固定类型、固定材料品种、规格 3. 面层材料品种、规格 4. 嵌缝、塞口材料种类	m²	按框外围展开面积计算	1. 清理基层 2. 面层制安 3. 嵌缝、塞口 4. 清洗

2. 项目说明

采光天棚选用的玻璃应符合现行的国家标准及合同要求，并必须选用安全玻璃（钢化夹胶玻璃）。各类紧固件、固定连接件及其他附件应与设计相符，定型产品应有出厂合格证，如钢质件表面应热镀锌。

3. 项目特征描述提示

采光天棚项目特征描述提示：

(1)应说明骨架类型,如上人或不上人。

(2)应注明固定类型及固定材料品种、规格。

(3)应描述面层材料品种、规格。

(4)应注明嵌缝、塞口材料种类。

4. 工程量计算实例

【例 6-4】　如图 6-14 所示,某商场吊顶时,运用采光天棚达到光效应,玻璃镜面采用不锈钢螺丝钉固牢,试计算其工程量。

【解】　根据采光天棚工程量计算规则,则:

采光天棚工程量＝$3.14×(1.8/2)^2＝2.54m^2$

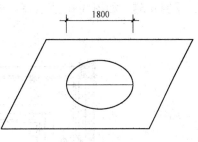

图 6-14　某商场采光天棚

第三节　天棚其他装饰工程

一、清单项目设置及工程量计算规则

天棚其他装饰清单项目包括灯带(槽),送风口、回风口,其工程量清单项目设置及工程量计算规则见表 6-11。

表 6-11　　　　　　　　　　　天棚其他装饰(编码:011304)

项目编码	项目名称	项目特征	计量单位	工程量计算规则	工作内容
011304001	灯带(槽)	1. 灯带形式、尺寸 2. 格栅片材料品种、规格 3. 安装固定方式	m^2	按设计图示尺寸以框外围面积计算	安装、固定
011304002	送风口、回风口	1. 风口材料品种、规格 2. 安装固定方式 3. 防护材料种类	个	按设计图示数量计算	1. 安装、固定 2. 刷防护材料

二、灯带(槽)

1. 项目说明

灯带是指把 LED 灯用特殊的加工工艺焊接在铜线或者带状柔性线路板上面,再连接上电源发光,因其发光时形状如一条光带而得名。

2. 项目特征描述提示

灯带(槽)项目特征描述提示:

(1)应描述灯带形式、尺寸,如成品分类铝格栅。

(2)应描述格栅片材料品种、规格,如银色反光罩和分类铝格栅,规格 1200mm×600mm×95mm。

(3)应说明灯带的安装固定方式。

3. 工程量计算实例

【例 6-5】　如图 6-15 所示室内天棚安装灯带,试计算其工程量。

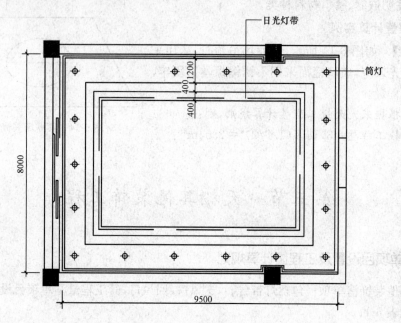

图 6-15　室内天棚平面图

【解】　根据顶棚工程量计算规则,计算如下:

灯带工程量:

$$L_{中}=[8.0-2\times(1.2+0.4+0.2)]\times2+[9.5-2\times(1.2+0.4+0.2)]\times2=20.6m$$

$$S_1=L_{中}\times b=20.6\times0.4=8.24m^2$$

三、送风口、回风口

1. 项目说明

送风口的布置应根据室内温湿度精度、允许风速并结合建筑物的特点、内部装修、工艺布置及设备散热等因素综合考虑。具体来说:对于一般的空调房间,就是要均匀布置,保证不留死角。一般一个柱网布置 4 个送风口。

回风口是将室内污浊空气抽回,另一部分通过空调过滤送回室内,另一部分通过排风口排出室外。

2. 项目特征描述提示

送风口、回风口项目特征描述提示:

(1)应描述风口材料品种、规格,如铝合金送风口,规格 600mm×600mm。

(2)应描述风口的安装固定方式,如自攻螺丝固定。

(3)木质风口需刷防护材料的,应注明防护材料种类。

3. 工程量计算实例

【例 6-6】　如图 6-16 所示为某工程房间天花板布置图,计算铝合金送(回)风口工程量。

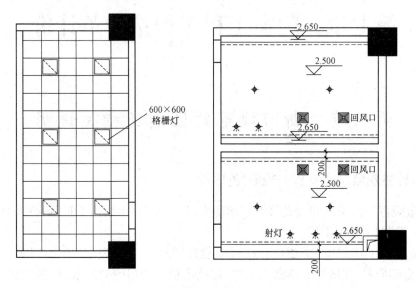

图 6-16　房间天花板布置图

【解】　送风口、回风口的工程量按设计图示数量计算,依据图 6-16 可知,送(回)风口的工程量为 4 个。

本章思考重点

1. 如何计算天棚抹灰工程量?
2. 不同材质的吊顶,其工程量计算规则有何不同?

第七章　门窗工程工程量清单计价

第一节　新旧规范的区别及相关说明

一、"13 计量规范"与"08 计价规范"的区别

"13 计量规范"将"08 计价规范"的"厂库房大门、特种门、木结构工程"拆分为"门窗工程"和"木结构工程"两个分部工程。

(1)门窗工程共 10 节 55 个项目,"13 计价规范"与"08 计价规范"相比,对项目分类进行了大量的综合和归并,并增加了单独木门框、成品木质装饰门带套安装、门锁安装、成品钢制花饰大门安装、木(金属)橱窗、木(金属)飘(凸)窗、木质成品窗、金属纱窗、金属防火窗、断桥窗、成品木门窗套、窗帘等项目,取消了金属窗里的特殊五金项目。

(2)取消了对整个项目价值影响不大且难于描述或重复的项目特征,并增补部分项目特征。

(3)部分项目增加两个以上的计量单位,同时增加相应的计算规则。

(4)取消部分工作内容,如取消了刷油漆,改为单独执行《房屋建筑与装饰工程工程量计算规范》(GB 50854—2013)附录 P 中的油漆章节。

二、工程量计算规则相关说明

(1)增补木(金属)橱窗、木(金属)飘(凸)窗的计量单位为"樘、m²",计算规则为"以平方米计量,按设计图示尺寸以框外围展开面积计算"。

(2)将"08 计价规范"门窗套以"m²"计量改为以"樘、m²、m"计量,相应增加计算规则为"以米计量,按设计图示中心以延长米计算"。

(3)将"08 计价规范"窗台板以"m"计量改为以"m²"计量,相应增加计算规则为"以平方米计量,按设计图示尺寸以展开面积计算"。

(4)增加窗帘以"m²、m"为计量单位,增加计算规则为"以米计量,按设计图示尺寸以成活后长度计算"、"以平方米计量,按图示尺寸以成活后展开面积计算"。

(5)针对无设计图示洞口尺寸情况,在注中应说明:以平方米计量,无设计图示洞口尺寸,按门窗框扇外围以面积计算。

(6)将窗帘盒与轨分开单列项目,因工程实际是分开计量、计价。

第二节　门

一、门的基本构造

门是由门框(门樘)和门扇两部分组成。当门的高度超过2.1m时,还要增加门上窗(又称亮子或幺窗);门的各部分名称如图7-1所示。各种门的门框构造基本相同,但门扇却各不一样。

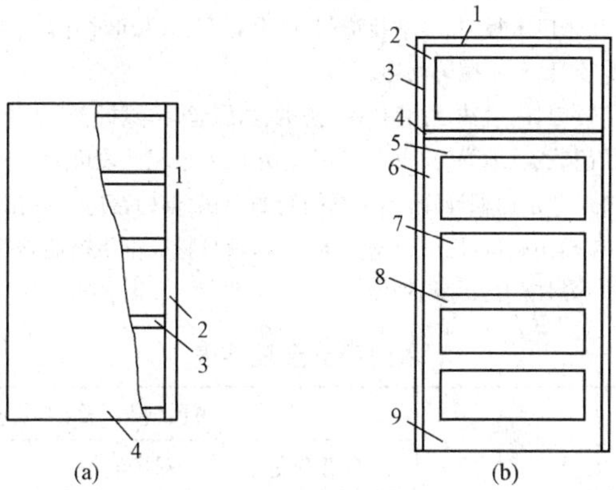

图7-1　门的构造形式
(a)蒙板门
1—门扇;2—竖枋;3—横枋;4—木夹板
(b)镶板门
1—框冒头;2—上窗梃;3—门框梃;4—中贯挡;5—门扇上冒头;
6—门扇梃;7—门心板;8—门扇中冒头;9—门扇下冒头

二、木门

1. 清单项目设置及工程量计算规则

木门工程量清单项目设置及工程量计算规则见表7-1。

表7-1　木门(编码:010801)

项目编码	项目名称	项目特征	计量单位	工程量计算规则	工作内容
010801001	木质门	1. 门代号及洞口尺寸 2. 镶嵌玻璃品种、厚度	1. 樘 2. m^2	1. 以樘计量,按设计图示数量计算 2. 以平方米计量,按设计图示洞口尺寸以面积计算	1. 门安装 2. 玻璃安装 3. 五金安装
010801002	木质门带套				
010801003	木质连窗门				
010801004	木质防火门				

项目编码	项目名称	项目特征	计量单位	工程量计算规则	工作内容
010801005	木门框	1. 门代号及洞口尺寸 2. 框截面尺寸 3. 防护材料种类	1. 樘 2. m	1. 以樘计量，按设计图示数量计算 2. 以米计量，按设计图示框的中心线以延长米计算	1. 木门框制作、安装 2. 运输 3. 刷防护材料
010801006	门锁安装	1. 锁品种 2. 锁规格	个(套)	按设计图示数量计算	安装

注:(1)木质门应区分镶板木门、企口木板门、实木装饰门、胶合板门、夹板装饰门、木纱门、全玻门(带木质扇框)、木质半玻门(带木质扇框)等项目,分别编码列项。

(2)木门五金应包括:折页、插销、门碰珠、弓背拉手、搭机、木螺丝、弹簧折页(自动门)、管子拉手(自由门、地弹门)、地弹簧(地弹门)、角铁、门轧头(地弹门、自由门)等。木门五金配件表可参考表7-2。

(3)木质门带套计量按洞口尺寸以面积计算,不包括门套的面积,但门套应计算在综合单价中。

(4)以樘计量,项目特征必须描述洞口尺寸;以平方米计量,项目特征可不描述洞口尺寸。

(5)单独制作安装木门框按木门框项目编码列项。

表 7-2　　　　　　　　　　　　木门窗五金配件表　　　　　　　　　　　　樘

项　　目		单位	镶板、胶合板、半截玻璃门不带纱门			
			单扇有亮	双扇有亮	单扇无亮	双扇无亮
人工	综 合 工 日	工日	—	—	—	—
材料	折页 100mm	个	2.00	4.00	2.00	4.00
	折页 63mm	个	4.00	4.00		
	插销 100mm	个	2.00	2.00	1.00	1.00
	插销 150mm	个	—	1.00		1.00
	插销 300mm	个	—	1.00		1.00
	风钩 200mm	个	2.00	2.00		
	拉手 150mm	个	1.00	2.00	1.00	2.00
	铁塔扣 100mm	个	1.00	1.00	1.00	1.00
	木螺丝 38mm	个	16.00	32.00	16.00	32.00
	木螺丝 32mm	个	24.00	24.00		—
	木螺丝 25mm	个	4.00	8.00	4.00	8.00
	木螺丝 19mm	个	19.00	37.00	13.00	31.00
	折页 100mm	个		4.00	2.00	4.00
	折页 63mm	个	8.00	8.00	—	—
	蝶式折页 100mm	个	2.00	4.00	2.00	4.00
	插销 100mm	个	4.00	3.00	2.00	1.00
	插销 150mm	个	—	1.00		1.00
	插销 300mm	个	—	1.00		1.00

续一

项　目	单位	镶板、胶合板、半截玻璃门不带纱门			
		单扇有亮	双扇有亮	单扇无亮	双扇无亮
人工 综合工日	工日	—	—	—	—
材料 风钩 200mm	个	2.00	2.00	—	—
拉手 150mm	个	2.00	4.00	2.00	4.00
铁塔扣 100mm	个	1.00	1.00	1.00	1.00
木螺丝 38mm	个	16.00	32.00	16.00	32.00
木螺丝 32mm	个	60.00	72.00	12.00	24.00
木螺丝 25mm	个	8.00	16.00	8.00	16.00
木螺丝 19mm	个	31.00	43.00	19.00	31.00

项　目	单位	自由门带固定亮子、无亮子		镶板门带一块百叶	
		半坡门	全坡门	单扇有亮	单扇无亮
人工 综合工日	工日	—	—	—	—
材料 折页 100mm	个	—	—	2.00	2.00
折页 75mm	个	—	—	2.00	—
弹簧折页 200mm	个	4.00	—	—	—
插销 100mm	个	—	—	2.00	1.00
风钩 200mm	个	—	—	1.00	—
拉手 150mm	个	—	—	1.00	1.00
管子拉手 400mm	个	4.00	—	—	—
管子拉手 600mm	个	—	4.00	—	—
铁塔扣 100mm	个	—	—	1.00	1.00
门轧头 mm	个	—	2.00	—	—
铁角 150mm	个	12.00	12.00	—	—
地弹簧 mm	套	—	2.00	—	—
木螺丝 38mm	个	132.00	132.00	16.00	16.00
木螺丝 32mm	个	—	—	12.00	—
木螺丝 25mm	个	—	—	4.00	4.00
木螺丝 19mm	个	—	—	19.00	13.00

项　目	单位	平开木板大门		推拉木板大门	
		无小门	有小门	无小门	有小门
人工 综合工日	工日	—	—	—	—
材料 五金铁件	kg	67.72	67.62	143.96	143.96
折页 100mm	个	—	2.00	—	2.00
弓背拉手 125mm	个	—	2.00	—	2.00

续二

项　目	单位	平开木板大门		推拉木板大门	
		无小门	有小门	无小门	有小门
人工　综合工日	工日	—	—	—	—
材料　插销 125mm	个	—	1.00	—	1.00
木螺丝 38mm	个	32.00	58.00	—	26.00
大滑轮 $d=100mm$	个	—	—	4.00	4.00
小滑轮 $d=56mm$	个	—	—	4.00	4.00
轴承 203	个	—	—	8.00	8.00

项　目	单位	平开钢木大门		
		无小门一般型	有小门防风型	有小门防严寒
人工　综合工日	工日	—	—	—
材料　五金铁件	kg	52.97	57.90	57.90
钢丝弹簧 $L=95$	个	1.00	1.00	1.00
钢珠 32.5	个	4.00	4.00	4.00

2. 项目说明

（1）木质门。木质门应区分镶板木门、企口木板门、实木装饰门、胶合板门、夹板装饰门等项目。

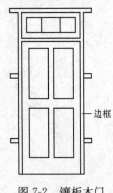

图 7-2　镶板木门

　　1）镶板木门是指木制门芯板镶进门边和冒头槽内，一般设有三根冒头或一、二根冒头，多用于住宅的分户门和内门。其有带亮子和不带亮子之分，如图 7-2 所示。镶板木门的门芯板通常为平缝胶结。为避免板缝开裂，有时采用较小的正块板作门芯板。用于外门的门扇，用料应大于内门。

　　2）企口木板门的构造形式同镶板木门，只是企口木板门的门芯板采用企口连接。

　　3）实木装饰门是用实木加工制作的装饰门，有全木、半玻、全玻三种款式，从木材加工工艺上看有指接木与原木两种，指接木是原木经锯切、指接后的木材，性能比原木要稳定，能切实保证门不变形。

　　4）胶合板门指中间为轻型骨架，一般用厚 32～35mm，宽 34～60mm 做框，内为格形肋条，表面镶贴薄板的门，也有胶合板门上做小玻璃窗和百叶窗，如图 7-3 所示。

　　5）夹板装饰门以实木做框，两面用装饰面板粘压在框上，经加工制成。这种门具有质量轻，装饰效果简捷、轻巧的特点，其多用于家庭装修。木夹板门的形式如图 7-4 所示。

　　（2）木质连窗门。木质连窗门是指木质的带有窗的门，如图 7-5 所示。

　　（3）木质防火门的材料多选用云杉，也有采用胶合板等人造板，经化学阻燃处理制成，其填芯材料及五金件均与钢质防火门相同。木质防火门的加工工艺与普通木门相似，制作与安装要求不高，故而造价低廉，具有较广泛的适用性。

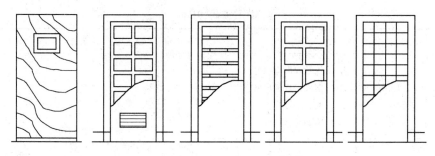

图 7-3　胶合板门

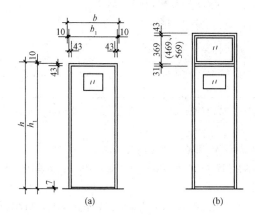

图 7-4　木夹板门的形式

(a)无亮窗；(b)有亮窗

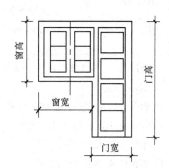

图 7-5　木质连窗门

3. 项目特征描述提示

(1)木质门、木质门带套、木质连窗门、木质防火门项目特征描述提示：

1)应描述门代号及洞口尺寸；

2)镶嵌玻璃应注明玻璃品种、厚度。

(2)木门框项目特征描述提示：

1)应描述门代号、洞口尺寸及框截面尺寸；

2)采用防护材料的应注明防护材料种类。

(3)门锁安装项目特征描述提示：应描述锁品种、规格。

4. 工程量计算实例

【例 7-1】　计算如图 7-6 所示镶板门工程量。

【解】　以平方米计量，镶板门工程量＝设计图示洞口尺寸计算所得面积＝0.9×2.1＝1.89m²

以樘计量，镶板门工程量＝1 樘

三、金属门

1. 清单项目设置及工程量计算规则

金属门工程量清单项目设置及工程量计算规则见表 7-3。

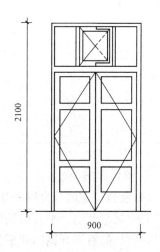

图 7-6　双扇无纱带亮镶板门示意图

表 7-3　　　　　　　　　　　　　　　　金属门(编码:010802)

项目编码	项目名称	项目特征	计量单位	工程量计算规则	工作内容
010802001	金属(塑钢)门	1. 门代号及洞口尺寸 2. 门框或扇外围尺寸 3. 门框、扇材质 4. 玻璃品种、厚度	1. 樘 2. m²	1. 以樘计量,按设计图示数量计算 2. 以平方米计量,按设计图示洞口尺寸以面积计算	1. 门安装 2. 五金安装 3. 玻璃安装
010802002	彩板门	1. 门代号及洞口尺寸 2. 门框或扇外围尺寸			
010802003	钢质防火门	1. 门代号及洞口尺寸 2. 门框或扇外围尺寸 3. 门框、扇材质			1. 门安装 2. 五金安装
010802004	防盗门				

注:(1)金属门应区分金属平开门、金属推拉门、金属地弹门、全玻门(带金属扇框)、金属半玻门(带扇框)等项目,分别编码列项。

(2)铝合金门五金包括:地弹簧、门锁、拉手、门插、门铰、螺丝等。铝合金门五金配件见表 7-4。

(3)金属门五金包括 L 型执手插锁(双舌)、执手锁(单舌)、门轨头、地锁、防盗门机、门眼(猫眼)、门碰珠、电子锁(磁卡锁)、闭门器、装饰拉手等。

(4)以樘计量,项目特征必须描述洞口尺寸,没有洞口尺寸必须描述门框或扇外围尺寸,以平方米计量,项目特征可不描述洞口尺寸及框、扇的外围尺寸。

(5)以平方米计量,无设计图示洞口尺寸,按门框、扇外围以面积计算。

表 7-4　　　　　　　　　　　铝合金门五金配件表　　　　　　　　　　　套(樘)

项　　　目	单　位	单　价/元	单扇地弹门	双扇地弹门	四扇地弹门	单扇平开门
国产地弹簧	个	128.73	1	2	4	—
门　　锁	把	11.03	1	1	3	—
铝合金拉手	对	36.00	1	2	4	—
门　　插	套	6.00	—	2	2	—
门　　铰	个	6.96	—	—	—	2
螺　　钉	元		—	—	—	1.04
门　　锁	把	9.88	—	—	—	1
合　　计	元	—	175.76	352.76	704.01	24.84

2. 项目说明

(1)金属门应区分金属平开门、金属推拉门、金属地弹门等项目。

1)金属平开门。平开门是指转动轴位于门侧边,门扇向门框平面外旋转开启的门。金属平开门常见的有平开钢门和平开铝合金门。平开钢门的种类和规格可参见表 7-5;平开铝合金门的种类和规格可参见表 7-6。

表 7-5　　　　　　　　　　　　　　　平开钢门种类和规格

门		单扇门	双扇门	组合门
亮子	高/mm	宽/mm		
		700～1000	1200～1800	2700～3000
无亮子	2100、2400			
带亮子	2400、2700			
组合亮子	3000、3300			

表 7-6　　　　　　　　　　　　　　　平开铝合金门种类和规格

种　类	单　扇	双　扇
洞口尺寸	b/mm	
h/mm	800、900、1000	1200、1500、1800
2100 2400		
2700 3000		

2)金属推拉门。推拉门是指门扇在平行门框的平面内沿水平方向移动启闭的门。金属推拉门大多采用推拉铝合金门,其种类和规格见表 7-7。

表 7-7　　　　　　　　　　　　　　推拉铝合金门种类和规格

种　类	双　扇		四　扇	
洞口尺寸	b/mm			
h/mm	1500、1800、2100		2700、3000、3300	
2100 2400	6	19	59	60
2700 3000 3300				

3)金属地弹门。地弹门是采用地埋式门轴弹簧,门扇可内外自由开启,不触动时门扇处于关闭状态的门。金属地弹门常采用铝合金地弹门,其形式、规格可参见表 7-8。

(2)塑钢门。塑钢门是硬 PVC 塑料门组装时在硬 PVC 门型材截面空腔中衬入加强型钢、塑钢结合,用以提高门骨架的刚度。

塑钢门具有防火、阻燃、耐候性好,抗老化、防腐、防潮、隔热(导热系数低于金属门 7～11倍)、隔声、耐低温(−30～50℃的环境下不变色,不降低原有性能)、抗风压能力强,色泽优美等特性,以及由于其生产过程省能耗、少污染而被公认为节能型产品。

塑钢门的宽度 700～2100mm,高度 2100～3300mm,厚度 58mm。门洞口宽度＝门框宽度＋50mm,门洞口高度＝门框高度＋20mm。

塑钢门普通基本型平开门结构图如图 7-7 所示。

(3)彩板门。涂色镀锌钢板门,又称彩板组角钢门,是用涂色镀锌钢板制作的一种彩色金属门。

原材料是合金化镀锌卷板,双面锌层厚度 180～220g/m²,经 180°弯折,锌层不脱落。镀锌卷板经过脱脂、化学辊涂预处理后,辊涂环氧底漆、聚酯面漆和罩光漆,漆层与基板结合牢固。其颜色有红、绿、棕、蓝、乳白等几种。

(4)防盗门。防盗门的全称为"防盗安全门"。它兼备防盗和安全的性能。按照《防盗安全门通用技术条件》(GB 17565—2007)规定,合格的防盗门在 15min 内利用凿子、螺丝刀、撬棍等普通手工具和手电钻等便携式电动工具无法撬开或在门扇上开起一个 615mm² 的开口,或在锁定点 150mm² 的半圆内打开一个 38mm² 的开口。并且防盗门上使用的锁具必须是经过公安部检测中心检测合格的带有防钻功能的防盗门专用锁。防盗门可以用不同的材料制作,但只有达到标准检测合格,领取安全防范产品准产证的门才能称为防盗门。

防盗门的最大特点是保安性强,其还具有坚固耐用、开启灵活、外形美观等特点。防盗门适用于民用建筑、住宅、高层建筑和机要室、财务部门等处。

表 7-8

铝合金地弹门形式、规格

单扇地弹门 / 有上亮单扇地弹门

型式	单扇地弹门				有上亮单扇地弹门					
外框尺寸/mm×mm	850×2075	950×2075	850×2375	950×2375	850×2675	950×2675	850×2975	950×2975	850×2475	950×2475
					a=2100	a=2100	a=2400	a=2400	a=2075	a=2075

四扇地弹门

	3250×2375	3550×2375
	b=1536	b=1686

双扇地弹门 / 有上亮双扇地弹门 / 有侧亮双扇地弹门

型式	双扇地弹门		有上亮双扇地弹门			有侧亮双扇地弹门			
外框尺寸/mm×mm	1750×2075	1750×2375	1750×2475	1750×2675	1750×2975	2650×2075	2650×2375	2950×2375	3250×2375
			a=2100	a=2100	a=2400				

有侧上亮双扇地弹门 / 有上亮四扇地弹门

型式	有侧上亮双扇地弹门						有上亮四扇地弹门			
外框尺寸/mm×mm	2650×2675	3250×2675	2650×2675	2650×2975	2950×2975	3250×2975	3250×2675	3250×2975	3550×2675	3550×2975
	a=2100	a=2100	a=2100	a=2400	a=2400	a=2400	a=2100 b=1536	a=2400 b=1536	a=2100 b=1686	a=2400 b=1686

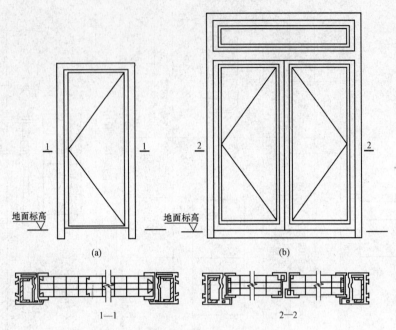

图 7-7　塑钢门普通基本型平开门结构图

(a)单扇平开门;(b)双扇带亮窗平开门

(5)钢质防火门。钢质防火门采用优质冷轧钢板作为门扇、门框的结构材料,经冷加工成形。内部填充的耐火材料通常为硅酸铝耐火纤维毡、毯(陶瓷棉)。乙、丙级防火门也可填充岩棉、矿棉耐火纤维。乙、丙级防火门可加设面积不大于 $0.1m^2$ 的视窗,视窗玻璃采用夹丝玻璃或透明复合防火玻璃。

钢质防火门构造如图 7-8 所示。其耐火极限:甲级≥1.2h,乙级≥0.9h,丙级≥0.6h。

3. 项目特征描述提示

金属门项目特征描述提示:

(1)应描述门代号及洞口尺寸。

(2)应描述门框或扇外围尺寸。

(3)金属(塑钢)门、钢质防火门、防盗门应描述门框、扇材质。

(4)镶有玻璃的金属门应注明玻璃品种、厚度,如 5mm 厚平玻。

4. 工程量计算实例

【**例 7-3**】　计算如图 7-9 所示库房金属平开门工程量。

【**解**】　以平方米计量,金属平开门工程量=图示洞口尺寸以面积计算

$$=3.1×3.5=10.85m^2$$

以樘计量,金属平开门工程量=1 樘

四、金属卷帘(闸)门

1. 清单项目设置及工程量计算规则

金属卷帘(闸)门工程量清单项目设置及工程量计算规则见表 7-9。

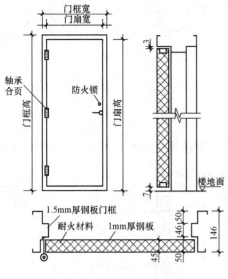

图 7-8 钢质防火门构造示意图

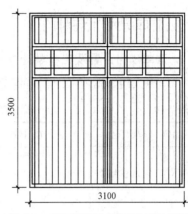

图 7-9 某厂库房金属平开门示意图

表 7-9 金属卷帘(闸)门(编码:010803)

项目编码	项目名称	项目特征	计量单位	工程量计算规则	工作内容
010803001	金属卷帘(闸)门	1. 门代号及洞口尺寸 2. 门材质 3. 启动装置品种、规格	1. 樘 2. m²	1. 以樘计量,按设计图示数量计算 2. 以平方米计量,按设计图示洞口尺寸以面积计算	1. 门运输、安装 2. 启动装置、活动小门、五金安装
010803002	防火卷帘(闸)门				

注:以樘计量,项目特征必须描述洞口尺寸;以平方米计量,项目特征可不描述洞口尺寸。

2. 项目说明

(1)金属卷帘(闸)门。卷帘(闸)门顶以水平线为轴线进行转动,可以将全部门扇转包到门顶上。卷帘(闸)门由帘板、卷筒体、导轨、电气传动等部分组成。

(2)防火卷帘(闸)门。防火卷帘门(闸)由帘板、导轨、卷筒、驱动机构和电气设备等部件组成。帘板以 1.5mm 厚钢板轧成 C 形板串联而成,卷筒安在门上方左端或右端,启闭方式可分为手动和自动两种。

3. 项目特征描述提示

金属卷帘(闸)门项目特征描述提示:

(1)应注明门代号及洞口尺寸。

(2)应说明门材质,如铝合金卷帘门。

(3)应说明启动装置品种、规格。

4. 工程量计算实例

【例 7-3】 某工程防火卷帘门为 1 樘,其设计尺寸为 1500mm×1800mm,试计算防火卷帘门工程量。

【解】 以平方米计量,金属卷帘门工程量＝设计图示洞口尺寸计算所得面积

$$=1.5\times1.8=2.7m^2$$

以樘计量,金属格栅门工程量＝1 樘

五、厂库房大门、特种门

1. 清单项目设置及工程量计算规则

厂库房大门、特种门工程量清单项目设置及工程量计算规则见表 7-10。

表 7-10　　　　　　　　厂库房大门、特种门(编码:010804)

项目编码	项目名称	项目特征	计量单位	工程量计算规则	工作内容
010804001	木板大门	1. 门代号及洞口尺寸 2. 门框或扇外围尺寸 3. 门框、扇材质 4. 五金种类、规格 5. 防护材料种类	1. 樘 2. m²	1. 以樘计量,按设计图示数量计算 2. 以平方米计量,按设计图示洞口尺寸以面积计算	1. 门(骨架)制作、运输 2. 门、五金配件安装 3. 刷防护材料
010804002	钢木大门				
010804003	全钢板大门			1. 以樘计量,按设计图示数量计算 2. 以平方米计量,按设计图示门框或扇以面积计算	
010804004	防护铁丝门				
010804005	金属格栅门	1. 门代号及洞口尺寸 2. 门框或扇外围尺寸 3. 门框、扇材质 4. 启动装置的品种、规格		1. 以樘计量,按设计图示数量计算 2. 以平方米计量,按设计图示洞口尺寸以面积计算	1. 门安装 2. 启动装置、五金配件安装
010804006	钢制花饰大门	1. 门代号及洞口尺寸 2. 门框或扇外围尺寸 3. 门框、扇材质		1. 以樘计量,按设计图示数量计算 2. 以平方米计量,按设计图示门框或扇以面积计算	1. 门安装 2. 五金配件安装
010804007	特种门			1. 以樘计量,按设计图示数量计算 2. 以平方米计量,按设计图示洞口尺寸以面积计算	

注:(1)特种门应区分冷藏门、冷冻间门、保温门、变电室门、隔音门、防射线门、人防门、金库门等项目,分别编码列项。

　　(2)以樘计量,项目特征必须描述洞口尺寸,没有洞口尺寸必须描述门框或扇外围尺寸;以平方米计量,项目特征可不描述洞口尺寸及框、扇的外围尺寸。

　　(3)以平方米计量,无设计图示洞口尺寸,按门框、扇外围以面积计算。

2. 项目说明

(1)木板大门是指用木材做门扇的骨架,再镶拼木板而成,木板大门是厂房或仓库常用的大门,没有门框,采用预埋在门洞旁墙体内的钢铰轴与门扇连接。

(2)钢木大门的门框一般由混凝土制成,门扇由骨架和面板构成,门扇的骨架常用型钢制成,门芯板一般用 15mm 厚的木板,用螺栓与钢骨架相连接。

(3)全钢板大门的门框和门扇一般全由钢板制成,用螺栓相连接。

(4)围墙铁丝门是常以钢管、角钢、木为骨架而制成的铁丝门。

(5)特种门包括冷藏库门、防射线门、密闭门、保温门、隔声门等。

3. 项目特征描述提示

厂库房大门、特种门项目特征描述提示:

(1)应注明门代号及洞口尺寸,门框或扇外围尺寸,门框、扇材质。

(2)木板大门、钢木大门、金钢板大门、防护铁丝门应描述五金种类、规格,采用防护材料的应描述防护材料种类。

(3)金属格栅门应描述启动装置的品种、规格。

4. 工程量计算实例

【例 7-4】 如图 7-11 所示,某厂房有平开全钢板大门(带探望孔),共 5 樘,刷防锈漆。试计算其工程量。

【解】 以平方米计量,全钢板大门工程量=图示洞口尺寸以面积计算=3.30×3.30×5=54.45m²

以樘计量,全钢板大门工程量=5 樘

六、其他门

1. 清单项目设置及工程量计算规则

其他门工程量清单项目设置及工程量计算规则见表 7-11。

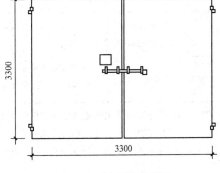

图 7-11 平开钢板大门

2. 项目说明

其他门包括电子感应门、旋转门、电子对讲门、电动伸缩门、全玻自由门、镜面不锈钢饰面门、复合材料门等。电子感应门多以铝合金型材制作而成,其感应系统是采用电磁感应的方式,具有外观新颖、结构精巧、运行噪声小、功耗低、启动灵活、可靠、节能等特点,适用于高级宾馆、饭店、医院、候机楼、车间、贸易楼、办公大楼的自动门安装设备;旋转门主要用于宾馆、机场、商店、银行等中高级公共建筑中其能达到节省能源、防尘、防风、隔声的效果,对控制人流量也有一定作用;电子对讲门多安装于住宅、楼寓及要求安全防卫场所的入口,具有选呼、对讲、控制等功能;电动伸缩门多用在小区、公园、学校、建筑工地等大门,一般分为有轨和无轨两种,通常采用铝型材或不锈钢;全玻自由门是指门窗冒头之间全部镶嵌玻璃的门,有带亮子和不带亮子之分。

3. 项目特征描述提示

(1)电子感应门、旋转门与电子对讲门、电动伸缩门项目特征描述提示:

表 7-11　　　　　　　　　**其他门(编码:010805)**

项目编码	项目名称	项目特征	计量单位	工程量计算规则	工作内容
010805001	电子感应门	1. 门代号及洞口尺寸 2. 门框或扇外围尺寸 3. 门框、扇材质 4. 玻璃品种、厚度 5. 启动装置的品种、规格 6. 电子配件品种、规格			1. 门安装 2. 启动装置、五金、电子配件安装
010805002	旋转门				
010805003	电子对讲门	1. 门代号及洞口尺寸 2. 门框或扇外围尺寸 3. 门材质 4. 玻璃品种、厚度 5. 启动装置的品种、规格 6. 电子配件品种、规格	1. 樘 2. m²	1. 以樘计量,按设计图示数量计算 2. 以平方米计量,按设计图示洞口尺寸以面积计算	
010805004	电动伸缩门				
010805005	全玻自由门	1. 门代号及洞口尺寸 2. 门框或扇外围尺寸 3. 框材质 4. 玻璃品种、厚度			1. 门安装 2. 五金安装
010805006	镜面不锈钢饰面门	1. 门代号及洞口尺寸 2. 门框或扇外围尺寸 3. 框、扇材质 4. 玻璃品种、厚度			
010805007	复合材料门				

注:(1)以樘计量,项目特征必须描述洞口尺寸,没有洞口尺寸必须描述门框或扇外围尺寸;以平方米计量,项目特征可不描述洞口尺寸及框、扇的外围尺寸。

(2)以平方米计量,无设计图示洞口尺寸,按门框、扇外围以面积计算。

1)应注明门代号及洞口尺寸,门框或扇外围尺寸。

2)电子感应门、旋转门应描述门框、扇材质,电子对讲门、电动伸缩应描述门材质。

3)应注明玻璃品种、厚度。

4)应描述启动装置及电子配件的品种、规格。

(2)全玻自由门、镜面不锈钢饰面门、复合材料门项目特征描述提示:

1)应注明门代号及洞口尺寸,门框或扇外围尺寸。

2)全玻自由门应描述框材质,镜面不锈钢饰面门、复合材料门应描述框、扇材质。

3)镶有玻璃的应注明玻璃品种、厚度。

4. 工程量计算实例

【例 7-5】　试计算银行电子感应门工程量,门洞尺寸为 3200mm×2400mm。

【解】　以平方计量,电子感应门工程量=设计洞口尺寸以面积计算

$$=3.2×2.4=7.68m²$$

以樘计量,电子感应门工程量=1樘

第三节　窗

一、窗的基本构造

窗主要是由窗框与窗扇两部分组成。窗框由梃、上冒头和下冒头组成,有上亮时需设中贯横挡;窗扇由上冒头、下冒头、扇梃、窗棂等组成。窗扇玻璃装于冒头、扇梃和窗棂之间,如图 7-11 所示。

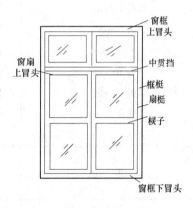

图 7-11　窗的构造形式

二、木窗

1. 清单项目设置及工程量计算规则

木窗工程量清单项目设置及工程量计算规则见表 7-12。

表 7-12　　　　　　　　　　木窗(编码:010806)

项目编码	项目名称	项目特征	计量单位	工程量计算规则	工作内容
010806001	木质窗	1. 窗代号及洞口尺寸 2. 玻璃品种、厚度		1. 以樘计量,按设计图示数量计算 2. 以平方米计量,按设计图示洞口尺寸以面积计算	1. 窗安装 2. 五金、玻璃安装
010806002	木飘(凸)窗		1. 樘 2. m²		
010806003	木橱窗	1. 窗代号 2. 框截面及外围展开面积 3. 玻璃品种、厚度 4. 防护材料种类		1. 以樘计量,按设计图示数量计算 2. 以平方米计量,按设计图示尺寸以框外围展开面积计算	1. 窗制作、运输、安装 2. 五金、玻璃安装 3. 刷防护材料
010806004	木纱窗	1. 窗代号及框的外围尺寸 2. 窗纱材料品种、规格		1. 以樘计量,按设计图示数量计算 2. 以平方米计量,按框的外围尺寸以面积计算	1. 窗安装 2. 五金安装

注:(1)木质窗应区分木百叶窗、木组合窗、木天窗、木固定窗、木装饰空花窗等项目,分别编码列项。

(2)以樘计量,项目特征必须描述洞口尺寸,没有洞口尺寸必须描述窗框外围尺寸;以平方米计量,项目特征可不描述洞口尺寸及框的外围尺寸。

(3)以平方米计量,无设计图示洞口尺寸,按窗框外围以面积计算。

(4)木橱窗、木飘(凸)窗以樘计量,项目特征必须描述框截面及外围展开面积。

(5)木窗五金包括:折页、插销、风钩、木螺丝、滑轮滑轨(推拉窗)等。木窗五金配件表可参考表 7-13。

表 7-13 木窗五金配件表(樘)

项 目		单位	普通木窗不带纱窗			
			单扇无亮	双扇带亮	三扇带亮	四扇带亮
人工	综合工日	工日	—	—	—	—
材料	折页 75mm	个	2.00	4.00	6.00	8.00
	折页 50mm	个	—	4.00	6.00	8.00
	插销 150mm	个	1.00	1.00	2.00	2.00
	插销 100mm	个	—	1.00	2.00	2.00
	风钩 200mm	个	1.00	4.00	6.00	8.00
	木螺丝 32mm	个	12.00	48.00	72.00	96.00
	木螺丝 19mm	个	6.00	12.00	24.00	24.00

项 目		单位	普通木窗带纱窗			
			单扇无亮	双扇带亮	三扇带亮	四扇带亮
人工	综合工日	工日	—	—	—	—
材料	折页 75mm	个	4.00	8.00	12.00	16.00
	折页 63mm	个	—	8.00	12.00	16.00
	插销 150mm	个	2.00	2.00	4.00	4.00
	插销 100mm	个	—	2.00	4.00	4.00
	风钩 200mm	个	1.00	4.00	6.00	8.00
	木螺丝 32mm	个	24.00	96.00	144.00	192.00
	木螺丝 19mm	个	12.00	24.00	48.00	48.00

项 目		单位	普通双层木窗带纱窗			
			单扇无亮	双扇带亮	三扇带亮	四扇带亮
人工	综合工日	工日	—	—	—	—
材料	折页 75mm	个	6.00	12.00	18.00	24.00
	折页 50mm	个	—	12.00	18.00	24.00
	插销 150mm	个	3.00	3.00	6.00	6.00
	插销 100mm	个	—	3.00	6.00	6.00
	风钩 200mm	个	2.00	8.00	12.00	16.00
	木螺丝 32mm	个	36.00	144.00	216.00	288.00
	木螺丝 19mm	个	18.00	36.00	72.00	72.00

注:双层玻璃窗小五金按普通木窗不带纱窗乘 2 计算。

2. 项目说明

(1)木质平开窗。木质平开窗的结构由窗框和窗扇组成。窗扇分为玻璃窗扇、纱窗扇和百叶窗扇等。窗框由上槛、中槛、下槛、边槛和中梃榫接而成,上下槛各长于窗框 100mm,用以砌入墙内,固定整个窗框。

(2)木质推拉窗。木质推拉窗分左右及上下开启两种窗口,如图 7-12 所示。其优点是开启后不占室内空间,玻璃不易破损。当窗口尺寸较小时,不宜做推拉窗。

(3)矩形木百叶窗。百叶窗是由一系列在窗框内重叠(搭接)式布置的平行百叶板组成的窗,可通风、采光并可遮挡视线,如图 7-13 所示。

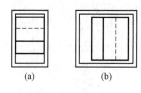

图 7-12 推拉窗
(a)垂直推拉;(b)水平推拉

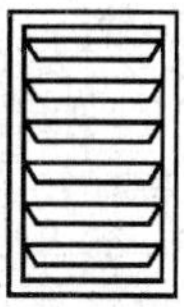

图 7-13 百叶窗

(4)异形木百叶窗。异形木百叶窗的构造形式与矩形木百叶窗基本相同,只是形状不同。

(5)木组合窗。木组合窗是指将同类型规格的木窗组合,连成整体的窗。一般多用于工业厂房,如图 7-14 所示。

(6)木天窗。木天窗是指设置在屋顶上、自然采光和自然通风排气的木制窗,如图 7-15 所示。

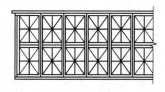

图 7-14 木组合窗

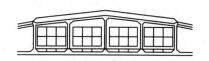

图 7-15 木天窗

(7)木固定窗。固定窗是将玻璃直接镶嵌在窗框上,不能开启,只用作采光及眺望,这种窗构造简单。固定窗如图 7-16 所示。

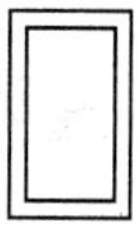

(8)装饰空花木窗。装饰木窗一般为固定式和开启式两类。固定式装饰窗没有可启闭的活动窗扇,窗棂直接与窗框连接固定。开启式装饰窗分为全开启式和部分开启式两种。固定式和活动式装饰窗均有各式各样的造型形式,可体现不同的装饰风格和流派特征,如图 7-17 所示。

图 7-16 固定窗

3. 项目特征描述提示

(1)木质窗、木飘(凸)窗项目特征描述提示:

1)应描述窗代号及洞口尺寸;

2)应描述玻璃品种、厚度。

(2)木橱窗项目特征描述提示:

1)应描述窗代号,框截面及外围展开面积;

2)应描述玻璃品种、厚度;

3)涂刷防护材料应注明种类。

(3)木纱窗项目特征描述提示:

1)应打桩窗代号及框的外围尺寸;

2)应描述材料品种、规格。

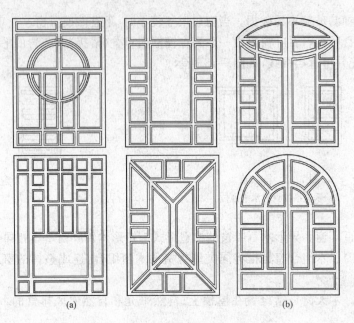

图 7-17　装饰木窗的不同样式示例

(a)固定装饰窗;(b)活动装饰窗

4. 工程量计算实例

【**例 7-6**】　计算如图 7-18 所示木制推拉窗工程量。

【**解**】　以平方米计量,木制推拉窗工程量=图示洞口尺寸以

面积计算$=1.2 \times (1.3+0.2)=1.8 \text{m}^2$

以樘计量,木制推拉窗工程量=1 樘

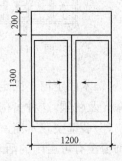

图 7-18　木制推拉窗示意图

三、金属窗

1. 清单项目设置及工程量计算规则

金属窗工程量清单项目设置及工程量计算规则见表 7-14。

表 7-14　　　　　　　　　　　金属窗(编码:010807)

项目编码	项目名称	项目特征	计量单位	工程量计算规则	工作内容
010807001	金属(塑钢、断桥)窗	1. 窗代号及洞口尺寸 2. 框、扇材质 3. 玻璃品种、厚度	1. 樘 2. m²	1. 以樘计量,按设计图示数量计算 2. 以平方米计量,按设计图示洞口尺寸以面积计算	1. 窗安装 2. 五金、玻璃安装
010807002	金属防火窗				
010807003	金属百叶窗	1. 窗代号及洞口尺寸 2. 框、扇材质 3. 玻璃品种、厚度		1. 以樘计量,按设计图示数量计算 2. 以平方米计量,按设计图示洞口尺寸以面积计算	1. 窗安装 2. 五金安装

续表

项目编码	项目名称	项目特征	计量单位	工程量计算规则	工作内容
010807004	金属纱窗	1. 窗代号及框的外围尺寸 2. 框材质 3. 窗纱材料品种、规格	1. 樘 2. m²	1. 以樘计量,按设计图示数量计算 2. 以平方米计量,按框的外围尺寸以面积计算	1. 窗安装 2. 五金安装
010807005	金属格栅窗	1. 窗代号及洞口尺寸 2. 框外围尺寸 3. 框、扇材质		1. 以樘计量,按设计图示数量计算 2. 以平方米计量,按设计图示洞口尺寸以面积计算	
010807006	金属(塑钢、断桥)橱窗	1. 窗代号 2. 框外围展开面积 3. 框、扇材质 4. 玻璃品种、厚度 5. 防护材料种类		1. 以樘计量,按设计图示数量计算 2. 以平方米计量,按设计图示尺寸以框外围展开面积计算	1. 窗制作、运输、安装 2. 五金、玻璃安装 3. 刷防护材料
010807007	金属(塑钢、断桥)飘(凸)窗	1. 窗代号 2. 框外围展开面积 3. 框、扇材质 4. 玻璃品种、厚度			
010807008	彩板窗	1. 窗代号及洞口尺寸 2. 框外围尺寸 3. 框、扇材质 4. 玻璃品种、厚度		1. 以樘计量,按设计图示数量计算 2. 以平方米计量,按设计图示洞口尺寸或框外围以面积计算	1. 窗安装 2. 五金、玻璃安装
010807009	复合材料窗				

注:(1)金属窗应区分金属组合窗、防盗窗等项目,分别编码列项。

(2)以樘计量,项目特征必须描述洞口尺寸,没有洞口尺寸必须描述窗框外围尺寸;以平方米计量,项目特征可不描述洞口尺寸及框的外围尺寸。

(3)以平方米计量,无设计图示洞口尺寸,按窗框外围以面积计算。

(4)金属橱窗、飘(凸)窗以樘计量,项目特征必须描述框外围展开面积。

(5)金属窗五金包括:折页、螺丝、执手、卡锁、铰拉、风撑、滑轮、滑轨、拉把、拉手、角码、牛角制等。铝合金窗五金配件见表7-15。

表 7-15 铝合金窗五金配件表

项 目	单位	单价/元	推 拉 窗			单扇平开窗		双扇平开窗	
			双扇	三扇	四扇	不带顶窗	带顶窗	不带顶窗	带顶窗
锁	把	3.55	2	2	4	—	—	—	—
滑 轮	套	3.11	4	6	8	—	—	—	—
铰 拉	套	1.20	1	1	1	—	—	—	—
执 手	套	3.60	—	—	—	1	1	2	2

续表

项　　目	单位	单价/元	推　拉　窗			单扇平开窗		双扇平开窗	
			双扇	三扇	四扇	不带顶窗	带顶窗	不带顶窗	带顶窗
拉　　手	个	0.30	—	—	—	1	1	2	2
风撑90°	支	5.08	—	—	—	2	2	4	4
风撑60°	支	4.74	—	—	—	—	2	—	2
拉　　巴	支	1.80	—	—	—	1	1	2	2
白钢勾	元	—	—	—	—	0.16	0.16	0.32	0.32
白　　码	个	0.50	—	—	—	4	8	8	12
牛角制	套	4.65	—	—	—	—	1	—	1
合　　计	元	—	20.76	26.98	40.32	18.02	34.15	36.04	52.17

2. 项目说明

顾名思义,金属窗就是窗的结构由各类金属组成,或者是有金属作为护栏等用途。图 7-19 为金属固定窗示意图。

3. 项目特征描述提示

(1)金属(塑钢、断桥)窗、金属防火窗、金属百叶窗项目特征描述提示:

1)应描述窗代号及洞口尺寸;

2)应描述框、扇材质;

3)玻璃应注明品种、厚度,如 6mm 厚钢化镀膜玻璃。

(2)金属纱窗项目特征描述提示:应描述窗代号、框外围尺寸,框材质以及窗纱材料品种、规格。

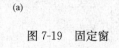

图 7-19　固定窗
(a)三孔;(b)双孔

(3)金属格栅窗项目特征描述提示:应描述窗代号及洞口尺寸,框外围尺寸,框、扇材质。

(4)金属(塑钢、断桥)橱窗、飘(凸)窗项目特征描述:

1)应描述窗代号;

2)应描述框、扇材质及框外围展开面积;

3)采用玻璃应描述玻璃品种、厚度;

4)金属(塑钢、断桥)橱窗如采用防护材料,应描述防护材料种类。

(5)彩板窗、复合材料窗项目特征描述提示:

1)应描述窗代号及洞口尺寸;

2)应描述框外围尺寸及框、扇材质;

3)采用玻璃应描述玻璃品种厚度。

4. 工程量计算实例

【例 7-7】 某办公用房底层需安装如图 7-20 所示的铁栅窗,共 22 樘,刷防锈漆,计算铁栅窗工程量。

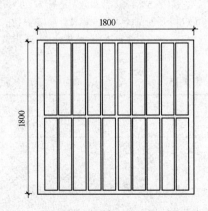

图 7-20　某办公用房铁栅窗尺寸示意图

【解】 以平方米计量,铁栅窗工程量=图示洞口尺寸以面积计算

$$=1.8 \times 1.8 \times 22 = 71.28 m^2$$

以樘计量,铁栅窗工程量=22樘

第四节 门窗套

一、清单项目设置及工程量计算规则

门窗套工程量清单项目设置及工程量计算规则见表7-16。

表7-16 门窗套(编码:010808)

项目编码	项目名称	项目特征	计量单位	工程量计算规则	工作内容
010808001	木门窗套	1. 窗代号及洞口尺寸 2. 门窗套展开宽度 3. 基层材料种类 4. 面层材料品种、规格 5. 线条品种、规格 6. 防护材料种类	1. 樘 2. m² 3. m	1. 以樘计量,按设计图示数量计算 2. 以平方米计量,按设计图示尺寸以展开面积计算 3. 以米计量,按设计图示中心以延长米计算	1. 清理基层 2. 立筋制作、安装 3. 基层板安装 4. 面层铺贴 5. 线条安装 6. 刷防护材料
010808002	木筒子板	1. 筒子板宽度 2. 基层材料种类 3. 面层材料品种、规格 4. 线条品种、规格 5. 防护材料种类			
010808003	饰面夹板筒子板				
010808004	金属门窗套	1. 窗代号及洞口尺寸 2. 门窗套展开宽度 3. 基层材料种类 4. 面层材料品种、规格 5. 防护材料种类			1. 清理基层 2. 立筋制作、安装 3. 基层板安装 4. 面层铺贴 5. 刷防护材料
010808005	石材门窗套	1. 窗代号及洞口尺寸 2. 门窗套展开宽度 3. 粘结层厚度、砂浆配合比 4. 面层材料品种、规格 5. 线条品种、规格			1. 清理基层 2. 立筋制作、安装 3. 基层抹灰 4. 面层铺贴 5. 线条安装
010808006	门窗木贴脸	1. 门窗代号及洞口尺寸 2. 贴脸板宽度 3. 防护材料种类	1. 樘 2. m	1. 以樘计量,按设计图示数量计算 2. 以米计量,按设计图示尺寸以延长米计算	安装

项目编码	项目名称	项目特征	计量单位	工程量计算规则	工作内容
010808007	成品木门窗套	1. 门窗代号及洞口尺寸 2. 门窗套展开宽度 3. 门窗套材料品种、规格	1. 樘 2. m² 3. m	1. 以樘计量,按设计图示数量计算 2. 以平方米计量,按设计图示尺寸以展开面积计算 3. 以米计量,按设计图示中心以延长米计算	1. 清理基层 2. 立筋制作、安装 3. 板安装

注:(1)以樘计量,项目特征必须描述洞口尺寸、门窗套展开宽度。

　　(2)以平方米计量,项目特征可不描述洞口尺寸、门窗套展开宽度。

　　(3)以米计量,项目特征必须描述门窗套展开宽度、筒子板及贴脸宽度。

　　(4)木门窗套适用于单独门窗套的制作、安装。

二、门窗套、筒子板

1. 项目说明

在门窗洞的两个立边垂直面,门窗套可突出外墙形成边框,也可与外墙平齐,既要立边垂直平整,又要满足与墙面平整,故此质量要求很高。门窗套可起保护墙体边线的作用,门套起着固定门扇的作用;而窗套则可在装饰过程中修补窗框密封不实、通风漏气的毛病。常见的门窗套材料有木门窗套、金属门窗套、石材门窗套等。

2. 项目特征描述提示

(1)木门窗套、金属门窗套、石材门窗套项目特征描述提示:

1)应说明窗代号及洞口尺寸,并描述门窗套展开宽度;

2)木门窗套、金属门窗套应描述基层材料种类与面层材料品种、规格;石材门窗套应描述粘结层厚度、砂浆配合比,面层材料品种、规格;

3)木门窗套、石材门窗套应描述线系品种、规格;

4)木门窗套,金属门窗套应描述防护材料种类。

(2)木筒子板、饰面夹板筒子板项目特征描述提示:

1)应描述筒子板宽度;

2)应描述基层材料种类,面层材料品种、规格;

3)应说明线系品种、规格,以及防护材料的种类。

(3)成品木门窗套项目特征描述提示:

1)应描述门窗代号及洞口尺寸;

2)应描述门窗套展开宽度以及材料品种、规格。

3. 工程量计算实例

【例 7-8】　某宾馆有 800mm×2400mm 的门洞 60 樘,内外钉贴细木工板门套、贴脸(不带龙骨),榉木夹板贴面,尺寸如图 7-21所示,计算榉木筒子板工程量。

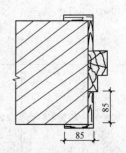

图 7-21　榉木夹板贴面尺寸

【解】　以平方米计量,榉木筒子板工程量＝图示尺寸以展开面积计算

$$=(0.80+2.40\times2)\times0.085\times2\times60=57.12m^2$$

以米计量,榉木筒子板工程量＝图示尺寸以展开面积计算

$$=(0.80+2.40\times2)\times2\times60=672m$$

以樘计量,榉木筒子板工程量＝图示数量＝60 樘

三、门窗木贴脸

1. 项目说明

门窗木贴脸也称门(窗)的头线,指镶在门(窗)框与墙间缝隙上的木板。木贴脸板形式如图 7-22 所示。

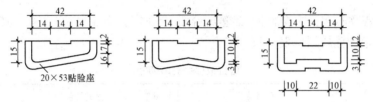

图 7-22　木贴脸板形式

2. 项目特征描述提示

门窗木贴脸项目特征描述提示:

(1)应说明门窗代号及洞口尺寸。

(2)应说明贴脸板宽度。

(3)应说明防护材料种类。

3. 工程量计算实例

【例 7-9】　某宾馆有 800mm×2400mm 的门洞 60 樘,内外钉贴细木工板门套、贴脸(不带龙骨),榉木夹板贴面,尺寸如图 7-22 所示,计算门窗木贴脸工程量。

【解】　以米计量,门窗木贴脸工程量＝图示尺寸以延长米计算

$$=(贴脸宽\times2+门洞高\times2)\times樘数$$

$$=(0.80+2.40)\times2\times60=384m$$

以樘计量,门窗木贴脸工程量＝图示数量＝60 樘

第五节　窗台板和窗帘

一、清单项目设置及工程量计算规则

窗台板一般设置在窗内侧沿处,用于临时摆设台历、杂志、报纸、钟表等物件,以增加室内装饰效果。窗台板宽度一般为 100～200mm,厚度为 20～50mm。窗台板常用木材、水泥、水磨石、大理石、塑钢、铝合金等制作,如图 7-23 所示为窗台板构造示意图。

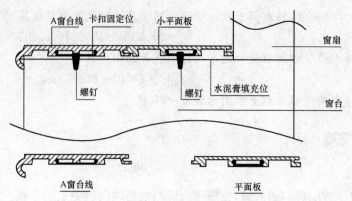

图 7-23　窗台板示意图

　　窗台板清单项目包括木窗台板、铝塑窗台板、金属窗台板、石材窗台板。其工程量清单项目设置及工程量计算规则见表 7-17。

表 7-17　　　　　　　　　　　　　　窗台板(编码:010809)

项目编码	项目名称	项目特征	计量单位	工程量计算规则	工作内容
010809001	木窗台板	1. 基层材料种类 2. 窗台面板材质、规格、颜色 3. 防护材料种类	m²	按设计图示尺寸以展开面积计算	1. 基层清理 2. 基层制作、安装 3. 窗台板制作、安装 4. 刷防护材料
010809002	铝塑窗台板				
010809003	金属窗台板				
010809004	石材窗台板	1. 粘结层厚度、砂浆配合比 2. 窗台板材质、规格、颜色			1. 基层清理 2. 抹找平层 3. 窗台板制作、安装

　　窗帘、窗帘盒、轨工程量清单项目设置及工程量计算规则见表 7-18。

表 7-18　　　　　　　　　　　　　窗帘、窗帘盒、轨(编码:010810)

项目编码	项目名称	项目特征	计量单位	工程量计算规则	工作内容
010810001	窗帘	1. 窗帘材质 2. 窗帘高度、宽度 3. 窗帘层数 4. 带幔要求	1. m 2. m²	1. 以米计量,按设计图示尺寸以成活后长度计算 2. 以平方米计量,按图示尺寸以成活后展开面积计算	1. 制作、运输 2. 安装
010810002	木窗帘盒	1. 窗帘盒材质、规格 2. 防护材料种类	m	按设计图示尺寸以长度计算	1. 制作、运输、安装 2. 刷防护材料
010810003	饰面夹板、塑料窗帘盒				
010810004	铝合金窗帘盒				
010810005	窗帘轨	1. 窗帘轨材质、规格 2. 轨的数量 3. 防护材料种类			

　　注:(1)窗帘若是双层,项目特征必须描述每层材质。

　　(2)窗帘以米计量,项目特征必须描述窗帘高度和宽。

二、窗台板

1. 项目说明

（1）木窗台板。木窗台板是在窗下槛内侧面装设的木板,板两端伸出窗头线少许,挑出墙面 20～40mm,板厚一般为 30mm 左右,板下可设窗肚板（封口板）或钉各种线条。

（2）铝塑窗台板。铝塑窗台板是指用铝塑材料制作的窗台板,其作用及构造要求与木窗台板基本相同。

（3）金属窗台板。金属窗台板是指用金属材料制作而成的窗台板,其作用及构造要求与木窗台板基本相同。

（4）石材窗台板。石材窗台板是指用水磨石或磨光花岗石制作而成的窗台板,其作用及构造要求与木窗台板基本相同。

1）水磨石窗台板应用范围为 600～2400mm,窗台板净跨比洞口少 10mm,板厚为 40mm。应用于 240mm 墙时,窗台板宽 140mm;应用于 360mm 墙时,窗台板宽为 200mm 或 260mm;应用于 490mm 墙时,窗台板宽度为 330mm。

2）水磨石窗台板的安装采用角铁支架,其中距为 500mm,混凝土窗台梁端部应伸入墙120mm,若端部为钢筋混凝土柱时,应留插铁。

3）窗台板的露明部分均应打蜡。

4）大理石或磨光花岗石窗台板,厚度为 35mm,采用 1：3 水泥砂浆固定。

2. 项目特征描述提示

窗台板项目特征描述提示：

（1）窗台板应说明材质、规格、颜色,如硬木 15mm 厚。

（2）木窗台板、铝塑窗台板、金属窗台板应描述基层材料种类和防护材料种类。

（3）石材窗台板应描述粘结层厚度、砂浆配合比。

3. 工程量计算实例

【例 7-10】 计算如图 7-24 所示某工程木窗台板工程量,窗台板长为 1500mm,宽为 200mm。

【解】 窗台板工程量＝图示尺寸以展开面积计算,则：

窗台板工程量＝1.5×0.2＝0.3m²

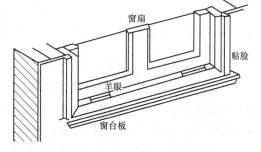

图 7-24　窗台板示意图

三、窗帘

1. 项目说明

窗帘是用布、竹、苇、麻、纱、塑料、金属材料等制作的遮蔽或调节室内光照的挂在窗上的帘子。随着窗帘的发展,它已成为居室不可缺少的、功能性和装饰性完美结合的室内装饰品。窗帘种类繁多,常用的品种有：布窗帘、纱窗帘、无缝纱帘、遮光窗帘、隔声窗帘、直立窗帘、罗马帘、木竹帘、铝百叶、卷帘、窗纱、立式移帘。窗帘种类繁多,但大体可归为成品帘和布艺帘两大类。

2. 项目特征描述提示

窗帘项目特征描述提示:

(1)应注明窗帘的材质,如是纱还是布。

(2)应注明窗帘的高度和宽度。

(3)应注明窗帘的层数,如是双层,必须描述每层的材质。

(4)应注明带幔要求。

3. 工程量计算实例

【例 7-11】　某客厅落地窗如图 7-25 所示,窗帘尺寸为 3200mm×2700mm,窗帘为单层布艺绸缎材质,试计算窗帘工程量。

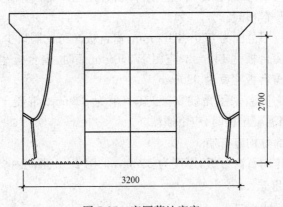

图 7-25　客厅落地窗帘

【解】　窗帘工程量有两种计量方法,一是按米计量;二是按平方米计量:

(1)按米计量,窗帘工程量=3.2m

(2)按平方米计量,窗帘工程量=3.20×2.70=8.64m²

四、窗帘盒、窗帘轨

1. 项目说明

(1)窗帘盒是用木材或塑料等材料制成安装于窗子上方,用以遮挡、支撑窗帘杆(轨)、滑轮和拉线等的盒形体。所用材料有:木板、金属板、PVC 塑料板等。窗帘盒包括木窗帘盒、饰面夹板窗帘盒、塑料窗帘盒、铝合金窗帘盒等,如图 7-26 所示。

(2)窗帘轨的滑轨通常采用铝镁合金辊压制品及轨制型材,或着色镀锌铁板、镀锌钢板及钢带、不锈钢钢板及钢带、聚氯乙烯金属层积板等材料制成,是各类高级建筑和民用住宅的铝合金窗、塑料窗、钢窗、木窗等理想的配套设备。滑轨是商品化成品,有单向、双向拉开等,在建筑工程中往往只安装窗帘滑轨。

2. 项目特征描述提示

(1)木窗帘盒,饰面夹板、塑料窗帘盒,铝合金窗帘盒项目特征描述提示:

1)窗帘盒应说明材质、规格,如 15mm 厚硬木;

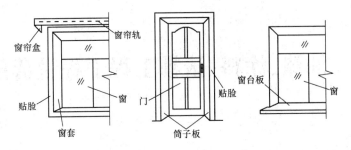

图 7-26　门窗套、窗帘轨示意图

2)涂刷防护材料应注明种类。

(2)窗帘轨项目特征描述提示：

1)窗帘轨应说明材质、规格，如木工板 12mm 厚；

2)应说明轨的数量；

3)涂刷防护材料应注明种类。

3. 工程量计算实例

【例 7-12】　计算如图 7-27 所示木窗帘盒工程量。

【解】　窗帘盒工程量按设计尺寸以长度计算，如设计图纸没有注明尺寸时，可按窗洞口尺寸加 300mm，钢筋窗帘杆加 600mm 以延长米计算，则：

窗帘盒工程量＝1.5＋0.3＝1.8m

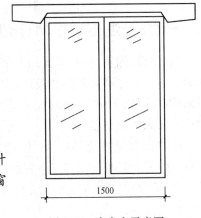

图 7-27　窗帘盒示意图

本章思考重点

1. 木门工程量计算时，门与门框的计算规则有何不同？

2. 以哪种工程量计算规则进行计算时，项目特征必须描述洞口尺寸？

3. 门窗套、窗台板工程量计算规则有何异同点？

4. 窗帘若是双层，其项目特征应如何描述？

第八章　油漆、涂料、裱糊工程工程量清单计价

第一节　新旧规范的区别及相关说明

一、"13 计量规范"与"08 计价规范"的区别

(1)油漆、涂料、裱糊工程共 8 节 36 个项目，"13 计量规范"将"08 计价规范"中的门油漆细分为木门油漆和金属门油漆，将窗油漆细分为木窗油漆和金属窗油漆，将喷刷涂料细分为墙面喷刷涂料、天棚喷刷涂料、金属物体刷防火涂料和木材构件喷刷防火涂料，并在抹灰面油漆中增加满刮腻子项目。

(2)"13 计量规范"项目特征将刮腻子要求改为刮腻子遍数，取消了部分项目对整个项目价值影响不大且难于描述或重复的项目特征，并增加部分项目的特征描述。

(3)部分项目增列为两个以上的计量单位，并给出相应计算规则。

二、工程量计算规则相关说明

(1)门窗油漆中分别按"樘"和"m²"列出计算规则。
(2)金属面油漆中分别按"t"和"m²"列出计算规则。

第二节　油漆工程

油漆工程泛指各种油类、漆类、涂料及树脂涂刷在建筑物上、木材、金属表面，以保护建筑物、木材、金属表面不受侵蚀的施工工艺。油漆工程具有装饰、耐用的特点。

一、门油漆

1. 清单项目设置及工程量计算规则

门油漆工程量清单项目设置及工程量计算规则见表 8-1。

2. 项目特征描述提示

木门油漆、金属门油漆项目特征描述提示：
(1)应说明门类型、门代号及洞口尺寸。
(2)应说明腻子种类及刮腻子遍数。

表 8-1 门油漆(编码:011401)

项目编码	项目名称	项目特征	计量单位	工程量计算规则	工作内容
011401001	木门油漆	1. 门类型 2. 门代号及洞口尺寸 3. 腻子种类 4. 刮腻子遍数 5. 防护材料种类 6. 油漆品种、刷漆遍数	1. 樘 2. m²	1. 以樘计量,按设计图示数量计算 2. 以平方米计量,按设计图示洞口尺寸以面积计算	1. 基层清理 2. 刮腻子 3. 刷防护材料、油漆
011401002	金属门油漆				1. 除锈、基层清理 2. 刮腻子 3. 刷防护材料、油漆

注:(1)木门油漆应区分木大门、单层木门、双层(一玻一纱)木门、双层(单裁口)木门、全玻自由门、半玻自由门、装饰门及有框门或无框门等项目,分别编码列项。

(2)金属门油漆应区分平开门、推拉门、钢制防火门等项目,分别编码列项。

(3)以平方米计量,项目特征可不必描述洞口尺寸。

(3)应说明防护材料种类,如木基层防火涂料。

(4)应说明油漆品种、刷漆遍数。

3. 普通木门窗油漆饰面参考用量

普通木门窗油漆饰面参考用量见表 8-2。

表 8-2 普通木门窗油漆饰面用量参考表

序号	饰面项目	材料用量/(kg/m²)						
		深色调合漆	浅色调合漆	防锈漆	深色厚漆	浅色厚漆	熟桐油	松节油
1	深色普通窗	0.15			0.12		0.08	
2	深色普通门	0.21			0.16			0.05
3	深色木板壁	0.07			0.07			0.04
4	浅色普通窗		0.175			0.25		0.05
5	浅色普通门		0.24			0.33		0.08
6	浅色木板壁		0.08			0.12		0.04
7	旧门重油漆	0.21						0.04
8	旧窗重油漆	0.15						0.04
9	新钢门窗油漆	0.12		0.05				0.04
10	旧钢门窗油漆	0.14		0.1				
11	一般铁窗栅油漆	0.06		0.1				

4. 工程量计算实例

【例 8-1】 计算如图 8-1 所示房屋木门润滑粉、刮腻子、聚氨酯漆三遍工程量。

【解】 木门油漆工程量＝1.5×2.4＋0.9×2.1×2

＝7.38m²

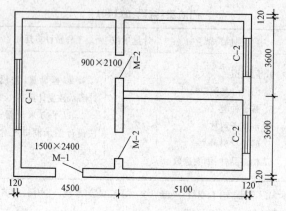

图 8-1　房屋平面示意图

二、窗油漆

1. 清单项目设置及工程量计算规则

窗油漆工程量清单项目设置及工程量计算规则见表 8-3。

表 8-3   窗油漆(编码:011402)

项目编码	项目名称	项目特征	计量单位	工程量计算规则	工作内容
011402001	木窗油漆	1. 窗类型 2. 窗代号及洞口尺寸 3. 腻子种类 4. 刮腻子遍数 5. 防护材料种类 6. 油漆品种、刷漆遍数	1. 樘 2. m²	1. 以樘计量,按设计图示数量计算 2. 以平方米计量,按设计图示洞口尺寸以面积计算	1. 基层清理 2. 刮腻子 3. 刷防护材料、油漆
011402002	金属窗油漆				1. 除锈、基层清理 2. 刮腻子 3. 刷防护材料、油漆

注:(1)木窗油漆应区分单层木门、双层(一玻一纱)木窗、双层框扇(单裁口)木窗、双层框三层(二玻一纱)木窗、单层组合窗、双层组合窗、木百叶窗、木推拉窗等项目,分别编码列项。

(2)金属窗油漆应区分平开窗、推拉窗、固定窗、组合窗、金属隔栅窗等项目,分别编码列项。

(3)以平方米计量,项目特征可不必描述洞口尺寸。

2. 项目特征描述提示

木窗、金属窗油漆项目特征描述提示:

(1)应说明窗类型、窗代号及洞口尺寸。

(2)应说明腻子种类及刮腻子的遍数,如桐油灰腻子三遍。

(3)应说明防护材料种类,如木基层防火涂料。

(4)应说明油漆品种、刷漆遍数,如硝基清漆喷涂底漆两遍,喷涂面漆两遍。

3. 工程量计算实例

【例 8-2】　如图 8-2 所示为双层(一玻一纱)木窗,洞口尺寸为 1500mm×2100mm,共 11 樘,设计为刷润油粉一遍,

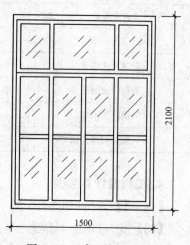

图 8-2　一玻一纱双层木窗

刮腻子,刷调和漆一遍,磁漆两遍,计算木窗油漆工程量。

【解】　木窗油漆工程量＝1.5×2.1×11＝34.65m²

三、木扶手及其他板条、线条油漆

1. 清单项目设置及工程量计算规则

木扶手及其他板条、线条油漆工程量清单项目设置及工程量计算规则见表8-4。

表8-4　　　　　　　　　　木扶手及其他板条、线条油漆(编码:011403)

项目编码	项目名称	项目特征	计量单位	工程量计算规则	工作内容
011403001	木扶手油漆	1. 断面尺寸 2. 腻子种类 3. 刮腻子遍数 4. 防护材料种类 5. 油漆品种、刷漆遍数	m	按设计图示尺寸以长度计算	1. 基层清理 2. 刮腻子 3. 刷防护材料、油漆
011403002	窗帘盒油漆				
011403003	封檐板、顺水板油漆				
011403004	挂衣板、黑板框油漆				
011403005	挂镜线、窗帘棍、单独木线油漆				

注:木扶手应区分带托板与不带托板,分别编码列项,若是木栏杆带扶手,木扶手不应单独列项,应包含在木栏杆油漆中。

2. 项目特征描述提示

木扶手及其他板条、线条油漆项目特征描述提示:

(1)应说明油漆体断面尺寸。

(2)应说明腻子种类及刮腻子遍数,如桐油灰腻子三遍。

(3)应说明防护材料种类,如木扶手防火涂料。

(4)应说明油漆品种、刷漆遍数,如调和漆三遍。

3. 工程量计算实例

【例8-3】　某工程剖面图如图8-3所示,内墙抹灰面满刮腻子两遍,贴对花墙纸;挂镜线刷底油一遍,调和漆两遍;挂镜线以上及顶棚刷仿瓷涂料两遍,计算挂镜线油漆工程量。

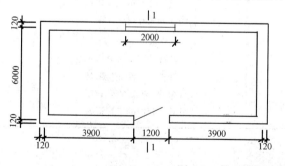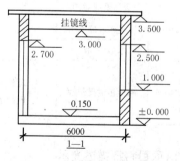

图8-3　某工程剖面图

【解】　挂镜线油漆工程量＝设计图示长度

挂镜线油漆工程量＝(9.00－0.24＋6.00－0.24)×2

　　　　　　　　　＝29.04m

四、木材面油漆

1. 清单项目设置及工程量计算规则

木材面油漆工程量清单项目设置及工程量计算规则见表 8-5。

表 8-5　　　　　　　　　　　　木材面油漆（编码：011404）

项目编码	项目名称	项目特征	计量单位	工程量计算规则	工作内容
011404001	木护墙、木墙裙油漆	1. 腻子种类 2. 刮腻子遍数 3. 防护材料种类 4. 油漆品种、刷漆遍数	m²	按设计图示尺寸以面积计算	1. 基层清理 2. 刮腻子 3. 刷防护材料、油漆
011404002	窗台板、筒子板、盖板、门窗套、踢脚线油漆				
011404003	清水板条天棚、檐口油漆				
011404004	木方格吊顶天棚油漆				
011404005	吸声板墙面、天棚面油漆				
011404006	暖气罩油漆				
011404007	其他木材面				
011404008	木间壁、木隔断油漆				
011404009	玻璃间壁露明墙筋油漆			按设计图示尺寸以单面外围面积计算	
011404010	木栅栏、木栏杆（带扶手）油漆				
011404011	衣柜、壁柜油漆			按设计图示尺寸以油漆部分展开面积计算	
011404012	梁柱饰面油漆				
011404013	零星木装修油漆				
011404014	木地板油漆			按设计图示尺寸以面积计算。空洞、空圈、暖气包槽、壁龛的开口部分并入相应的工程量内	
011404015	木地板烫硬蜡面	1. 硬蜡品种 2. 面层处理要求			1. 基层清理 2. 烫蜡

2. 项目特征描述提示

（1）木护墙、木墙裙油漆，窗台板、筒子板、盖板、门窗套、踢脚线油漆，清水板条天棚、檐口油漆，木方格吊顶天棚油漆，吸音板墙面、天棚面油漆，暖气罩油漆，其他木材面，木间壁、木隔断油漆，玻璃间壁露明墙筋油漆，木栅栏、木栏杆（带扶手）油漆，衣柜、壁柜油漆，梁柱饰面油漆，零星木装修油漆，木地板油漆项目特征描述提示：

1)应说明腻子种类及刮腻子遍数；

2)应说明防护材料种类；

3)应说明油漆品种、刷漆遍数。

(2)木地板烫硬蜡面项目特征描述提示：

1)应说明硬蜡种类；

2)应说明面层处理要求。

3. 木材面油漆参考用量

木材面油漆参考用量见表 8-6。

表 8-6 木材面油漆用量参考表

序号	油漆名称	应用范围	施工方法	油漆面积/(m²/kg)	序号	油漆名称	应用范围	施工方法	油漆面积/(m²/kg)
1	Y02—1(各色厚漆)	底	刷	6～8	7	F80—1(酚醛地板漆)	面	刷	6～8
2	Y02—2(锌白厚漆)	底	刷	6～8	8	白色醇酸无光磁漆	面	刷或喷	8
3	Y02—13(白厚漆)	底	刷	6～8	9	C04—44 各色醇酸平光磁漆	面	刷或喷	8
4	抄白漆	底	刷	6～8	10	Q01—1硝基清漆	罩面	喷	8
5	虫胶漆	底	刷	6～8	11	Q22—1硝基木器漆	面	喷和揩	8
6	F01—1(酚醛清漆)	罩光	刷	8	12	B22—2丙烯酸木器漆	面	刷或喷	8

4. 工程量计算实例

【例 8-4】 试计算如图 8-4 所示房间内木墙裙油漆工程量。已知墙裙高 1.5m，窗台高 1.0m，窗洞侧油漆宽 100mm。

【解】 墙裙油漆的工程量 = 长×高 - $\sum$ 应扣除面积 + $\sum$ 应增加面积

内墙裙油漆工程量 = [(5.24 - 0.24×2)×2 + (3.24 - 0.24×2)×2]×1.5 - [1.5×(1.5 - 1.0) + 0.9×1.5] + (1.5 - 1.0)×0.10×2 = 20.56m²

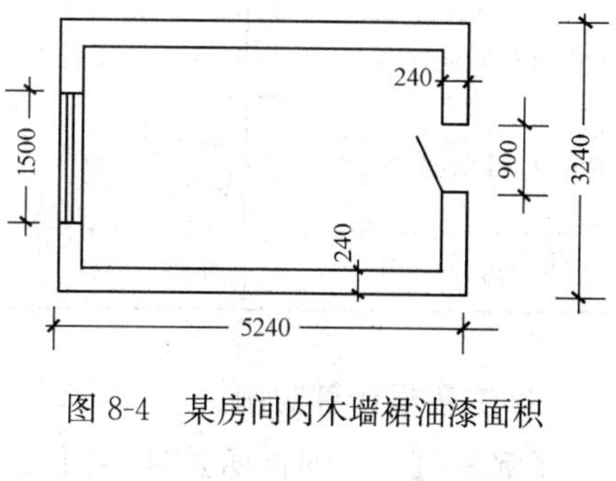

图 8-4 某房间内木墙裙油漆面积

五、金属面油漆

1. 清单项目设置及工程量计算规则

金属面油漆工程量清单项目设置及工程量计算规则见表 8-7。

2. 项目说明

金属面油漆涂饰的目的之一是美观，更重要的是防锈。防锈的最主要工序为除锈和涂刷防锈漆或是底漆。对于中间层漆和面漆的选择，也要根据不同基层，尤其是不同使用条件的情况选择适宜的油漆,才能达到防止锈蚀和保持美观的要求。

表 8-7　　　　　　　　　　　金属面油漆(编码:011405)

项目编码	项目名称	项目特征	计量单位	工程量计算规则	工作内容
011405001	金属面油漆	1. 构件名称 2. 腻子种类 3. 刮腻子要求 4. 防护材料种类 5. 油漆品种、刷漆遍数	1. t 2. m²	1. 以吨计量,按设计图示尺寸以质量计算 2. 以平方米计量,按设计展开面积计算	1. 基层清理 2. 刮腻子 3. 刷防护材料、油漆

3. 项目特征描述提示

金属面油漆的项目特征描述提示:

(1)应说明涂刷构件名称。

(2)应说明腻子种类及刮腻子要求。

(3)应说明防护材料种类。

(4)应说明油漆品种、刷漆遍数。

4. 金属面油漆参考用量

金属面油漆参考用量见表 8-8。

表 8-8　　　　　　　　　　　金属面油漆用量参考表

油 漆 名 称	应用范围	施工方法	油漆面积/(m²/kg)	油 漆 名 称	应用范围	施工方法	油漆面积/(m²/kg)
Y53-2 铁红(防锈漆)	底	刷	6～8	C04-48 各色醇酸磁漆	面	刷、喷	8
F03-1 各色酚醛调合漆	面	刷、喷	8	C06-1 铁红醇酸底漆	底	刷	6～8
F04-1 铝粉、金色酚醛磁漆	面	刷、喷	8	Q04-1 各色硝基磁漆	面	刷	8
F06-1 红灰酚醛底漆	底	刷、喷	6～8	H06-2 铁红	底	刷、喷	6～8
F06-9 锌黄,纯酚醛底漆	用于铝合金	刷	6～8	脱漆剂	除旧漆	刷、刮涂	4～6
C01-7 醇酸清漆	罩面	刷	8				

5. 工程量计算实例

【例 8-5】　某钢直梯如图 8-5 所示,ϕ28 光圆钢筋线密度为 4.834kg/m,计算钢直梯油漆工程量。

【解】　钢直梯油漆工程量=$[(1.50+0.12\times2+0.45\times\pi/2)\times2+(0.50+0.028)\times5+$
$(0.15-0.014)\times4]\times4.834$

=39.04kg

=0.039t

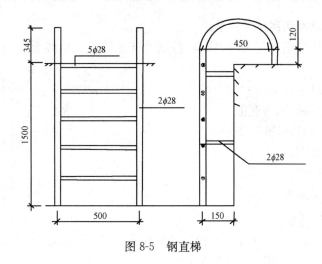

图 8-5 钢直梯

六、抹灰面油漆

1. 清单项目设置及工程量计算规则

抹灰面油漆工程量清单项目设置及工程量计算规则见表 8-9。

表 8-9 抹灰面油漆（编码：011406）

项目编码	项目名称	项目特征	计量单位	工程量计算规则	工作内容
011406001	抹灰面油漆	1. 基层类型 2. 腻子种类 3. 刮腻子遍数 4. 防护材料种类 5. 油漆品种、刷漆遍数 6. 部位	m²	按设计图示尺寸以面积计算	1. 基层清理 2. 刮腻子 3. 刷防护材料、油漆
011406002	抹灰线条油漆	1. 线条宽度、道数 2. 腻子种类 3. 刮腻子遍数 4. 防护材料种类 5. 油漆品种、刷漆遍数	m	按设计图示尺寸以长度计算	
011406003	满刮腻子	1. 基层类型 2. 腻子种类 3. 刮腻子遍数	m²	按设计图示尺寸以面积计算	1. 基层清理 2. 刮腻子

2. 项目说明

抹灰面油漆是指在内外墙及室内顶棚抹灰面层或混凝土表面进行的油漆刷涂工作。抹灰面油漆施工前应清理干净基层并刮腻子。抹灰面油漆一般采用机械喷涂作业。

3. 项目特征描述提示

(1)抹灰面油漆、抹灰线条油漆项目特征描述提示：

1）应说明腻子种类和刮腻子遍数；

2）抹灰面油漆应说明基层类型、部位，抹灰线条油漆应说明线条宽度、道数；

3）应说明防护材料种类；

4）应说明油漆品种、刷漆遍数。

（2）满刮腻子项目特征描述提示：

1）应说明基层类型；

2）应说明腻子种类；

3）应说明刮腻子遍数。

4. 工程量计算实例

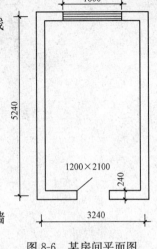

图 8-6　某房间平面图

【例 8-6】　计算如图 8-6 所示卧室内墙裙油漆工程量。已知墙裙高 1.5m，窗台高 1.0m，窗洞侧油漆宽 100mm。

【解】　抹灰面油漆工程量＝(5.24−0.24＋3.24−0.24)×2×

$$1.5-1.5×(1.6-1.0)-1.2×1.5+(1.6-1.0)×0.1×2$$
$$=21.42m^2$$

第三节　喷刷涂料工程

一、清单项目设置及工程量计算规则

喷刷涂料工程量清单项目设置及工程量计算规则见表 8-10。

表 8-10　　　　　　　　　　刷喷涂料（编码：011407）

项目编码	项目名称	项目特征	计量单位	工程量计算规则	工作内容
011407001	墙面喷刷涂料	1. 基层类型 2. 喷刷涂料部位 3. 腻子种类 4. 刮腻子要求 5. 涂料品种、刷漆遍数	m²	按设计图示尺寸以面积计算	1. 基层清理 2. 刮腻子 3. 刷、喷涂料
011407002	天棚喷刷涂料				
011407003	空花格、栏杆刷涂料	1. 腻子种类 2. 刮腻子遍数 3. 涂料品种、刷喷遍数		按设计图示尺寸以单面外围面积计算	
011407004	线条刷涂料	1. 基层清理 2. 线条宽度 3. 刮腻子遍数 4. 刷防护材料、油漆	m	按设计图示尺寸以长度计算	

续表

项目编码	项目名称	项目特征	计量单位	工程量计算规则	工作内容
011407005	金属构件刷防火涂料	1. 喷刷防火涂料构件名称 2. 防火等级要求 3. 涂料品种、喷刷遍数	1. m² 2. t	1. 以吨计量，按设计图示尺寸以质量计算 2. 以平方米计量，按设计展开面积计算	1. 基层清理 2. 刷防护材料、油漆
011407006	木材构件喷刷防火涂料		m²	以平方米计量，按设计图示尺寸以面积计算	1. 基层清理 2. 刷防火材料

注：喷刷墙面涂料部位要注明内墙或外墙。

二、项目说明

刷喷涂料是利用压缩空气，将涂料从喷枪中喷出并雾化，在气流的带动下涂到被涂件表面上形成涂膜的一种涂装方法。

三、项目特征描述提示

(1)墙面喷刷涂料、天棚喷刷涂料项目特征描述提示：

1)应描述基层类型和喷刷涂料部位；

2)应描述腻子种类及刮腻子要求；

3)应描述涂料品种和刷漆遍数。

(2)空花格、栏杆刷涂料项目特征描述提示：

1)应描述腻子种类及刮腻子遍数；

2)应描述涂料品种及刷喷遍数。

(3)金属构件刷防火涂料、木材构件喷刷防火涂料项目特征描述提示：

1)应描述喷刷防水涂料构件名称；

2)应描述防火等级要求；

3)应描述涂料品种、喷刷遍数。

(4)线条刷涂料项目特征描述提示：

1)应说明基层清理要求。

2)应说明线条的宽度。

3)刮腻子应说明遍数。

4)刷防护材料、油漆应说明种类。

四、常用装饰涂料品种及用量

常用装饰涂料品种及用量参考表 8-11。

五、工程量计算实例

【例 8-7】 某工程阳台栏杆如图 8-7 所示，欲刷防护涂料两遍，试计算其工程量。

表 8-11　　　　　　　　　　　常用装饰涂料品种及用量参考表

产 品 名 称	适 用 范 围	用量/(m²/kg)
多彩花纹装饰涂料	用于混凝土、砂浆、木材、岩石板、钢、铝等各种基层材料及室内墙、顶面	3～4
乙丙各色乳胶漆(外用)	用于室外墙面装饰涂料	5.7
乙丙各色乳胶漆(内用)	用于室内装饰涂料	5.7
乙—丙乳液厚涂料	用于外墙装饰涂料	2.3～3.3
苯—丙彩砂涂料	用于内、外墙装饰涂料	2～3.3
浮雕涂料	用于内、外墙装饰涂料	0.6～1.25
封底漆	用于内、外墙基体面	10～13
封固底漆	用于内、外墙增加结合力	10～13
各色乙酸乙烯无光乳胶漆	用于室内水泥墙面、天花	5
ST 内墙涂料	水泥砂浆、石灰砂浆等内墙面,贮存为 6 个月	3～6
106 内墙涂料	水泥砂浆、新旧石灰墙面,贮存期为 2 个月	2.5～3.0
JQ—83 耐洗擦内墙涂料	混凝土、水泥砂浆、石棉水泥板、纸面石膏板,贮存期 3 个月	3～4
KFT—831 建筑内墙涂料	室内装饰,贮存期 6 个月	3
LT—31 型Ⅱ型内墙涂料	混凝土、水泥砂浆、石灰砂浆等墙面	6～7
各种苯丙建筑涂料	内外墙、顶	1.5～3.0
高耐磨内墙涂料	内墙面,贮存期一年	5～6
各色丙烯酸有光、无光乳胶漆	混凝土、水泥砂浆等基面,贮存期 8 个月	4～5
各色丙烯酸凹凸乳胶底漆	水泥砂浆、混凝土基层(尤其适用于未干透者),贮存期一年	1.0
8201—4 苯丙内墙乳胶漆	水泥砂浆、石灰砂浆等内墙面,贮存期 6 个月	5～7
B840 水溶性丙烯醇封底漆	内外墙面,贮存期 6 个月	6～10
高级喷磁型外墙涂料	混凝土、水泥砂浆、石棉瓦楞板等基层	2～3

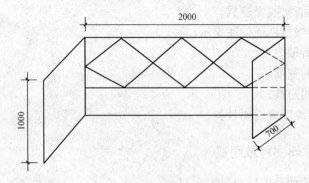

图 8-7　某工程阳台示意图

【解】　栏杆刷涂料工程量＝(1×0.7)×2＋2.0×1

$$= 3.4 \text{m}^2$$

第四节　裱糊工程

裱糊类饰面是指用墙纸墙布、丝绒锦缎、微薄木等材料,通过裱糊方式覆盖在外表面作为饰面层的墙面,裱糊类装饰一般只用于室内,可以是室内墙面、天棚或其他构配件表面。

一、清单项目设置及工程量计算规则

裱糊工程工程量清单项目设置及工程量计算规则见表8-12。

表8-12　　　　　　　　　　　裱糊(编码:011408)

项目编码	项目名称	项目特征	计量单位	工程量计算规则	工作内容
011408001	墙纸裱糊	1. 基层类型 2. 裱糊部位 3. 腻子种类 4. 刮腻子遍数 5. 粘结材料种类 6. 防护材料种类 7. 面层材料品种、规格、颜色	m²	按设计图示尺寸以面积计算	1. 基层清理 2. 刮腻子 3. 面层铺粘 4. 刷防护材料
011408002	织锦缎裱糊				

二、墙纸裱糊

1. 项目说明

墙纸裱糊是广泛用于室内墙面、柱面及顶棚的一种装饰,具有色彩丰富、质感性强、耐用、易清洗等优点。

2. 项目特征描述提示

墙纸裱糊项目特征提示:

(1)应说明裱糊基层类型及部位,即墙面、柱面。

(2)应说明腻子种类(如成品腻子膏)及刮腻子遍数。

(3)应说明粘结材料、防护材料种类。

(4)应说明面层材料品种、规格、颜色。

3. 工程量计算实例

【例8-8】　如图8-8所示为墙面贴壁纸示意图,墙高2.9m,踢脚板高0.15m,试计算其工程量。

【解】　根据计算规则,墙面贴壁纸按设计图示尺寸以面积计算。

(1)墙净长=(14.4-0.24×4)×2+(4.8-0.24)×8=63.36m。

(2)扣门窗洞口、踢脚板面积:

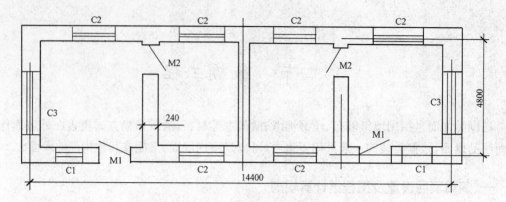

图 8-8　墙面贴壁纸示意图

M1：1.0×2.0m²　M2：0.9×2.2m²

C1：1.1×1.5m²　C2：1.6×1.5m²　C3：1.8×1.5m²

踢脚板工程量＝0.15×63.36＝9.5m²

M1：1.0×(2－0.15)×2＝3.7m²

M2：0.9×(2.2－0.15)×4＝7.38m²

C：(1.8×2＋1.1×2＋1.6×6)×1.5＝23.1m²

合计扣减面积＝9.5＋3.7＋7.38＋23.1＝43.68m²

(3)增加门窗侧壁面积(门窗均居中安装,厚度按90mm 计算)：

M1：$\dfrac{0.24-0.09}{2}×(2-0.15)×4+\dfrac{0.24-0.09}{2}×1.0×2=0.705m^2$

M2：$(0.24-0.09)×(2.2-0.15)×4+(0.24-0.09)×0.9=1.365m^2$

M1：$\dfrac{0.24-0.09}{2}×[(1.8+1.5)×2×2+(1.1+1.5)×2×2+(1.6+1.5)×2×6]$

$=4.56m^2$

合计增加面积＝0.705＋1.365＋4.56＝6.63m²

(4)贴墙纸工程量＝63.36×2.9－43.68＋6.63＝146.69m²

三、织锦缎裱糊

1. 项目说明

锦缎柔软光滑,极易变形,难以直接裱糊在木质基层面上。裱糊时,应先在锦缎背后上浆,并裱糊一层宣纸,使锦缎挺括,以便于裁剪和裱贴上墙。

2. 项目特征描述提示

织锦缎裱糊项目特征描述提示：

(1)应说明裱糊基层类型及部位,即墙面、柱面。

(2)应说明腻子种类(如成品腻子膏)及刮腻子遍数。

(3)应说明粘结材料、防护材料种类。

(4)应说明品种、规格、颜色。

3. 工程量计算实例

【例 8-9】　如图 8-9 所示为居室平面图,内墙面设计为贴织锦缎,贴织锦缎高 3.3m,室内木墙裙高 0.9m,窗台高 1.2m,试计算贴织锦缎工程量。

【解】　贴织锦缎工作量按设计图示尺寸以面积计算,扣除相应孔洞面积,则:

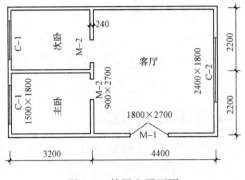

图 8-9　某居室平面图

贴织锦缎工程量＝客厅工程量＋主卧工程量＋次卧工程量

$$
\begin{aligned}
&=[(4.4-0.24)+(4.4-0.24)]\times 2\times(3.3-0.9)-1.8\times(2.7-\\
&\quad 0.9)-0.9\times(2.7-0.9)\times 2-2.4\times 1.8+\{[(3.2-0.24)+(2.2-\\
&\quad 0.24)]\times 2\times(3.3-0.9)-0.9\times(2.7-0.9)-1.5\times 1.8\}\times 2\\
&=67.73\mathrm{m}^2
\end{aligned}
$$

本章思考重点

1. 门窗油漆时,以何为计量单位,项目特征可不描述洞口尺寸?

2. 若木栏杆带扶手,木扶手是否应单独列项?

3. 喷刷涂料工程量应如何计算?

4. 墙纸裱糊与织锦缎裱糊工程量计算方法是否相同?

第九章　其他装饰工程工程量清单计价

第一节　新旧规范的区别及相关说明

一、"13 计量规范"与"08 计价规范"的区别

(1)其他装饰工程共 8 节 62 个项目,"13 计量规范"将"08 计价规范""B.1 楼地面工程"中"扶手、栏杆、栏板装饰"移入本章列项,并增加吸塑字项目。

(2)取消了部分项目对整个项目价值影响不大且难于描述或重复的项目特征,取消了部分项目中油漆品种、刷漆遍数的项目特征描述,单独执行油漆章节。增加了柜类、货架以"m"计量的单位和计算规则。

二、工程量计算规则相关说明

(1)柜类、货架、涂刷配件、雨篷、旗杆、招牌、灯箱、美术字等单件项目,工作内容中包括了"刷油漆",主要考虑整体性,不得单独将油漆分离,单列油漆清单项目;其他清单项目,工作内容中没有包括"刷油漆",可单独按《房屋建筑与装饰工程工程量计算规范》(GB 50584—2013)附录 P 相应项目编码列项。

(2)凡栏杆、栏板含扶手的项目,不得单独将扶手进行编码列项。

第二节　柜类、货架

一、清单项目设置及工程量计算规则

柜类、货架工程量清单项目设置及工程量计算规则见表 9-1。

二、柜类

1. 项目说明

柜类工程按高度分为:高柜(高度 1600mm 以上)、中柜(高度 900～1600mm)、低柜(高度 900mm 以内);按用途分为:衣柜、书柜、资料柜、厨房壁柜、厨房吊柜、电视柜、床头柜、收银台等。如图 9-1 所示为普通百货柜台。

2. 项目特征描述提示

柜类项目特征描述提示:

表 9-1　　　　　　　　　　　　柜类、货架(编码:011501)

项目编码	项目名称	项目特征	计量单位	工程量计算规则	工作内容
011501001	柜台				
011501002	酒柜				
011501003	衣柜				
011501004	存包柜				
011501005	鞋柜				
011501006	书柜				
011501007	厨房壁柜				
011501008	木壁柜	1. 台柜规格	1. 个	1. 以个计量,按设计图示数量计量	1. 台柜制作、运输、安装(安放)
011501009	厨房低柜	2. 材料种类、规格	2. m	2. 以米计量,按设计图示尺寸以延长米计算	2. 刷防护材料、油漆
011501010	厨房吊柜	3. 五金种类、规格	3. m³	3. 以立方米计量,按设计图示尺寸以体积计算	3. 五金件安装
011501011	矮柜	4. 防护材料种类			
011501012	吧台背柜	5. 油漆品种、刷漆遍数			
011501013	酒吧吊柜				
011501014	酒吧台				
011501015	展台				
011501016	收银台				
011501017	试衣间				
011501018	货架				
011501019	书架				
011501020	服务台				

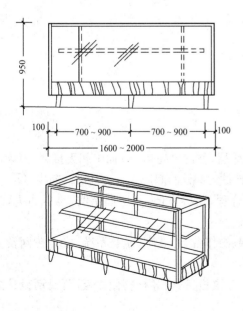
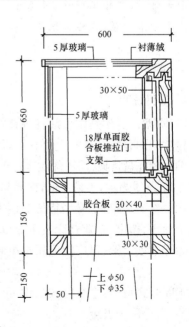

图 9-1　普通百货柜台

(1)应注明柜台规格。

(2)应注明台体及五金材料品种、规格。

(3)应注明防护材料种类。

(4)应注明油漆品种和刷漆遍数。

3. 工程量计算实例

【例 9-1】　如图 9-2 所示为某木制衣柜立面图,试计算其工程量。

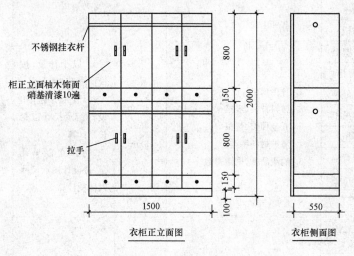

图 9-2　衣柜立面图

【解】　根据工程量计算规则,则:

以个计量,衣柜工程量＝1 个

以米计量,衣柜工程量＝1.5m

以立方米计量,衣柜工程量＝1.5×2.0×0.55＝1.65m³

三、货架

1. 项目说明

(1)货架。货架是指存放各种货物的架子。

1)货架的分类从规模上可分为以下几种:

①重型托盘货架:采用优质冷轧钢板经辊压成型,立柱可高达 6m 而中间无接缝,横梁选用优质方钢,承重力大,不易变形,横梁与立柱之间挂件为圆柱凸起插入,连接可靠、拆装容易。

②中量型货架:中量型货架造型别致,结构合理,装拆方便,且坚固结实,承载力大,广泛应用于商场、超市、企业仓库及事业单位。

③轻量型货架:可广泛应用于组装轻型料架、工作台、工具车、悬挂系统、安全护网及支撑骨架。

④阁楼式货架:全组合式结构,可采用木板、花纹板、钢板等材料做楼板,可灵活设计成二层或多层,适用于五金工具。

⑤特殊货架:包括模具架、油桶架、网架、登高车、网隔间等。

2)货架从适用性及外形特点上可以分为如下几类:

①高位货架:具有装配性好、承载能力大及稳固性强等特点。货架用材使用冷热钢板。

②通廊式货架:用于取货率较低的仓库。

③横梁式货架:最流行、最经济的一种货架形式,安全方便,适合各种仓库,直接存取货物,是最简单也是最广泛使用的货架。

(2)书架。书架是存放各类图书的架子,多采用木质材料。书架常见有积层书架和密集书架两种形式。

1)积层书架。重叠组合而成的多层固定钢书架,附有小钢梯上下。其上层书架荷载经下层书架支柱传至楼、地面。上层书架之间的水平交通用书架层解决。

2)密集书架。为提高收藏量而专门设计的一种书架。若干书架安装在固定轨道上,紧密排列没有行距,利用电动或手动的装置,可以使任何两行紧密相邻的书架沿轨道分离,形成行距,便于提书。

2. 项目特征描述提示

货架项目特征描述提示:

(1)应注明货架材料种类、规格。

(2)应注明五金材料品种、规格。

(3)应注明防护材料种类。

(4)应注明油漆品种、刷漆遍数。

3. 工程量计算实例

【例9-2】 某货架如图9-3所示,试计算其工程量。

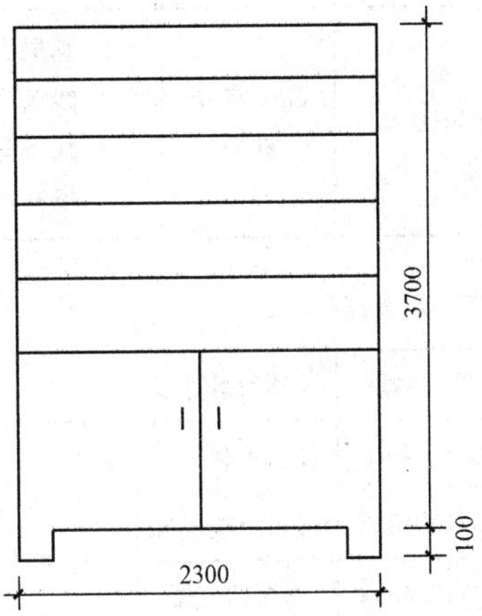

【解】 货架工程量按图示数量计算,则:

货架工程量=1个

图9-3 货架示意图

第三节 压条、装饰线与暖气罩

一、清单项目设置及工程量计算规则

压条、装饰线工程量清单项目设置及工程量计算规则见表9-2;暖气罩工程量清单项目设置及工程量计算规则见表9-3。

二、压条、装饰线

1. 项目说明

(1)金属装饰线。金属装饰线(压条、嵌条)是一种新型装饰材料,也是高级装饰工程中不可缺少的配套材料。其具有高强度、耐腐蚀的特点。另外,凡经阳极氧化着色、表面处理后,外表美观,色泽雅致,耐光和耐候性能良好。金属装饰线有白色、金色、青铜色等多种,适用于现代室内装饰、壁板色边压条,效果极佳,精美高贵。

表 9-2 压条、装饰线(编码:011502)

项目编码	项目名称	项目特征	计量单位	工程量计算规则	工作内容
011502001	金属装饰线	1. 基层类型 2. 线条材料品种、规格、颜色 3. 防护材料种类	m	按设计图示尺寸以长度计算	1. 线条制作、安装 2. 刷防护材料
011502002	木质装饰线				
011502003	石材装饰线				
011502004	石膏装饰线				
011502005	镜面玻璃线				
011502006	铝塑装饰线				
011502007	塑料装饰线				
011502008	GRC装饰线条	1. 基层类型 2. 线条规格 3. 线条安装部位 4. 填充材料种类			线条制作、安装

表 9-3 暖气罩(编码:011504)

项目编码	项目名称	项目特征	计量单位	工程量计算规则	工作内容
011504001	饰面板暖气罩	1. 暖气罩材质 2. 防护材料种类	m²	按设计图示尺寸以垂直投影面积(不展开)计算	1. 暖气罩制作、运输、安装 2. 刷防护材料
011504002	塑料板暖气罩				
011504003	金属暖气罩				

(2)木质装饰线。木质装饰线特别是阴角线改变了传统的石膏粉刷线脚湿作业法,将木材加工成线脚条,便于安装。在室内装饰工程中,木质装饰线的用途十分广泛,其主要用途有如下几个方面:

1)天棚线:用于天棚上不同层次面交接处的封边、天棚上各种不同材料面的对接处封口及天棚平面上的造型线。另外,其也常被用作吊顶上设备的封边。

2)天棚角线:用于天棚与墙面、天棚与柱面交接处封边,天棚角线多用阴角线。

3)封边线:用于墙面上不同层次面交接处的封边,墙面上各种不同材料面的对接处封口,墙裙压边,踢脚板压边,挂镜装饰,柱面包角,设备的封边装饰,墙面饰面材料压线,墙面装饰造型线及造型体,装饰隔墙,屏风上收边收口线和装饰线。另外,其也常被用作各种家具上的收边线、装饰线。

(3)石材装饰线。石材装饰线是在石材板材的表面或沿着边缘开的一个连续凹槽,用来达到装饰目的或突出连接位置。

(4)石膏装饰线。由于石膏装饰制品制作工艺简单,所以花式品种极多,大多数石膏装饰线均带有不同的花饰。石膏装饰线具有可钉、可锯、可刨、可粘结、不变形、不开裂、无缝隙、完整性好、耐久性强、吸声、质轻、防火、防潮、防蛀、不腐、易安装等优点。它是一种深受欢迎的无污染建筑装饰材料,质地洁白,美观大方,用以装饰房间,给人以清新悦目之感。

(5)镜面玻璃线。镜面玻璃装配完毕,玻璃的透光部分与被玻璃安装材料覆盖的不透光部分的分界线称为镜面玻璃线。

(6)铝塑装饰线。铝塑装饰线具有防腐、防火等特点,广泛应用于装饰工程各平接面、相交面、对接面、层次面的衔接口,交接条的收边封口。

(7)塑料装饰线。塑料装饰线早期是以硬聚氯乙烯树脂为主要原料,加入适量的稳定剂、增塑剂、填料、着色剂等辅助材料,经捏合、选粒、挤出成型而制得。

塑料装饰线有压角线、压边线、封边线等几种,其外形和规格与木装饰线相同。其除了用于天棚与墙体的界面处外,也常用于塑料墙裙、踢脚板的收口处,多与塑料扣板配用。另外,其也广泛用于门窗压条。

2. 项目特征描述提示

(1)金属装饰线、木质装饰线、石材装饰线、石膏装饰线、镜面玻璃线、铝塑装饰线、塑料装饰线项目特征描述提示:

1)应注明基层类型;

2)应注明线条材料品种、规格、颜色;

3)应注明防护材料种类。

(2)GRC 装饰线条项目特征描述提示:

1)应描述基层类型;

2)应描述 GRC 装饰线条规格、安装部位;

3)应描述填充材料种类。

3. 工程量计算实例

【例 9-3】 如图 9-4 所示,某办公楼走廊内安装一块带框镜面玻璃,采用铝合金条槽线形镶饰,长为 1500mm,宽为 1000mm,试计算其工程量。

【解】 装饰线工程量=$[(1.5-0.02)+(1.0-0.02)]\times 2=4.92$m

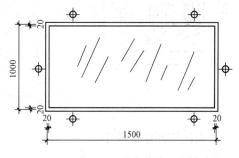

图 9-4 带框镜面玻璃

三、暖气罩

1. 项目说明

(1)饰面板暖气罩。暖气罩是室内的重要组成部分,其可起防护暖气片过热烫伤人员,使冷热空气对流均匀和散热合理的作用,并可美化、装饰室内环境。

暖气罩的布置通常有窗下式、沿墙式、嵌入式、独立式等形式。饰面板暖气罩主要是指木制、胶合板暖气罩。饰面板暖气罩采用硬木条、胶合板等做成格片状,也可以采用上下留空的形式。木制暖气罩舒适感较好,其构造示意图如图 9-5 所示。

(2)塑料板暖气罩。塑料板暖气罩的作用、布置方式同饰面板暖气罩,只是其材质为 PVC 材料。

(3)金属暖气罩。金属暖气罩采用钢或铝合金等金属板冲压打孔,或采用格片等方式制成暖气罩。它具有性能良好、坚固耐久等特点,如图 9-6 所示。

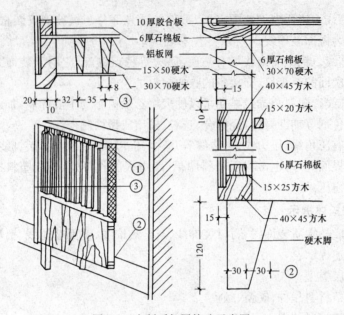

图 9-5　木制暖气罩构造示意图

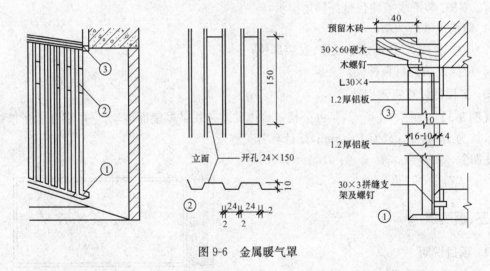

图 9-6　金属暖气罩

2. 项目特征描述提示

暖气罩项目特征描述提示:

(1)应注明暖气罩材质,如胶合板。

(2)应注明防护材料种类。

3. 工程量计算实例

【例 9-4】　平墙式暖气罩,尺寸如图 9-7 所示,五合板基层,榉木板面层,机制木花格散热口,共 18 个,试计算其工程量。

【解】　饰面板暖气罩工程量=(1.5×0.9-1.10×0.20-0.80×0.25)×18=16.74m²

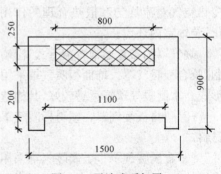

图 9-7　平墙式暖气罩

第四节　扶手、栏杆、栏板装饰

一、清单项目设置及工程量计算规则

扶手、栏杆、栏板装饰工程量清单项目设置及工程量计算规则见表9-4。

表9-4　　　　　　　　　　扶手、栏杆、栏板装饰（编码：011503）

项目编码	项目名称	项目特征	计量单位	工程量计算规则	工作内容
011503001	金属扶手、栏杆、栏板	1. 扶手材料种类、规格 2. 栏杆材料种类、规格 3. 栏板材料种类、规格、颜色 4. 固定配件种类 5. 防护材料种类	m	按设计图示以扶手中心线长度（包括弯头长度）计算	1. 制作 2. 运输 3. 安装 4. 刷防护材料
011503002	硬木扶手、栏杆、栏板				
011503003	塑料扶手、栏杆、栏板				
011503004	GRC栏杆、扶手	1. 栏杆的规格 2. 安装间距 3. 扶手类型规格 4. 填充材料种类			
011503005	金属靠墙扶手	1. 扶手材料种类、规格 2. 固定配件种类 3. 防护材料种类			
011503006	硬木靠墙扶手				
011503007	塑料靠墙扶手				
011503008	玻璃栏板	1. 栏杆玻璃的种类、规格、颜色 2. 固定方式 3. 固定配件种类			

二、扶手、栏杆、栏板

1. 项目说明

（1）金属扶手、栏杆、栏板。目前，应用较多的金属栏杆、扶手为不锈钢栏杆、扶手。不锈钢扶手的构造如图9-8所示。

（2）硬木扶手、栏杆、栏板。木栏杆和木扶手是楼梯的主要部件，除考虑外形设计的实用和美观外，根据我国有关建筑结构设计规范要求应能承受规定的水平荷载，以保证楼梯的通行安全。所以，通常木栏杆和木扶手都要用材质密实的硬木制作。常用的木材树种有水曲柳、红松、红榉、白榉、泰柚木等。常用木扶手断面如图9-9所示。

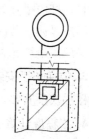

图9-8　不锈钢（或铜）扶手构造示意图

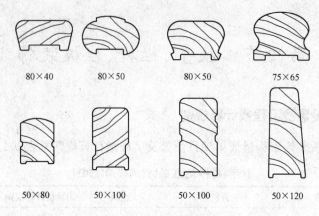

图 9-9　常用木扶手断面

(3)塑料扶手、栏杆、栏板。塑料扶手(聚氯乙烯扶手料)是化工塑料产品,其断面形式、规格尺寸及色彩应按设计要求选用。塑料扶手的安装流程大致如下:

1)找位与画线:按设计要求及选配的塑料扶手料,核对扶手支承的固定件、坡度、尺寸规格、转角形状找位、画线确定每段转角折线点,直线段扶手长度。

2)弯头配制:一般塑料扶手,用扶手料割角配制。

3)连接预装:安装塑料扶手,应由每跑楼梯扶手栏杆(栏板)的上端,设扁钢,将扶手料固定槽插入支承件上,从上向下穿入,即可使扶手槽紧握扁钢。直线段与上下折弯线位置重合,拼合割制折弯料相接。

4)固定:塑料扶手主要靠扶手料槽插入支承扁钢件抱紧固定,折弯处与直线扶手端头加热压粘,也可用乳胶与扶手直线段粘结。

5)整修:粘结硬化后,折弯处用木锉锉平磨光,整修平顺。

6)塑料扶手安装后应及时包裹保护。

2. 项目特征描述提示

(1)金属、硬木、塑料扶手、栏杆、栏板项目特征描述提示:

1)扶手、栏杆、栏板应注明材料种类、规格、颜色,如镀锌钢管直径 50mm,厚度 1.5mm;

2)应注明固定配件种类;

3)防护材料应注明品种。

(2)GRC 栏杆、扶手项目特征描述提示:

1)栏杆应描述规格,扶手应描述类型规格;

2)应描述安装间距;

3)应描述填充材料种类。

3. 楼梯扶手安装常用材料数量

楼梯扶手安装常用材料数量见表 9-5。

4. 工程量计算实例

【例 9-5】　如图 9-10 所示,某学校图书馆一层平面图,楼梯为不锈钢钢管栏杆,试计算其工程量(梯段踏步宽＝300mm,踏步高＝150mm)。

表 9-5 　　　　　　　　　　　　楼梯扶手安装常用材料数量表

材料名称	单位	每 1m 需用数量			材料名称	单位	每 1m 需用数量		
		不锈钢扶手	黄铜扶手	铝合金扶手			不锈钢扶手	黄铜扶手	铝合金扶手
角钢 50mm×50mm×3mm	kg	4.80	4.80	—	铝拉铆钉 $\phi5$	只	—	—	10
方钢 20mm×20mm	kg	—	—	1.60	膨胀螺栓 M8	只	4	4	4
钢板 2mm	kg	0.50	0.50	0.50	钢钉 32mm	只	2	2	2
玻璃胶	支	1.80	1.80	1.80	自攻螺钉 M5	只	—	—	5
不锈钢焊条	kg	0.05	—	—	不锈钢法兰盘座	只	0.50	—	—
铜焊条	kg	—	0.05	—	抛光蜡	盒	0.10	0.10	0.10
电焊条	kg	—	—	0.05					

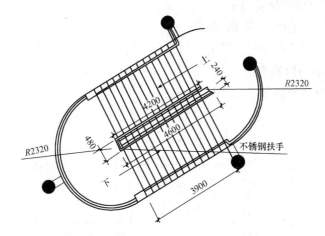

图 9-10　楼梯为不锈钢钢管栏杆示意图

【解】　不锈钢栏杆工程量$=(4.2+4.6)\times\dfrac{\sqrt{0.15^2+0.3^2}}{0.3}+0.48+0.24$

$\qquad\qquad\qquad =10.56\text{m}$

三、靠墙扶手、玻璃栏板

1. 项目说明

靠墙扶手一般采用硬木、塑料和金属材料制作,其中硬木和金属靠墙扶手应用较为普通。靠墙扶手通过连接件固定于墙上,连接件通常直接埋入墙上的预留孔内,也可用预埋螺栓连接。连接件与靠墙扶手的连接构造如图 9-11 所示。

2. 项目特征描述提示

(1)金属、硬木、塑料靠墙扶手项目特征描述提示:

1)扶手应注明材料种类、规格、颜色;

2)固定配件应注明种类;

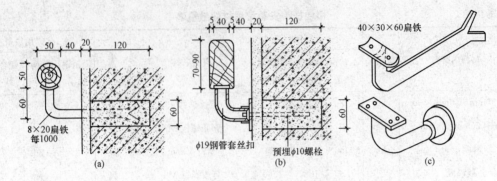

图 9-11　靠墙扶手

(a)圆木扶手；(b)条木扶条；(c)扶手铁脚

3)防护材料应注明品种。

(2)玻璃栏板项目特征描述提示：

1)应描述栏杆玻璃的种类、规格、颜色；

2)应描述固定方式及固定配件种类。

3. 楼梯扶手与墙(柱)的连接

楼梯扶手与墙(柱)的连接如图 9-12 所示。

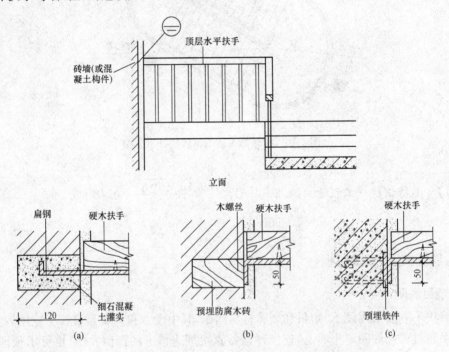

图 9-12　楼梯扶手与墙(柱)的连接

(a)预留孔洞插接；(b)预埋防腐木砖用木螺丝连接；(c)预埋铁件焊接

4. 工程量计算实例

【例 9-6】 某地铁站设有如图 9-13 所示的靠墙玻璃栏板，试计算其工程量。

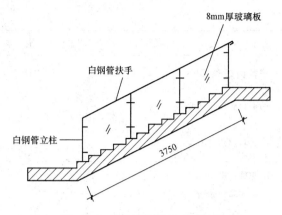

图 9-13　某地铁站靠墙玻璃栏板

【解】　根据玻璃栏板工程量计算规则，则：

玻璃栏板工程量＝设计图示扶手中心线长度＝3.75m

第五节　浴厕配件

一、清单项目设置及工程量计算规则

浴厕配件工程量清单项目设置及工程量计算规则见表 9-6。

表 9-6　　　　　　　　　　　　　　浴厕配件(编码:011505)

项目编码	项目名称	项目特征	计量单位	工程量计算规则	工作内容
011505001	洗漱台	1. 材料品种、规格、颜色 2. 支架、配件品种、规格	1. m² 2. 个	1. 按设计图示尺寸以台面外接矩形面积计算。不扣除孔洞、挖弯、削角所占面积，挡板、吊沿板面积并入台面面积内 2. 按设计图示数量计算	1. 台面及支架运输、安装 2. 杆、环、盒、配件安装 3. 刷油漆
011505002	晒衣架		个	按设计图示数量计算	1. 台面及支架运输、安装 2. 杆、环、盒、配件安装 3. 刷油漆
011505003	帘子杆				
011505004	浴缸拉手				
011505005	卫生间扶手				
011505006	毛巾杆(架)		套		1. 台面及支架制作、运输、安装 2. 杆、环、盒、配件安装 3. 刷油漆
011505007	毛巾环		副		
011505008	卫生纸盒		个		
011505009	肥皂盒				

续表

项目编码	项目名称	项目特征	计量单位	工程量计算规则	工作内容
011505010	镜面玻璃	1. 镜面玻璃品种、规格 2. 框材质、断面尺寸 3. 基层材料种类 4. 防护材料种类	m²	按设计图示尺寸以边框外围面积计算	1. 基层安装 2. 玻璃及框制作、运输、安装
011505011	镜箱	1. 箱体材质、规格 2. 玻璃品种、规格 3. 基层材料种类 4. 防护材料种类 5. 油漆品种、刷漆遍数	个	按设计图示数量计算	1. 基层安装 2. 箱体制作、运输、安装 3. 玻璃安装 4. 刷防护材料、油漆

二、洗漱台

1. 项目说明

洗漱台是卫生间中用于支承台式洗脸盆,搁放洗漱、卫生用品,同时装饰卫生间,使之显示豪华气派风格的台面。宾馆住宅卫生间内的洗漱台台面下常做成柜子,一方面遮挡上下水管;另一方面存放部分清洁用品。洗漱台一般用纹理颜色具有较强装饰性的云石和花岗石光面板材经磨边、开孔制作而成。台面一般厚 20cm,宽约 570mm,长度视卫生间大小和台上洗脸盆数量而定。一般单个面盆台面长有 1m、1.2m、1.5m;双面盆台面长则在 1.5m 以上。为了加强台面的抗弯能力,台面下需用角钢焊接架子加以支承。台面两端若与墙相接,则可将角钢架直接固定在墙面上,否则需砌半砖墙支承。

常见洗漱台的安装如图 9-14 所示。

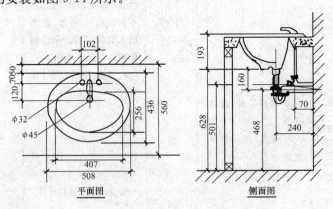

图 9-14　洗漱台安装示意图

2. 项目特征描述提示

洗漱台项目特征描述提示:

(1)应注明材洗漱台料品种、规格、颜色。

(2)应注明支架、配件品种、规格。

3. 工程量计算实例

【例9-7】 如图9-15所示的云石洗漱台,试计算其工程量。

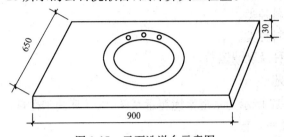

图9-15 云石洗漱台示意图

【解】 (1)以平方米计量,洗漱台工程量按设计图示尺寸以台面外接矩形面积计算,不扣除孔洞、挖弯、削角所占面积,挡板、吊沿板面积并入台面面积内,即

洗漱台工程量=0.65×0.9=0.59m²

(2)以个计量,按设计图示数量计算,洗漱台工程量=1个

三、镜面玻璃

1. 项目说明

镜面玻璃选用的材料规格、品种、颜色或图案等均应符合设计要求,不得随意改动。在同一墙面安装相同玻璃镜时,应选用同一批产品,以防止镜面色泽不一而影响装饰效果。对于重要部位的镜面安装,要求做防潮层及木筋和木砖采取防腐措施时,必须按设计要求处理。

镜面玻璃应存放于干燥通风的室内,玻璃箱应竖直放,不应斜放或平放。安装后的镜面应达到平整、清洁,接缝顺直、严密,不得有翘起、松动、裂纹和掉角等质量弊病。

2. 项目特征描述提示

镜面玻璃项目特征描述提示:

(1)应注明玻璃的规格、品种。

(2)应注明框材质、断面尺寸。

(3)应注明基层材料种类。

(4)应注明防护材料种类。

3. 工程量计算实例

【例9-8】 如图9-16所示,某卫生间安装一块不带框镜面玻璃,长为1100mm,宽为450mm,试计算其工程量。

【解】 镜面玻璃工程量=1.1×0.45=0.495m²

四、镜箱

1. 项目说明

镜箱是指用于盛装浴室用具的箱子。

2. 项目特征描述提示

镜箱项目特征描述提示：

(1)应注明箱体材质、规格。

(2)应注明玻璃品种、规格。

(3)应注明基层材料种类。

(4)应注明防护材料种类。

(5)应注明油漆品种及刷漆遍数。

3. 工程量计算实例

【例 9-9】　如图 9-17 所示为某浴室镜箱示意图，试计算其工程量。

【解】　镜箱工程量＝1 个

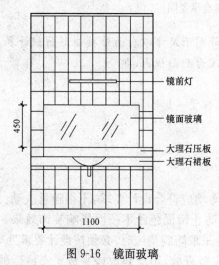

图 9-16　镜面玻璃

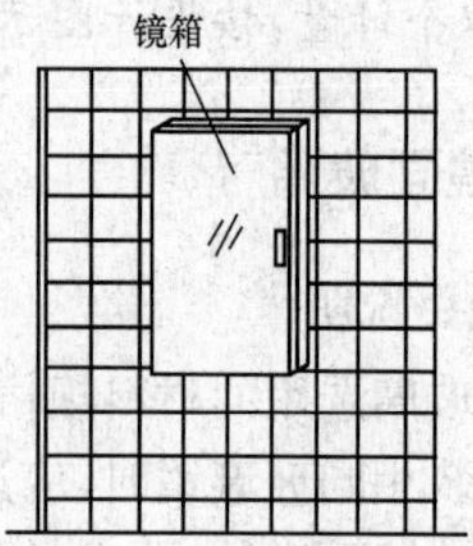

图 9-17　某浴室镜箱示意图

五、浴厕其他配件

1. 项目说明

(1)晒衣架。晒衣架指的是晾晒衣物时使用的架子，一般安装在晒台或窗户外，形状一般为 V 形或一字形，还有收缩活动形。

(2)帘子杆。帘子杆为市场采购成品，仅需在墙上埋入胀管，用木螺钉固定即可。

(3)浴缸拉手。浴缸拉手为市场采购成品，仅需在墙上埋入胀管，用木螺钉固定即可。

(4)毛巾杆(架)。毛巾杆(架)为市场采购成品，仅需在墙上埋入胀管，用木螺钉固定即可。

(5)毛巾环。毛巾环为一种浴室配件。

(6)卫生纸盒。卫生纸盒为市场采购成品，仅需在墙上埋入胀管，用木螺钉固定即可。

(7)肥皂盒。肥皂盒为市场采购成品，仅需在墙上埋入胀管，用木螺钉固定即可。

2. 项目特征描述提示

浴厕其他配件项目特征描述提示：

(1)应注明材料品种、规格、颜色。

(2)应注明支架、配件品种、规格。

3. 工程量计算实例

【例9-10】　如图9-18所示为木质晒衣架，长350mm，高200mm，共10个，试计算其工程量。

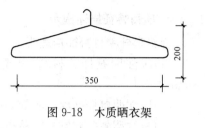

图9-18　木质晒衣架

【解】　晒衣架工程量按设计图示数量计算，则：

晒衣架工程量＝10个

第六节　雨篷、旗杆

一、清单项目设置及工程量计算规则

雨篷、旗杆工程量清单项目设置及工程量计算规则见表9-7。

表9-7

雨篷、旗杆(编码:011506)

项目编码	项目名称	项目特征	计量单位	工程量计算规则	工作内容
011506001	雨篷吊挂饰面	1. 基层类型 2. 龙骨材料种类、规格、中距 3. 面层材料品种、规格 4. 吊顶(天棚)材料品种、规格 5. 嵌缝材料种类 6. 防护材料种类	m²	按设计图示尺寸以水平投影面积计算	1. 底层抹灰 2. 龙骨基层安装 3. 面层安装 4. 刷防护材料、油漆
011506002	金属旗杆	1. 旗杆材料、种类、规格 2. 旗杆高度 3. 基础材料种类 4. 基座材料种类 5. 基座面层材料、种类、规格	根	按设计图示数量计算	1. 土石挖、填、运 2. 基础混凝土浇筑 3. 旗杆制作、安装 4. 旗杆台座制作、饰面
011506003	玻璃雨篷	1. 玻璃雨篷固定方式 2. 龙骨材料种类、规格、中距 3. 玻璃材料品种、规格 4. 嵌缝材料种类 5. 防护材料种类	m²	按设计图示尺寸以水平投影面积计算	1. 龙骨基层安装 2. 面层安装 3. 刷防护材料、油漆

二、金属旗杆

1. 项目说明

金属旗杆作为一种树立标识而广泛应用于各种厂矿、企、事业单位、生活小区、车站、海关码头、学校、体育场馆、城市广场等所。

2. 项目特征描述提示

金属旗杆项目特征描述提示：

(1)应注明旗杆的材料、种类、规格,如不锈钢上段 $\phi108mm \times 6mm$、下段 $\phi133mm \times 8mm$。

(2)应注明旗杆高度,如 9000mm。

(3)应注明基础基座材料种类。

(4)应注明基座面层材料、种类、规格。

3. 工程量计算实例

【例 9-11】　如图 9-19 所示,某政府部门的门厅处,立有 3 根长 12000mm 的金属旗杆,试计算其工程量。

【解】　金属旗杆工程量＝3 根

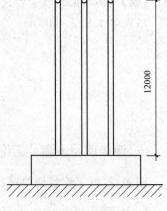

图 9-19　旗杆

三、雨篷

1. 项目说明

传统的店面雨篷,一般都承担雨篷兼招牌的双重作用。现代店面往往以丰富入口及立面造型为主要目的,制作凸出和悬挑于入口上部建筑立面的雨篷式构造。

常见雨篷的结构构造如图 9-20、图 9-21 所示。

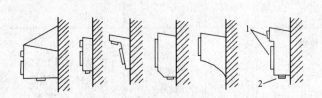

图 9-20　传统的雨篷式招牌形式

1—店面招字牌;2—灯具

注:现代的店面装饰,其立面要求趋于复杂,凹凸造型变化较为丰富,但在构造做法上并未脱离一般装饰体的制作和安装方法,即框架组装、框架与建筑基体连接、基面板安装和最后的面层装饰等几个基本工序

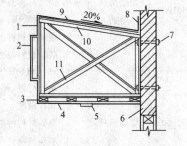

图 9-21　雨篷式招牌构造示意

1—饰面;2—店面招牌;3—40×50 吊顶木筋;4—顶棚饰面;5—吸顶灯;6—建筑墙体;7—$\phi10\times12$ 螺杆;8—26 号镀锌铁皮泛水;9—玻璃钢屋面瓦;10—∟30×3 角钢;11—角钢剪刀撑

2. 项目特征描述提示

雨篷吊挂饰面、玻璃雨篷项目特征描述提示:

(1)雨篷吊挂饰面应注明基层类型,如混凝土。

(2)应注明龙骨、面层材料的品种、规格、中距。

(3)雨篷吊挂饰面应注明面层、吊顶(天棚)材料品种、规格。

(4)玻璃雨篷应注明玻璃材料品种、规格。

(5)应注明嵌缝材料种类,如玻璃胶。

(6)应注明防护材料种类,如龙骨刷防火涂料。

3.工程量计算实例

【例9-12】　如图9-22所示,某商店的店门前的雨篷吊挂饰面采用金属压型板,高 400mm,长 3000mm,宽 600mm,试计算其工程量。

【解】　雨篷吊挂饰面工程量＝3×0.6＝1.8m²

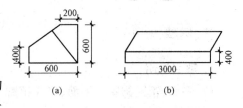

图 9-22　某商店雨篷
(a)侧立面平;(b)平面图

第七节　招牌、灯箱、美术字

一、清单项目设置及工程量计算规则

招牌、灯箱工程量清单项目设置及工程量计算规则见表9-8,美术字工程量清单项目设置及工程量计算规则见表9-9。

表 9-8　　　　　　　　　　　　　招牌、灯箱(编码:011507)

项目编码	项目名称	项目特征	计量单位	工程量计算规则	工作内容
011507001	平面、箱式招牌	1. 箱体规格 2. 基层材料种类 3. 面层材料种类 4. 防护材料种类	m²	按设计图示尺寸以正立面边框外围面积计算。复杂形的凸凹造型部分不增加面积	1. 基层安装 2. 箱体及支架制作、运输、安装 3. 面层制作、安装 4. 刷防护材料、油漆
011507002	竖式标箱				
011507003	灯箱		个	按设计图示数量计算	
011507004	信报箱	1. 箱体规格 2. 基层材料种类 3. 面层材料种类 4. 保护材料种类 5. 户数			

表 9-9　　　　　　　　　　　　　　美术字(编码:011508)

项目编码	项目名称	项目特征	计量单位	工程量计算规则	工作内容
011508001	泡沫塑料字	1. 基层类型 2. 镌字材料品种、颜色 3. 字体规格 4. 固定方式 5. 油漆品种、刷漆遍数	个	按设计图示数量计算	1. 字制作、运输、安装 2. 刷油漆
011508002	有机玻璃字				
011508003	木质字				
011508004	金属字				
011508005	吸塑字				

二、招牌

1. 项目说明

(1)平面、箱式招牌。平面、箱式招牌是一种广告招牌形式,主要强调平面感,描绘精致,多用于墙面。

(2)竖式标箱。竖式标箱是指六面体悬挑在墙体外的一种招牌基层形式,计算工程量时均按外围体积计算。

2. 项目特征描述提示

招牌项目特征描述提示:

(1)应注明箱体规格,如 1500mm×800mm×300mm。

(2)应注明基层、面层材料种类。

(3)应注明防护材料种类。

3. 工程量计算实例

【例 9-13】 某店面檐口上方设招牌,长 28m,高 1.5m,钢结构龙骨,九夹板基层,塑铝板面层,试计算招牌工程量。

【解】 本例为招牌、灯箱工程中平面、箱式招牌,其计算公式如下:

平面、箱式招牌工程量=设计图示框外高度×长度

招牌工程量=设计净长度×设计净宽度=$28×1.5=42m^2$

三、灯箱、信报箱

1. 项目说明

灯箱主要用作户外广告,分布于道路、街道两旁,以及影院、车站、商业区、机场、公园等公共场所。灯箱与墙体的连接方法较多,常用的方法有悬吊、悬挑和附贴等。

常见灯箱构造图如图 9-23 所示。

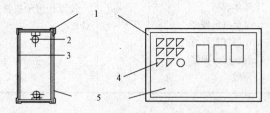

图 9-23　店面灯箱构造示意图

1—金属边框;2—日光灯管;3—框架(木质或型钢);

4—图案或字体;5—有机玻璃面板

信报箱是用户接收邮件和各类账单的重要载体,广泛安装于新建小区及写字楼,有木质信报箱、铁皮信报箱、不锈钢信报箱、智能信报箱等。

2. 项目特征描述提示

灯箱、信报箱项目特征描述提示:

(1)应注明箱体规格,如 1500mm×800mm×300mm。

(2)应注明基层、面层材料种类。

(3)应注明防护材料种类。

(4)还应注明信报箱户数。

3. 工程量计算实例

【例 9-14】 如图 9-24 所示,某商店前设 1 灯箱,长 1.5m,高 0.6m,试计算其工程量。

【解】 灯箱工程量＝1 个

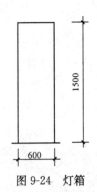

图 9-24 灯箱

四、美术字

1. 项目说明

美术字是指制作广告牌时所用的一种装饰字。根据使用材料的不同,可分为泡沫塑料字、有机玻璃字、木质字和金属字等。

(1)木质字。木质字牌因为其材料的普遍性,所以历史悠久。以前由于森林资源的丰富,优质木材价格低廉且容易得到,所以,一般的木质字牌都以较好的如红木、檀木、柞木等优质木材雕刻而成。而现在,由于森林资源的匮乏,优质木材更是奇缺,价格昂贵,所以,一般字牌都不可能找到优质木材进行雕刻。

(2)金属字。现有的金属字具体包括以下几种:铜字、合金铜字、不锈钢字、铁皮字。

1)铜字和合金铜字是目前立体广告招牌字的主导产品,其特点是因为有类似金色的金属光泽而外观显得高贵豪华。

2)不锈钢字虽然不存在生锈的问题,但由于属于冷的金属色调,色泽单一,给人以冷峻的感觉,加上其成本及市场售价均略高于合金铜字,所以目前采用的单位还是不太普及。

3)铁皮字成本相对于铜字、合金铜字、不锈钢字而言是比较低的,但是普通铁皮需要喷漆做色彩,因为铁皮在阳光照射下及夜间降温时热胀冷缩现象比较容易出现,加上铁皮也容易内部锈蚀,结果容易导致油漆脱离铁皮。所以铁皮喷漆字目前市场上也处于淘汰的趋势。

2. 项目特征描述提示

美术字项目特征描述提示:

(1)应注明基层类型,如铝塑板。

(2)应注明镂字材料品种、颜色,如红色泡沫塑料。

(3)应注明字体规格,如外接矩形 500mm×500mm。

(4)应注明固定方式,如粘贴。

(5)应注明油漆品种及涂刷遍数。

3. 工程量计算实例

【例 9-15】 如图 9-25 所示为某商店红色金属招牌,试计算金属字工程量。

【解】 本例为美术字工程中金属字,计算公式如下:

美术字工程量＝设计图示个数

红色金属招牌字工程量＝4 个

鑫鑫商店

图 9-25　某商店红色金属招牌示意图

本章思考重点 *BENZHANG SIKAOZHONGDIAN*

1. 栏杆、栏板含扶手的项目,可否单独将扶手进行编码列项?
2. 有关扶手、栏杆装饰工程量计算时,是否包括弯头长度?
3. 有些教材以展开面积计算暖气罩工程量,这种方法对吗?
4. 招牌、灯箱工程量计算时,对于复杂形的凸凹造型部分是否计入?

第十章　装饰工程工程量清单计价与编制

第一节　工程量清单的组成与编制

工程量清单表示的是建设工程的分部分项工程项目、措施项目、其他项目的名称和相应数量以及规费、税金项目等内容的明细清单。在建设工程发承包及实施过程的不同阶段,又可分别称为"招标工程量清单"、"已标价工程量清单"等。

招标工程量清单指招标人依据国家标准、招标文件、设计文件以及施工现场实际情况编制的,随招标文件发布供投标报价的工程量清单,包括其说明和表格。它是招标阶段供投标人报价的工程量清单,是对工程量清单的进一步具体化。

已标价工程量清单指构成合同文件组成部分的投标文件中已标明价格,经算术性错误修正(如有)且承包人已确认的工程量清单,包括其说明和表格。其表示的是投标人对招标工程量清单已标明价格,并被招标人接受,构成合同文件组成部分的工程量清单。

一、工程量清单的组成

《建设工程工程量清单计价规范》(GB 50500—2013)规定工程量清单由下列内容组成:

(1)封面(封-1)。

(2)扉页(扉-1)。

(3)总说明(表-01)。

(4)分部分项工程和单价措施项目清单与计价表(表-08)。

(5)总价措施项目清单与计价表(表-11)。

(6)其他项目清单与计价汇总表(表-12)。

(7)暂列金额明细表(表-12-1)。

(8)材料(工程设备)暂估单价及调整表(表-12-2)。

(9)专业工程暂估价及结算价表(表-12-3)。

(10)计日工表(表-12-4)。

(11)总承包服务费计价表(表-12-5)。

(12)规费、税金项目计价表(表-13)。

(13)发包人提供材料和工程设备一览表(表-20)(见本书第一章第三节相关表格)。

(14)承包人提供主要材料和工程设备一览表(表-21或表-22)(见本书第一章第三节相关表格)。

二、工程量清单编制的依据

(1)"13计价规范"和相关工程的国家计量规范。

(2)国家或省级、行业建设主管部门颁发的计价定额和办法。

(3)建设工程设计文件及相关资料。

(4)与建设工程有关的标准、规范、技术资料。

(5)拟定的招标文件。

(6)施工现场情况、地勘水文资料、工程特点及常规施工方案。

(7)其他相关资料。

三、工程量清单编制一般规定

(1)招标工程量清单应由招标人负责编制,若招标人不具有编制工程量清单的能力,则可根据《工程造价咨询企业管理办法》(建设部第 149 号令)的规定,委托具有工程造价咨询性质的工程造价咨询人编制。

(2)招标工程量清单必须作为招标文件的组成部分,其准确性(数量不算错)和完整性(不缺项漏项)应由招标人负责。招标人应将工程量清单连同招标文件一起发(售)给投标人。投标人依据工程量清单进行投标报价时,对工程量清单不负有核实的义务,更不具有修改和调整的权力。如招标人委托工程造价咨询人编制工程量清单,其责任仍由招标人负责。

(3)招标工程量清单是工程量清单计价的基础,应作为编制招标控制价、投标报价、计算或调整工程量以及工程索赔等的依据之一。

(4)招标工程量清单应以单位(项)工程为单位编制,应由分部分项工程项目清单、措施项目清单、其他项目清单、规费和税金项目清单组成。

四、填写工程量清单封面

招标工程量清单封面格式见封-1。

_____工程
招标工程量清单
招　标　人:_____ (单位盖章)
造价咨询人:_____ (单位盖章)
年　　月　　日

　　招标工程量清单封面应填写招标工程项目的具体名称,招标人应盖单位公章,如委托工程造价咨询人编制,还应加盖工程造价咨询人所在单位公章。

五、填写扉页

　　扉页应按规定的内容填写、签字、盖章。由造价员编制的工程量清单应有负责审核的造价工程师签字、盖章。受委托编制的工程量清单,应有造价工程师签字、盖章以及工程造价咨询人盖章。招标工程量清单扉页格式见扉-1。

　　　　　　　　　　　　　　　　_____工程

招标工程量清单

招 标 人:_____
　　　　　（单位盖章）

造价咨询人:_____
　　　　　（单位资质专用章）

法定代表人
或其授权人:_____
　　　　　（签字或盖章）

法定代表人
或其授权人:_____
　　　　　（签字或盖章）

编 制 人:_____
　　　　　（造价人员签字盖专用章）

复 核 人:_____
　　　　　（造价工程师签字盖专用章）

编制时间:　年　月　日　　　　复核时间:　年　月　日

　　　　　　　　　　　　　　　　　　　　　　　　　　　　　　扉-1

六、填写工程量清单总说明

工程量清单总说明格式见表-01。

总说明

工程名称：   第　页共　页

<table>
<tr><td>

</td></tr>
</table>

表-01

工程量清单中总说明应包括的内容：①工程概况：如建设地址、建设规模、工程特征、交通状况、环保要求等；②工程招标和专业工程发包范围；③工程量清单编制依据；④工程质量、材料、施工等的特殊要求；⑤其他需要说明的问题。

《招标工程量清单扉页》(扉-1)填写要点如下：

(1)招标人自行编制工程量清单的，编制人员必须是在招标人单位注册的造价人员，由招标人盖单位公章，法定代表人或其授权人签字或盖章；当编制人是注册造价工程师时，由其签字盖执业专用章;当编制人是造价员时,由其在编制人栏签字盖专用章,并应由注册造价工程师复核,在复核人栏签字盖执业专用章。

(2)招标人委托工程造价咨询人编制工程量清单的,编制人员必须是在工程造价咨询人单位注册的造价人员。由工程造价咨询人盖单位资质专用章,法定代表人或其授权人签字或盖章;当编制人是注册造价工程师时,由其签字盖执业专用章;当编制人是造价员时,由其在编制人栏签字盖专用章,并应由注册造价工程师复核,在复核人栏签字盖执业专用章。

七、编制分部分项工程量清单

1. 分部分项工程的概念

分部工程是单项或单位工程的组成部分,是按结构部位、路段长度及施工特点或施工任务将单项或单位工程划分为若干分部的工程;分项工程是分部工程的组成部分,是按不同施工方法、材料、工序及路段长度等将分部工程划分为若干个分项或项目的工程。

2. 分部分项工程项目清单的 5 个要件

分部分项工程项目清单必须载明项目编码、项目名称、项目特征、计量单位和工程量,这5个要件在分部分项工程项目清单的组成中缺一不可。

(1)分部分项工程清单的项目编码。装饰装修工程项目编码按《房屋建筑与装饰工程工程量计算规范》(GB 50854—2013)附录项目编码栏内规定的 9 位数字另加 3 位顺序码共12 位阿拉伯数字组成。其中一、二位(一级)为专业工程代码;三、四位(二级)为专业工程附录分类顺序码;五、六位(三级)为分部工程顺序码;七、八、九位(四级)为分项工程项目名称顺序码;十至十二位(五级)为清单项目名称顺序码,第五级编码应根据拟建工程的工程量清单项目名称设置。

1)第一、二位专业工程代码。房屋建筑与装饰工程为 01,仿古建筑为 02,通用安装工程为 03,市政工程为 04,园林绿化工程为 05,矿山工程为 06,构筑物工程为 07,城市轨道交通工程为 08,爆破工程为 09。

2)第三、四位专业工程附录分类顺序码(相当于章)。在《房屋建筑与装饰工程工程量计算规范》(GB 50854—2013)附录中,房屋建筑与装饰工程共分为 17 部分,其各自专业工程附录分类顺序码分别为:附录 A 土石方工程,附录分类顺序码 01;附录 B 地基处理与边坡支护工程,附录分类顺序码 02;附录 C 桩基工程,附录分类顺序码 03;附录 D 砌筑工程,附录分类顺序码 04;附录 E 混凝土及钢筋混凝土工程,附录分类顺序码 05;附录 F 金属结构工程,附录分类顺序码 06;附录 G 木结构工程,附录分类顺序码 07;附录 H 门窗工程,附录分类顺序码 08;附录 J 屋面及防水工程,附录分类顺序码 09;附录 K 保温、隔热、防腐工程,附录分类顺序码 10;附录 L 楼地面装饰工程,附录分类顺序码 11;附录 M 墙、柱面装饰与隔断、幕墙工程,附录分类顺序码 12;附录 N 天棚工程,附录分类顺序码 13;附录 P 油漆、涂料、裱糊工程,附录分类顺序码 14;附录 Q 其他装饰工程,附录分类顺序码 15;附录 R 拆除工程,附录分类顺序码 16;附录 S 措施项目,附录分类顺序码 17。

3)第五、六位分部工程顺序码(相当于章中的节)。以房屋建筑与装饰工程中的天棚工程为例,在《房屋建筑与装饰工程工程量计算规范》(GB 50854—2013)附录 N 中,天棚工程共分为 4 节,其各自分部工程顺序码分别为:N.1 天棚抹灰,分部工程顺序码 01;N.2 天棚吊顶,分部工程顺序码 02；N.3 采光天棚，分部工程顺序码 03；N.4 天棚其他装饰，分部工程顺序码 04。

4）第七、八、九位分项工程项目名称顺序码。以天棚工程中天棚吊顶为例，在《房屋建筑与装饰工程工程量计算规范》（GB 50854—2013）附录 N.2 中，天棚吊顶共分为 6 项，其各自分项工程项目名称顺序码分别为：吊顶天棚 001，格栅吊顶 002，吊筒吊顶 003，藤条造型悬挂吊顶 004，织物软雕吊顶 005，装饰网架吊顶 006。

5）第十至十二位清单项目名称顺序码。以天棚工程中吊筒吊顶为例，按《房屋建筑与装饰工程工程量计算规范》（GB 50854—2013）的有关规定，吊筒吊顶需描述的清单项目特征包括：吊筒形状、规格；吊筒材料种类；防护材料种类。清单编制人在对吊筒吊顶进行编码时，即可在全国统一九位编码 011302003 的基础上，根据不同的吊筒形状、规格；吊筒材料种类；防护材料种类等因素，对十至十二位编码自行设置，编制出清单项目名称顺序码 001、002、003、004…

（2）分部分项工程清单的项目名称应按《房屋建筑与装饰工程工程量计算规范》（GB 50854—2013）附录的项目名称结合拟建工程的实际确定。

（3）分部分项工程清单的项目特征应按《房屋建筑与装饰工程工程量计算规范》（GB 50854—2013）附录中规定的项目特征，结合拟建工程项目的实际特征予以描述。

1）项目特征是区分清单项目的依据。工程量清单项目特征是用来表述分部分项工程量清单项目的实质内容，用于区分计价规范中同一清单条目下各个具体的清单项目。没有项目特征的准确描述，对于相同或相似的清单项目名称，就无从区分。

2）项目特征是确定综合单价的前提。由于工程量清单项目的特征决定了工程实体的实质内容，必然直接决定了工程实体的自身价值。因此，工程量清单项目特征描述得准确与否，直接关系到工程量清单项目综合单价的准确确定。

3）项目特征是履行合同义务的基础。实行工程量清单计价，工程量清单及其综合单价是施工合同的组成部分，因此，如果工程量清单项目特征的描述不清甚至漏项、错误，导致在施工过程中更改，就会发生分歧，甚至引起纠纷。

（4）分部分项工程量清单的计量单位应按《房屋建筑与装饰工程工程量计算规范》（GB 50854—2013）附录中规定的计量单位确定。

当计量单位有两个或两个以上时，应根据所编工程量清单项目的特征要求，选择最适宜表现该项目特征并方便计量的单位。例如门窗工程有"樘"和"m²"两个计量单位，实际工作中，就应该选择最适宜、最方便计量的单位来表示。

（5）分部分项工程量清单中所列工程量应按《房屋建筑与装饰工程工程量计算规范》（GB 50854—2013）附录中规定的工程量计算规则计算。

1）以"吨"为计量单位的应保留小数点后三位，第四位小数四舍五入。

2）以"m³"、"m²"、"m"、"kg"为计量单位的应保留小数点后二位，第三位小数四舍五入。

3）以"樘"、"个"等为计量单位的应取整数。

3. 分部分项工程项目清单编制

分部分项工程项目清单必须根据相关工程现行国家计量规范规定的项目编码、项目名称、项目特征、计量单位和工程量计算规则进行编制。

分部分项工程项目清单格式见表-08。

分部分项工程和单价措施项目清单与计价表

工程名称： 标段： 第 页共 页

序号	项目编码	项目名称	项目特征描述	计量单位	工程量	金 额/元		
						综合单价	合价	其中
								暂估价
本页小计								
合 计								

注：为计取规费等使用，可在表中增设其中："定额人工费"。

表-08

八、编制措施项目清单

措施项目清单应根据拟建工程的实际情况列项。措施项目清单的编制需考虑多种因素，除工程本身的因素外，还涉及水文、气象、环境、安全等因素。由于影响措施项目设置的因素太多，计量规范不可能将施工中可能出现的措施项目一一列出。在编制措施项目清单时，因工程情况不同，出现计量规范附录中未列的措施项目，可根据工程的具体情况对措施项目清单作补充。

计量规范将措施项目划分为两类：一类是不能计算工程量的项目，如文明施工和安全防护、临时设施等，就以"项"计价，称为"总价项目"（表-11）；另一类是可以计算工程量的项目，如脚手架、降水工程等，就以"量"计价，更有利于措施费的确定和调整，称为"单价项目"（表-10）。

措施项目清单必须根据相关工程现行国家计量规范的规定编制。编制招标工程量清单时，表中的项目可根据工程实际情况进行增减。措施项目清单格式见表-11。

总价措施项目清单与计价表

工程名称： 标段： 第 页共 页

序号	项目编码	项目名称	计算基础	费率/(%)	金额/元	调整费率/(%)	调整后金额/元	备注
		安全文明施工费						
		夜间施工增加费						
		二次搬运费						
		冬雨季施工增加费						
		已完工程及设备保护费						

序号	项目编码	项目名称	计算基础	费率/(%)	金额/元	调整费率/(%)	调整后金额/元	备注
		合　计						

编制人(造价人员)：　　　　　　　　　复核人(造价工程师)：

注：1. "计算基础"中安全文明施工费可为"定额基价"、"定额人工费"或"定额人工费＋定额机械费"，其他项目可为"定额人工费"或"定额人工费＋定额机械费"

　　2. 按施工方案计算的措施费，若无"计算基础"和"费率"的数值，也可只填"金额"数值，但应在备注栏说明施工方案出处或计算方法。

表-11

九、编制其他项目清单

(1)其他项目清单应按照下列内容列项：①暂列金额；②暂估价，包括材料暂估单价、工程设备暂估单价、专业工程暂估价；③计日工；④总承包服务费。

工程建设标准的高低、工程的复杂程度、工程的工期长短、工程的组成内容、发包人对工程管理要求等都直接影响其他项目清单的具体内容，本书仅提供了4项内容作为列项参考，不足部分，可根据工程的具体情况进行补充。

1)暂列金额是招标人暂定并包括在合同中的一笔款项。不管采用何种合同形式，其理想的标准是，一份合同的价格就是其最终的竣工结算价格，或者至少两者应尽可能接近。我国规定对政府投资工程实行概算管理，经项目审批部门批复的设计概算是工程投资控制的刚性指标，即使商业性开发项目也有成本的预先控制问题，否则，无法相对准确地预测投资的收益和科学合理地进行投资控制。但工程建设自身的特性决定了工程的设计需要根据工程进展不断地进行优化和调整，业主需求可能会随工程建设进展而出现变化，工程建设过程还会存在一些不能预见、不能确定的因素。消化这些因素必然会影响合同价格的调整，暂列金额正是因这类不可避免的价格调整而设立，以便达到合理确定和有效控制工程造价的目标。

例：某工程量清单中给出的暂列金额及拟用项目见表10-1。投标人只需要直接将工程量清单中所列的暂列金额纳入投标总价，并且不需要在工程量清单中所列的暂列金额以外再考虑任何其他费用。

表 10-1　　　　　　　　　　　**暂列金额明细表**

工程名称：×××工程　　　　　　　　　标段：　　　　　　　　　　　第 页共 页

序号	项目名称	计量单位	暂定金额/元	备注
1	图纸中已经标明可能位置，但未最终确定是否需要的主入口处的钢结构雨篷工程的安装工作	项	500000	此部分的设计图纸有待进一步完善
2	其他	项	60000	
3				
	合计		560000	—

2)暂估价是指招标阶段直至签订合同协议时,招标人在招标文件中提供的用于支付必然要发生但暂时不能确定价格的材料以及专业工程的金额。暂估价类似于 FIDIC 合同条款中的 Prine Cost Items,在招标阶段预见肯定要发生,只是因为标准不明确或者需要由专业承包人完成,暂时无法确定价格。暂估价数量和拟用项目应当结合工程量清单中的"暂估价表"予以补充说明。

为方便合同管理,需要纳入分部分项工程项目清单综合单价中的暂估价应只是材料、工程设备费,以方便投标人组价。

专业工程的暂估价应是综合暂估价,包括除规费和税金以外的管理费、利润等。总承包招标时,专业工程设计深度往往是不够的,一般需要交由专业设计人设计,出于提高可建造性考虑,国际上惯例,一般由专业承包人负责设计,以发挥其专业技能和专业施工经验的优势。这类专业工程交由专业分包人完成是国际工程的良好实践,目前,在我国工程建设领域也已经比较普遍。公开透明、合理地确定这类暂估价的实际开支金额的最佳途径就是通过施工总承包人与工程建设项目招标人共同组织招标。

例:某工程材料和专业工程暂估价项目及其暂估价清单见表 10-2 和表 10-3。

表 10-2　　　　　　　　　　材料(工程设备)暂估单价及调整表

工程名称:　　　　　　　　　　标段:　　　　　　　　　　第　页共　页

| 序号 | 材料(工程设备)名称、规格、型号 | 计量单位 | 数量 | | 暂估/元 | | 确认/元 | | 差额±/元 | | 备注 |
			暂估	确认	单价	合价	单价	合价	单价	合价	
1	硬木门	m²	23.5		856.00	20116.00	'				含门框、门扇,用于本工程的门安装工程项目
2	低压开关柜(CGD190380/220V)	台	2		38000.00	76000.00					用于低压开关柜安装项目
	合　计					96116.00					

表 10-3　　　　　　　　　　专业工程暂估价及结算价表

工程名称:　　　　　　　　　　标段:　　　　　　　　　　第　页共　页

序号	工程名称	工程内容	暂估金额/元	结算金额/元	差额±/元	备注
1	消防工程	合同图纸中标明的以及工程规范和技术说明中规定的各系统,包括但不限于消火栓系统、消防游泳池供水系统、水喷淋系统、火灾自动报警系统及消防联动系统中的设备、管道、阀门、线缆等的供应、安装和调试工作	760000.00			
	合　计		760000.00			

3)计日工是为了解决现场发生的零星工作的计价而设立的。国际上常见的标准合同条款中,大多数都设立了计日工(Daywork)计价机制。计日工对完成零星工作所消耗的人工工时、材料数量、施工机械台班进行计量,并按照计日工表中填报的适用项目的单价进行计价支付。计日工适用的所谓零星工作一般是指合同约定之外或者因变更而产生的、工程量清单中没有相应项目的额外工作,尤其是那些时间不允许事先商定价格的额外工作。

4)总承包服务费是为了解决招标人在法律、法规允许的条件下进行专业工程发包以及自行供应材料、工程设备,并需要总承包人对发包的专业工程提供协调和配合服务,对甲供材料、工程设备提供收、发和保管服务以及进行施工现场管理时发生并向总承包人支付的费用。招标人应预计该项费用,并按投标人的投标报价向投标人支付该项费用。

(2)暂列金额应根据工程特点按有关计价规定估算。

(3)暂估价中的材料、工程设备暂估单价应根据工程造价信息或参照市场价格估算,列出明细表;专业工程暂估价应分不同专业,按有关计价规定估算,列出明细表。

(4)计日工应列出项目名称、计量单位和暂估数量。

(5)总承包服务费应列出服务项目及其内容等。

(6)出现(1)中未列项目,应根据工程实际情况补充。

编制招标工程其他项目清单,应汇总"暂列金额"和"专业工程暂估价",以提供给投标人报价。其他项目清单格式见表-12(不包含表-12-6~表-12-8)。

其他项目清单与计价汇总表

工程名称:　　　　　　　　　　　标段:　　　　　　　　　　　第　页共　页

序号	项目名称	金额/元	结算金额/元	备注
1	暂列金额			明细详见表-12-1
2	暂估价			
2.1	材料(工程设备)暂估价/结算价	—		明细详见表-12-2
2.2	专业工程暂估价/结算价			明细详见表-12-3
3	计日工			明细详见表-12-4
4	总承包服务费			明细详见表-12-5
5	索赔与现场签证	—		明细详见表-12-6
	合　　计			—

注:材料(工程设备)暂估单价计入清单项目综合单价,此处不汇总。

表-12

暂列金额明细表

工程名称：　　　　　　　　　　　　　标段：　　　　　　　　　　　　　第　页共　页

序号	项　目　名　称	计量单位	暂定金额/元	备　注
1				
2				
3				
4				
5				
6				
7				
8				
9				
10				
11				
合　计				—

注：此表由招标人填写，如不能详列，也可只列暂定金额总额，投标人应将上述暂列金额计入投标总价中。

表-12-1

材料(工程设备)暂估单价及调整表

工程名称：　　　　　　　　　　　　　标段：　　　　　　　　　　　　　第　页共　页

序号	材料(工程设备)名称、规格、型号	计量单位	数量		暂估/元		确认/元		差额±/元		备注
			暂估	确认	单价	合价	单价	合价	单价	合价	
合　计											

注：此表由招标人填写"暂估单价"，并在备注栏说明暂估单价的材料、工程设备拟用在哪些清单项目上，投标人应将上述材料、工程设备暂估单价计入工程量清单综合单价报价中。

表-12-2

专业工程暂估价及结算价表

工程名称：　　　　　　　　　　　　　标段：　　　　　　　　　　　　　第　页共　页

序号	工程名称	工程内容	暂估金额/元	结算金额/元	差额±/元	备注

续表

序号	工程名称	工程内容	暂估金额/元	结算金额/元	差额±/元	备注
	合　计					

注:此表"暂估金额"由招标人填写,招标人应将"暂估金额"计入投标总价中。结算时按合同约定结算金额填写。

表-12-3

计日工表

工程名称:　　　　　　　　　　标段:　　　　　　　　　　　　第　页共　页

编号	项目名称	单位	暂定数量	实际数量	综合单价/元	合价/元	
						暂定	实际
一	人工						
1							
2							
3							
4							
	人工小计						
二	材料						
1							
2							
3							
4							
5							
	材料小计						
三	施工机械						
1							
2							
3							
4							
	施工机械小计						
四、企业管理费和利润							
	总　计						

注:此表项目名称、暂定数量由招标人填写,编制招标控制价时,单价由招标人按有关规定确定;投标时,单价由投标人自主确定,按暂定数量计算合价计入投标总价中;结算时,按发承包双方确定的实际数量计算合价。

表-12-4

总承包服务费计价表

工程名称：　　　　　　　　　　　标段：　　　　　　　　　　　　　　第　页共　页

序号	项目名称	项目价值/元	服务内容	计算基础	费率/(%)	金额/元
1	发包人发包专业工程					
2	发包人提供材料					
	合　计	—	—			

注：此表项目名称、服务内容由招标人填写，编制招标控制价时，费率及金额由招标人按有关计价规定确定；投标时，费率及金额由投标人自主报价，计入投标总价中。

表-12-5

十、编制规费、税金项目清单

1. 规费项目清单

(1)规费项目清单应按照下列内容列项：

1)社会保险费：包括养老保险费、失业保险费、医疗保险费、工伤保险费、生育保险费；

2)住房公积金；

3)工程排污费。

(2)出现未列的项目，应根据省级政府或省级有关部门的规定列项。

根据住房和城乡建设部、财政部印发的《建筑安装工程费用项目组成》的规定，规费包括工程排污费、社会保险费（养老保险、失业保险、医疗保险、工伤保险、生育保险）、住房公积金。规费作为政府和有关权力部门规定必须缴纳的费用，编制人对《建筑安装工程费用项目组成》未包括的规费项目，在编制规费项目清单时，应根据省级政府或省级有关权力部门的规定列项。

2. 税金项目清单

(1)税金项目清单应包括下列内容：

1)营业税；

2)城市维护建设税；

3)教育费附加；

4)地方教育附加。

(2)出现未列的项目，应根据税务部门的规定列项。

根据住房和城乡建设部、财政部印发的《建筑安装工程费用项目组成》的规定，目前我国税法规定应计入建筑安装工程造价的税种包括营业税、城市建设维护税、教育费附加和地方教育附加。如国家税法发生变化，税务部门依据职权增加了税种，应对税金项目清单进行补充。

规费、税金项目清单格式见表-13。

规费、税金项目计价表

工程名称：　　　　　　　　　　　　标段：　　　　　　　　　　　　　　第　页共　页

序号	项目名称	计算基础	计算基数	计算费率/(%)	金额/元
1	规费	定额人工费			
1.1	社会保险费	定额人工费			
(1)	养老保险费	定额人工费			
(2)	失业保险费	定额人工费			
(3)	医疗保险费	定额人工费			
(4)	工伤保险费	定额人工费			
(5)	生育保险费	定额人工费			
1.2	住房公积金	定额人工费			
1.3	工程排污费	按工程所在地环境保护部门收取标准，按实计入			
2	税金	分部分项工程费＋措施项目费＋其他项目费＋规费－按规定不计税的工程设备金额			
合　计					

编制人(造价人员)：　　　　　　　　　　　　　复核人(造价工程师)：

表-13

第二节　工程量清单计价编制

一、招标控制价编制与复核

1. 一般规定

(1)国有资金投资的建设工程招标，招标人必须编制招标控制价。若招标人不具备编制工程量清单的能力，可委托工程造价咨询人编制。

(2)招标控制价应由具有编制能力的招标人或受其委托具有相应资质的工程造价咨询人编制和复核。

(3)工程造价咨询人接受招标人委托编制招标控制价，不得再就同一工程接受投标人委托编制投标报价。

(4)招标控制价应按照《建设工程质量管理条例》第十条规定："建设工程发包单位不得迫使承包方以低于成本的价格竞标"。本条规定不应对所编制的招标控制价进行上浮或下调。

(5)当招标控制价超过批准的概算时，招标人应将其报原概算审批部门审核。

(6)招标人应在发布招标文件时公布招标控制价，同时，应将招标控制价及有关资料报送工程所在地或有该工程管辖权的行业管理部门工程造价管理机构备查。

2. 编制与复核依据

(1)"13计价规范"。

(2)国家或省级、行业建设主管部门颁发的计价定额和计价办法。

(3)建设工程设计文件及相关资料。

(4)拟定的招标文件及招标工程量清单。

(5)与建设项目相关的标准、规范、技术资料。

(6)施工现场情况、工程特点及常规施工方案。

(7)工程造价管理机构发布的工程造价信息,当工程造价信息没有发布时,参照市场价。

(8)其他的相关资料。

3. 招标控制价的编制与复核

(1)综合单价中应包括招标文件中划分的应由投标人承担的风险范围及其费用。招标文件中没有明确的,如是工程造价咨询人编制,应提请招标人明确;如是招标人编制,应予明确。

(2)分部分项工程和措施项目中的单价项目,应根据拟定的招标文件和招标工程量清单项目中的特征描述及有关要求确定综合单价计算:

1)采用的工程量应是招标工程量清单提供的工程量;

2)综合单价应按上述"2. 编制与复核依据"的依据确定;

3)招标文件提供了暂估单价的材料,应按招标文件确定的暂估单价计入综合单价;

4)综合单价应当包括招标文件中招标人要求投标人所承担的风险内容及其范围(幅度)产生的风险费用。

(3)措施项目中的总价项目应根据拟定的招标文件和常规施工方案按规范的规定计价。规费和税金按规范规定计算。

(4)其他项目应按下列规定计价:

1)暂列金额应按招标工程量清单中列出的金额填写;暂列金额由招标人根据工程特点、工期长短,按有关计价规定进行估算确定,一般可以分部分项工程费的10%~15%为参考。

2)暂估价中的材料、工程设备单价应按招标工程量清单中列出的单价计入综合单价;暂估价中的材料单价应按照工程造价管理机构发布的工程造价信息或参考市场价格确定。

3)暂估价中的专业工程金额应按招标工程量清单中列出的金额填写;暂估价中的专业工程暂估价应分不同专业,按有关计价规定估算。

4)计日工应按招标工程量清单中列出的项目根据工程特点和有关计价依据确定综合单价计算;招标人应根据工程特点,按照列出的计日工项目和有关计价依据计算。

5)总承包服务费应根据招标工程量清单列出的内容和要求估算。招标人应根据招标文件中列出的内容和向总承包人提出的要求参照下列标准计算:

①招标人仅要求对分包的专业工程进行总承包管理和协调时,按分包的专业工程估算造价的1.5%计算;

②招标人要求对分包的专业工程进行总承包管理和协调并同时要求提供配合服务时,根据招标文件中列出的配合服务内容和提出的要求按分包的专业工程估算造价的3%~5%计算;

③招标人自行供应材料的,按招标人供应材料价值的 1‰计算。

(5)规费和税金应按国家或省级、行业建设主管部门规定的标准计算。

4. 招标控制价编制使用表格

(1)使用表格。招标控制价使用表格包括:封-2、扉-2、表-01(见本章第一节相关表格)、表-02、表-03、表-04、表-08(见本章第一节相关表格)、表-09、表-11(见本章第一节相关表格)、表-12(含表-12-1~表-12-5,相关表格见本章第一节)、表-13(见本章第一节相关表格)、表-20(见本书第一章第三节相关表格)、表-21(见本书第一章第三节相关表格)或表-22(见本书第一章第三节相关表格)。

_____工程

招标控制价

招　标　人:_____
　　　　　　　　(单位盖章)

造价咨询人:_____
　　　　　　　　(单位盖章)

年　　月　　日

_____工程

招标控制价

招标控制价(小写)：_____

(大写)：_____

招 标 人：_____　　　　造价咨询人：_____
　　　　　(单位盖章)　　　　　　　　　　　　(单位资质专用章)

法定代表人　　　　　　　　　　　　法定代表人
或其授权人：_____　　　或其授权人：_____
　　　　　(签字或盖章)　　　　　　　　　　　(签字或盖章)

编 制 人：_____　　　　复 核 人：_____
　　　(造价人员签字盖专用章)　　　　　　(造价工程师签字盖专用章)

编制时间：　年　月　日　　　　　复核时间：　年　月　日

建设项目招标控制价/投标报价汇总表

工程名称： 第 页共 页

序号	单项工程名称	金额/元	其中:元		
			暂估价	安全文明施工费	规费
合　计					

注:本表适用于建设项目招标控制价的汇总。

表-02

单项工程招标控制价/投标报价汇总表

工程名称： 第 页共 页

序号	单项工程名称	金额/元	其中:元		
			暂估价	安全文明施工费	规费
合　计					

表-03

单位工程招标控制价/投标报价汇总表

工程名称： 标段：

序号	汇总内容	金额/元	其中:暂估价/元
1	分部分项工程		
1.1			
1.2			
1.3			
1.4			
1.5			

续表

序号	汇总内容	金额/元	其中:暂估价/元
2	措施项目费		
2.1	其中:安全文明施工费		
3	其他项目费		
3.1	其中:暂列金额		
3.2	其中:专业工程暂估价		
3.3	其中:计日工		
3.4	其中:总承包服务费		
4	规费	按规定标准计算	
5	税金	(1+2+3+4)×规定税率	

招标控制价合计=1+2+3+4+5

注:表本适用于单位工程招标控制价的汇总,如无单位工程划分,单项工程也使用本表汇总。

表-04

综合单价分析表

工程名称: 标段: 第 页共 页

项目编码		项目名称		计量单位		工程量	

清单综合单价组成明细

定额编号	定额名称	定额单位	数量	单 价				合 价			
				人工费	材料费	机械费	管理费和利润	人工费	材料费	机械费	管理费和利润

人工单价		小 计									
元/工日		未计价材料费									
清单项目综合单价											

材料费明细	主要材料名称、规格、型号	单位	数量	单价/元	合价/元	暂估单价/元	暂估合价/元
	其他材料费			—		—	
	材料费小计			—		—	

注:1. 如不使用省级或行业建设主管部门发布的计价依据,可不填定额项目、编号等。

    2. 招标文件提供了暂估单价的材料,按暂估的单价填入表内"暂估单价"栏及"暂估合价"栏。

表-9

(2)填写方法：

1)封-2。招标控制价封面应填写招标工程项目的具体名称，招标人应盖单位公章，如委托工程造价咨询人编制，还应加盖工程造价咨询人所在单位公章。

2)扉-2。本封面由招标人或招标人委托的工程造价咨询人编制招标控制价时填写。

①招标人自行编制招标控制价的，编制人员必须是在招标人单位注册的造价人员，由招标人盖单位公章，法定代表人或其授权人签字或盖章；当编制人是注册造价工程师时，由其签字盖执业专用章；当编制人是造价员时，由其在编制人栏签字盖专用章，并应由注册造价工程师复核，在复核人栏签字盖执业专用章。

②招标人委托工程造价咨询人编制招标控制价的，编制人员必须是在工程造价咨询人单位注册的造价人员。由工程造价咨询人盖单位资质专用章，法定代表人或其授权人签字或盖章；当编制人是注册造价工程师时，由其签字盖执业专用章；当编制人是造价员时，由其在编制人栏签字盖专用章，并应由注册造价工程师复核，在复核人栏签字盖执业专用章。

3)总说明(表-01)。招标控制价中总说明应包括的内容有：①采用的计价依据；②采用的施工组织设计；③采用的材料价格来源；④综合单价中风险因素、风险范围(幅度)；⑤其他等。

4)工程计价汇总表。"13计价规范"对编制招标控制价和投标价汇总表共设计了3种，包括建设项目招标控制价/投标报价汇总表(表-02)、单项工程招标控制价/投标报价汇总表(表-03)、单位工程招标控制价/投标报价汇总表(表-04)。

由于编制招标控制价和投标价包含的内容相同，只是对价格的处理不同，因此，招标控制价和投标报价汇总表使用同一表格。实践中，对招标控制价或投标报价可分别印制本表格。使用本表格编制投标报价时，汇总表中的投标总价与投标中标函中投标报价金额应当一致。如不一致时以投标中标函中填写的大写金额为准。

5)分部分项工程和单价措施项目计价表(表-08)，使用本表"综合单价"、"合计"以及"其中：暂估价"按"13计价规范"的规定填写。

6)综合单价分析表(表-09)，使用本表应填写使用的省级或行业建设主管部门发布的计价定额名称。

7)总价措施项目计价表(表-11)。编制招标控制价时，计费基础、费率应按省级或行业建设主管部门的规定计取。

8)其他项目清单与计价汇总表(表-12)。编制招标控制价，应按有关计价规定估算"计日工"和"总承包服务费"。如招标工程量清单中未列"暂列金额"，应按有关规定编列。

9)暂列金额明细表(表-12-1)。暂列金额在实际履约过程中可能发生，也可能不发生。本表要求招标人能将暂列金额与拟用项目列出明细，但如确实不能详列也可只列暂定金额总额，投标人应将上述暂列金额计入投标总价中。

10)材料(工程设备)暂估单价及调整表(表-12-2)。暂估价是在招标阶段预见肯定要发生，只是因为标准不明确或者需要由专业承包人完成，暂时无法确定材料、工程设备的具体价格而采用的一种临时性计价方式。暂估价的材料、工程设备数量应在表内填写，拟用项目应在本表备注栏给予补充说明。

"13计价规范"要求招标人针对每一类暂估价给出相应的拟用项目，即按照材料、工程设备的名称分别给出，这样的材料、工程设备暂估价能够纳入到清单项目的综合单价中。

11)专业工程暂估价及结算价表(表-12-3)。专业工程暂估价应在表内填写工程名称、工程内容、暂估金额。

12)计日工表(表-12-4)。编制招标控制价时,人工、材料、机械台班单价由招标人按有关计价规定填写并计算合价。

13)总承包服务费计价表(表-12-5)。编制招标控制价时,招标人按有关计价规定计价。

14)规费、税金项目计价表(表-13)。填写方法见本章第一节。

5. 投诉与处理

(1)投标人经复核认为招标人公布的招标控制价未按照"13 计价规范"的规定进行编制的,应在招标控制价公布后 5 天内向招投标监控机构和工程造价管理机构投诉。

(2)投诉人投诉时,应当提交由单位盖章和法定代表人或其委托人签名或盖章的书面投诉书。投诉书应包括下列内容:

1)投诉人与被投诉人的名称、地址及有效联系方式;

2)投诉的招标工程名称、具体事项及理由;

3)投诉依据及有关证明材料;

4)相关的请求及主张。

(3)投诉人不得进行虚假、恶意投诉,阻碍招投标活动的正常进行。

(4)工程造价管理机构在接到投诉书后应在 2 个工作日内进行审查,对有下列情况之一的,不予受理:

1)投诉人不是所投诉招标工程招标文件的收受人;

2)投诉书提交的时间不符合"(1)"规定的;

3)投诉书不符合"(2)"规定的;

4)投诉事项已进入行政复议或行政诉讼程序的。

(5)工程造价管理机构应在不迟于结束审查的次日将是否受理投诉的决定书面通知投诉人、被投诉人以及负责该工程招投标监督的招投标管理机构。

(6)工程造价管理机构受理投诉后,应立即对招标控制价进行复查,组织投诉人、被投诉人或其委托的招标控制价编制人等单位人员对投诉问题逐一核对。有关当事人应当予以配合,并应保证所提供资料的真实性。

(7)工程造价管理机构应当在受理投诉的 10 天内完成复查,特殊情况下可适当延长,并做出书面结论通知投诉人、被投诉人及负责该工程招投标监督的招投标管理机构。

(8)当招标控制价复查结论与原公布的招标控制价误差大于±3%时,应当责成招标人改正。

(9)招标人根据招标控制价复查结论需要重新公布招标控制价的,其最终公布的时间至招标文件要求提交投标文件截止时间不足 15 天的,应相应延长投标文件的截止时间。

二、投标报价编制与复核

1. 一般规定

(1)投标价应由投标人或受其委托具有相应资质的工程造价咨询人编制。

(2)投标报价编制和确定的最基本特征是投标人自主报价,它是市场竞争形成价格的体现。但投标人自主决定投标报价必须由投标人或受其委托具有相应资质的工程造价咨询人编制。

(3)投标报价不得低于工程成本。《中华人民共和国招标投标法》第三十二条规定："投标人不得以低于成本的报价竞标"。与"08 计价规范"相比,将"投标报价不得低于工程成本"上升为强制性条文,并单列一条,将成本定义为工程成本,而不是企业成本,这就使判定投标报价是否低于成本有了一定的可操作性。因为:

1)工程成本包含在企业成本中,二者的概念不同,涵盖的范围不同,某一单个工程的盈或亏,并不必然表现为整个企业的盈或亏。

2)建设工程施工合同是特殊的加工承揽合同,以施工企业成本来判定单一工程施工成本对发包人也是不公平的。因发包人需要控制和确定的是其发包的工程项目造价,无须考虑承包该工程的施工企业成本。

3)相对于一个地区而言,一定时期范围内,同一结构的工程成本基本上会趋于一个较稳定的值,这就使得对同类型工程成本的判断有了可操作的比较标准。

(4)实行工程量清单招标,招标人在招标文件中提供招标工程量清单,其目的是使各投标人在投标报价中具有共同的竞争平台。因此,投标人必须按招标工程量清单填报价格。项目编码、项目名称、项目特征、计量单位、工程量必须与招标工程量清单一致。

(5)根据《中华人民共和国政府采购法》第二条和第四条的规定,财政性资金投资的工程属政府采购范围,政府采购工程进行招标投标的,适用招标投标法。

《中华人民共和国政府采购法》第三十六条规定:"在招标采购中,出现下列情形之一的,应予废标……(三)投标人的报价均超过了采购预算,采购人不能支付的"。

《中华人民共和国招标投标法实施条例》第五十一条规定:"有下列情形之一的,评标委员会应当否决其投标:……(五)投标报价低于成本或者高于招标文件设定的最高投标限价"。

国有资金投资的工程,其招标控制价相当于政府采购中的采购预算,且其定义就是最高投标限价。因此本条规定在国有资金投资工程的招投标活动中,投标人的投标报价不能超过招标控制价,否则,应予废标。

2. 编制与复核依据

《建筑工程施工发包与承包计价管理办法》(建设部令第 107 号)第七条规定,投标报价应当依据企业定额和市场价格信息,并按照国务院和省、自治区、直辖市人民政府建设行业主管部门发布的工程造价计价办法进行编制,编制和复核的依据如下:

(1)"13 计价规范"。

(2)国家或省级、行业建设主管部门颁发的计价办法。

(3)企业定额,国家或省级、行业建设主管部门颁发的计价定额和计价办法。

(4)招标文件、招标工程量清单及其补充通知、答疑纪要。

(5)建设工程设计文件及相关资料。

(6)施工现场情况、工程特点及投标时拟定的施工组织设计或施工方案。

(7)与建设项目相关的标准、规范等技术资料。

(8)市场价格信息或工程造价管理机构发布的工程造价信息。

(9)其他的相关资料。

3. 投标报价的编制与复核

(1)综合单价中应包括招标文件中划分的应由投标人承担的风险范围及其费用,招标文件中没有明确的,应提请招标人明确。

(2)分部分项工程和措施项目中的单价项目,应根据招标文件和招标工程量清单项目中的特征描述确定综合单价计算。分部分项工程和措施项目中的单价项目最主要的是确定综合单价,包括:

1)确定依据。确定分部分项工程和措施项目中的单价项目综合单价的最重要依据之一是该清单项目的特征描述,投标人投标报价时应依据招标工程量清单项目的特征描述确定清单项目的综合单价。在招投标过程中,当出现招标工程量清单特征描述与设计图纸不符时,投标人应以招标工程量清单的项目特征描述为准,确定投标报价的综合单价。当施工中施工图纸或设计变更与招标工程量清单项目特征描述不一致时,发承包双方应按实际施工的项目特征依据合同约定重新确定综合单价。

2)材料、工程设备暂估价。招标工程量清单中提供了暂估单价的材料、工程设备,按暂估的单价进入综合单价。

3)风险费用。招标文件中要求投标人承担的风险内容和范围,投标人应考虑进入综合单价。在施工过程中,当出现的风险内容及其范围(幅度)在招标文件规定的范围内时,合同价款不作调整。

(3)措施项目中的总价项目金额应根据招标文件及投标时拟定的施工组织设计或施工方案,按规定自主确定。其中安全文明施工费应按规定确定。

1)措施项目的内容应依据招标人提供的措施项目清单和投标人投标时拟定的施工组织设计或施工方案;

2)措施项目费由投标人自主确定,但其中安全文明施工费必须按国家或省级、行业建设主管部门的规定确定。

(4)其他项目应按下列规定报价:

1)暂列金额应按招标工程量清单中列出的金额填写,不得变动;

2)暂估价不得变动和更改材料、工程设备暂估价应按招标工程量清单中列出的单价计入综合单价;专业工程暂估价应按招标工程量清单中列出的金额填写;

3)计日工应按招标工程量清单中列出的项目和数量,自主确定综合单价并计算计日工金额;

4)总承包服务费应依据招标人在招标文件中列出的分包专业工程内容和供应材料、设备情况,按照招标人提出协调、配合与服务要求和施工现场管理需要自主确定。

(5)规费和税金应按《建设工程工程量清单计价规范》(GB 50500—2013)规定确定。

(6)招标工程量清单与计价表中列明的所有需要填写单价和合价的项目,投标人均应填写且只允许有一个报价。未填写单价和合价的项目,可视为此项费用已包含在已标价工程量清单中其他项目的单价和合价之中。当竣工结算时,此项目不得重新组价予以调整。

(7)投标总价应当与分部分项工程费、措施项目费、其他项目费和规费、税金的合计金额一致。即投标人在进行工程量清单招标的投标报价时,不能进行投标总价优惠(或降价、让利),投标人对投标报价的任何优惠(或降价、让利)均应反映在相应清单项目的综合单价中。

4. 投标报价编制使用表格

(1)使用表格。投标报价使用的表格包括:封-3、扉-3、表-01(见本章第一节相关表格)、表-02(见本节"一、"相关表格)、表-03(见本节"一、"相关表格)、表-04(见本节"一、"相关表格)、表-08(见本章第一节相关表格)、表-09(见本节"一、"相关表格)、表-11(见本章第一节相关表格)、表-12(含表-12-1～表-12-5,见本章第一节相关表格)、表-13(见本章第一节相关表格)、表-16、表-20(见本书第一章第三节相关表格)、表-21(见本书第一章第三节相关表格)或表-22(见本书第一章第三节相关表格)。

_____工程

投 标 总 价

投 标 人:_____
（单位盖章）

年　　月　　日

招 标 总 价

招 标 人：＿＿＿＿＿＿＿＿＿＿＿＿＿＿＿＿＿

工程名称：＿＿＿＿＿＿＿＿＿＿＿＿＿＿＿＿＿

投标总价（小写）：＿＿＿＿＿＿＿＿＿＿＿＿＿

（大写）：＿＿＿＿＿＿＿＿＿＿＿＿＿

投　标　人：＿＿＿＿＿＿＿＿＿＿＿＿＿＿＿＿

（单位盖章）

法定代表人

或其授权人：＿＿＿＿＿＿＿＿＿＿＿＿＿＿＿＿

（签字或盖章）

编 制 人：＿＿＿＿＿＿＿＿＿＿＿＿＿＿＿＿

（造价人员签字盖专用章）

时　　间：　　年　月　日

总价项目进度款支付分解表

工程名称： 标段： 单位:元

序号	项目名称	总价金额	首次支付	二次支付	三次支付	四次支付	五次支付	
	安全文明施工费							
	夜间施工增加费							
	二次搬运费							
	社会保险费							
	住房公积金							
合　计								

编制人(造价人员)：　　　　　　　　　　　　　　　　复核人(造价工程师)：

注：1. 本表应由承包人在投标报价时根据发包人在招标文件明确的进度款支付周期与报价填写，签订合同时，发承包双方可就支付分解协商调整后作为合同附件。

2. 单价合同使用本表，"支付"栏时间应与单价项目进度款支付周期相同。

3. 总价合同使和本表，"支付"栏时间应与约定的工程计量周期相同。

表-16

（2）填写方法：

1）封-3。投标总价封面应填写投标工程项目的具体名称，投标人应盖单位公章。

2）扉-3。本扉页由投标人编制投标报价时填写。投标人编制投标报价时，编制人员必须是在投标人单位注册的造价人员。由投标人盖单位公章，法定代表人或其授权签字或盖章；编制的造价人员（造价工程师或造价员）签字盖执业专用章。

3）总说明（表-01）。投标报价总说明应包括的内容有：①采用的计价依据；②采用的施工组织设计；③综合单价中包含的风险因素，风险范围（幅度）；④措施项目的依据；⑤其他有关内容的说明等。

4）工程计价汇总表。填写方法见本节"一、"相关内容。

5）分部分项工程和单价措施项目计价表（表-08）。投标人对表中的"项目编码"、"项目名称"、"项目特征"、"计量单位"、"工程量"均不应做改动。"综合单价"、"合价"自主决定填写，对其中的"暂估价"栏，投标人应将招标文件中提供了暂估材料单价的暂估价计入综合单价，并应计算出暂估单价的材料在"综合单价"及其"合价"中的具体数额，因此，为更详细反应暂估价情况，也可在表中增设一栏"综合单价"其中的"暂估价"。

6）综合单价分析表，使用本表可填写使用的企业定额名称，也可填写省级或行业建设主管部门发布的计价定额，如不使用则不填写。

7）总价措施项目计价表（表-11）。编制投标报价时，除"安全文明施工费"必须按"13 计价规范"的强制性规定,按省级、行业建设主管部门的规定计取外,其他措施项目均可根据投标施工组织设计自主报价。

8)其他项目计价汇总表(表-12)。编制投标报价,应按招标文件工程量清单提供的"暂列金额"和"专业工程暂估价"填写金额,不得变动。"计日工"、"总承包服务费"自主确定报价。

9)暂列金额明细表(表-12-1)。填写方法见本节"一、"相关内容。

10)材料(工程设备)暂估单价及调整表(表-12-2)。填写方法见本节"一、"相关内容。

11)专业工程暂估价及结算价表(表-12-3)。专业工程暂估价应在表内填写工程名称、工程内容、暂估金额,投标人应将上述金额计入投标总价中。专业工程暂估价项目及其表中列明的专业工程暂估价,是指分包人实施专业工程的含税金后的完整价,除了合同约定的发包人应承担的总包管理、协调、配合和服务责任所对应的总承包服务费以外,承包人为履行其总包管理、配合、协调和服务所需产生的费用应该包括在投标报价中。

12)计日工表(表-12-4)。编制投标报价时,人工、材料、机械台班单价由投标人自主确定,按已给暂估数量计算合价计入投标总价中。

13)总承包服务费计价表(表-12-5)。编制投标报价时,由投标人根据工程量清单中的总承包服务内容,自主决定报价。

14)规费、税金项目计价表(表-13)。填写方法见本章第一节。

15)总价项目进度款支付分解表(表-16)。由承包人代表在每个计量周期结束后发包人提出,由发包人授权的现场代表复核工程量,由发包人授权的造价工程师复核应付款项,经发包人批准实施。

三、竣工结算编制与复核

1. 一般规定

(1)工程完工后,发承包双方必须在合同约定时间内办理工程竣工结算。

(2)工程竣工结算应由承包人或受其委托具有相应资质的工程造价咨询人编制,并应由发包人或受其委托具有相应资质的工程造价咨询人核对。

(3)工程完工后的竣工结算,是建设工程施工合同签约双方的共同权利和责任。由于社会分工的日益精细化,主要由发包人委托工程造价咨询人进行竣工结算审核已是现阶段办理竣工结算的主要方式。这一方式对建设单位有效控制投资,加快结算进度,提高社会效益等方面发挥了积极作用,但也存在个别工程造价咨询人不讲质量,不顾发承包双方或一方的反对,单方面出具竣工结算文件的现象,由于施工合同签约中的一方或双方不签字盖章认可,从而也不具有法律效力,但却形成了合同价款争议,影响结算的办理。因此,当发承包双方或一方对工程造价咨询人出具的竣工结算文件有异议时,可向工程造价管理机构投诉,申请对其进行执业质量鉴定。

(4)工程造价管理机构对投诉的竣工结算文件进行质量鉴定,宜按工程造价鉴定相关规定进行。

(5)竣工结算办理完毕,发包人应将竣工结算文件报送工程所在地或有该工程管辖权的行业管理部门的工程造价管理机构备案,竣工结算文件应作为工程竣工验收备案、交付使用的必备文件。

2. 编制与复核依据

(1)"13 计价规范"。

(2)工程合同。

(3)发承包双方实施过程中已确认的工程量及其结算的合同价款。

(4)发承包双方实施过程中已确认调整后追加(减)的合同价款。

(5)建设工程设计文件及相关资料。

(6)投标文件。

(7)其他依据。

3. 竣工结算编制与复核

(1)分部分项工程和措施项目中的单价项目应依据发承包双方确认的工程量与已标价工程量清单的综合单价计算;发生调整的,应以发承包双方确认调整的综合单价计算。

(2)措施项目中的总价项目应依据已标价工程量清单的项目和金额计算;发生调整的,应以发承包双方确认调整的金额计算,其中安全文明施工费应按照国家或省级、行业建设主管部门的规定计算。施工过程中,国家或省级、行业建设主管部门对安全文明施工费进行了调整的,措施项目费中和安全文明施工费应作相应调整。

(3)其他项目应按下列规定计价:

1)计日工的费用应按发包人实际签证确认的数量和合同约定的相应单价计算。

2)暂估价中的材料是招标采购的,其单价按中标价在综合单价中调整;暂估价中的材料为非招标采购的,其单价按发承包双方最终确认的单价在综合单价中调整。

暂估价中的专业工程是招标采购的,其金额按中标价计算;暂估价中的专业工程为非招标采购的,其金额按发、承包双方与分包人最终确认的金额计算。

3)总承包服务费应依据已标价工程量清单金额计算;发生调整的,应以发承包双方确认调整的金额计算。

4)索赔事件产生的费用在办理竣工结算时应在其他项目中反映。索赔金额应依据发承包双方确认的索赔项目和金额计算。

5)现场签证发生的费用在办理竣工结算时应在其他项目中反映。现场签证金额依据发承包双方签证确认的金额计算。

6)合同价款中的暂列金额在用于各项价款调整、索赔与现场签证后,若有余额,则余额归发包人,若出现差额,则由发包人补足并反映在相应工程的合同价款中。

(4)规费和税金应按规定计算。规费中的工程排污费应按工程所在地环境保护部门规定的标准缴纳后按实列入。

(5)由于竣工结算与合同工程实施过程中的工程计量及其价款结算、进度款支付、合同价款调整等具有内在联系,因此发承包双方在合同工程实施过程中已经确认的工程计量结果和合同价款,在竣工结算办理中应直接进入结算,从而简化结算流程。

4. 竣工结算编制使用表格

(1)使用表格。竣工结算使用的表格包括:封-4、扉-4、表-01(见本章第一节相关表格)、表-05、表-06、表-07、表-08(见本章第一节相关表格)、表-09(见本节"一、"相关表格)、表-10、表-11(见本章第一节相关表格)、表-12(其中表-12-1~表-12-5)、表-13(见本章第一节相关表格)、表-14、表-15、表-16(见本节"二、"相关表格)、表-17、表-18、表-19、表-20(见本书第一章第三节相关表格)、表-21(见本书第一章第三节相关表格)或表-22(见本书第一章第三节相关表格)。

_____工程

竣工结算书

发　包　人：_____
(单位盖章)

承　包　人：_____
(单位盖章)

造价咨询人：_____
(单位盖章)

年　　月　　日

_____工程

竣工结算总价

签约合同价(小写):_____(大写):_____

竣工结算价(小写):_____(大写):_____

发 包 人:_____　　承包人:_____　　造价咨询人:_____
　　　(单位盖章)　　　　　　(单位盖章)　　　　　　(单位资质专用章)

法定代表人　　　　　　法定代表人　　　　　　法定代表人

或其授权人:_____　或其授权人:_____　或其授权人:_____
　　(签字或盖章)　　　　　(签字或盖章)　　　　　(签字或盖章)

编 制 人:_____　　　核 对 人:_____
　(造价人员签字盖专用章)　　　　(造价工程师签字盖专用章)

编制时间: 年 月 日　　　　核对时间: 年 月 日

建设项目竣工结算汇总表

工程名称：　　　　　　　　　　　　　　　　　　　　　　　　　　第 页共 页

序号	单项工程名称	金额/元	其中:元	
			安全文明施工费	规费
合　计				

表-05

单项工程竣工结算汇总表

工程名称：　　　　　　　　　　　　　　　　　　　　　　　　　　第 页共 页

序号	单项工程名称	金额/元	其中:元	
			安全文明施工费	规费
合　计				

表-06

单位工程竣工结算汇总表

工程名称：　　　　　　　　　标段：　　　　　　　　　　　第 页共 页

序号	汇总内容	金　额/元
1	分部分项工程	
1.1		
1.2		
1.3		
1.4		
1.5		
2	措施项目	
2.1	其中:安全文明施工费	
3	其他项目	
3.1	其中:专业工程结算价	
3.2	其中:计日工	

续表

序号	汇总内容	金 额/元
3.3	其中:总承包服务费	
3.4	其中:索赔与现场签证	
4	规费	
5	税金	

招标控制价合计＝1＋2＋3＋4＋5

注:如无单位工程划分,单项工程也使用本表汇总

表-07

综合单价调整表

工程名称:　　　　　　　　　　标段:　　　　　　　　　　第 页共 页

序号	项目编码	项目名称	已标价清单综合单价/元					调整后综合单价/元				
			综合单价	其中				综合单价	其中			
				人工费	材料费	机械费	管理费和利润		人工费	材料费	机械费	管理费和利润

造价工程师(签章):　　　发包人代表(签章):　　　造价人员(签章):　　　承包人代表(签章):

日期:　　　　　　　　　　　　　　　日期:

注:综合单价调整应附调整依据。

表-10

索赔与现场签证计价汇总表

工程名称:　　　　　　　　　　标段:　　　　　　　　　　第 页共 页

序号	签证及索赔项目名称	计量单位	数量	单价/元	合价/元	索赔及签证依据
—	本页小计	—	—	—		
—	合 计	—	—	—		

注:签证及索赔依据是指经双方认可的签证单和索赔依据的编号。

表-12-6

费用索赔申请(核准)表

工程名称：　　　　　　　　　　标段：　　　　　　　　　　编号：

致：_____（发包人全称） 　　根据施工合同条款_____条的约定，由于_____原因，我方要求索赔金额(大写)_____（小 写_____元)，请予核准。 附：1. 费用索赔的详细理由和依据： 　　2. 索赔金额的计算： 　　3. 证明材料：   　　　　　　　　　　　　　　　　　　　　　　　　　　　　承包人(章)   　　造价人员_____　　　承包人代表_____　　　日　期_____

复核意见：	复核意见：
根据施工合同条款_____条的约定，你方提出的费用索赔申请经复核： 　　□不同意此项索赔，具体意见见附件。 　　□同意此项索赔，索赔金额的计算，由造价工程师复核。 　　　　　　　　　监理工程师_____ 　　　　　　　　　日　期_____	根据施工合同条款_____条的约定，你方提出的费用索赔申请经复核，索赔金额为(大写)_____ (小写_____)。 　　　　　　　　　造价工程师_____ 　　　　　　　　　日　期_____

审核意见： 　　□不同意此项索赔。 　　□同意此项索赔，与本期进度款同期支付。   　　　　　　　　　　　　　　　　　　　　　　　　　发包人(章) 　　　　　　　　　　　　　　　　　　　　　　　　　发包人代表_____ 　　　　　　　　　　　　　　　　　　　　　　　　　日　期_____

注：1. 在选择栏中的"□"内做标识"√"。

　　2. 本表一式四份，由承包人填报，发包人、监理人、造价咨询人、承包人各存一份。

表-12-7

现场签证表

工程名称：　　　　　　　　　　　　标段：　　　　　　　　　　　　编号：

施工部位		日期	

致：＿＿＿＿＿＿＿＿＿＿＿＿＿＿＿＿＿＿＿＿＿＿＿＿＿＿＿＿＿＿＿＿＿＿（发包人全称）

　　根据＿＿＿＿＿＿＿＿（指令人姓名）＿＿年＿月＿日的口头指令或你方＿＿＿＿＿＿＿＿＿（或监理人）＿＿年＿月＿日的书面通知，我方要求完成此项工作应支付价款金额为（大写）＿＿＿＿＿（小写＿＿＿＿＿），请予核准。

附：1. 签证事由及原因：

　　2. 附图及计算式：

承包人（章）

造价人员＿＿＿＿＿＿＿＿＿＿　　承包人代表＿＿＿＿＿＿＿＿＿＿　　日　期＿＿＿＿＿＿＿＿＿＿

复核意见：	复核意见：
你方提出的此项签证申请经复核： □不同意此项签证，具体意见见附件。 □同意此项签证，签证金额的计算，由造价工程师复核。	□此项签证按承包人中标的计日工单价计算，金额为（大写）＿＿＿＿＿＿元（小写＿＿＿＿＿元）。 　□此项签证因无计日工单价，金额为（大写）＿＿＿＿＿＿元（小写＿＿＿＿＿）。
监理工程师＿＿＿＿＿＿＿＿＿ 日　期＿＿＿＿＿＿＿＿＿	造价工程师＿＿＿＿＿＿＿＿＿ 日　期＿＿＿＿＿＿＿＿＿

审核意见：

　□不同意此项签证。

　□同意此项签证，价款与本期进度款同期支付。

发包人（章）＿＿＿＿＿＿＿＿＿

发包人代表＿＿＿＿＿＿＿＿＿

日　期＿＿＿＿＿＿＿＿＿

注：1. 在选择栏中的"□"内做标识"√"。

　　2. 本表一式四份，由承包人在收到发包人（监理人）的口头或书面通知后填写，发包人、监理人、造价咨询人、承包人各存一份。

表-12-8

工程计量申请（核准）表

工程名称：　　　　　　　　　　　　　　标段：　　　　　　　　　　　　　第　页　共　页

序号	项目编码	项目名称	计量单位	承包人申报数量	发包人核实数量	发承包人确认数量	备注

承包人代表：	监理工程师：	造价工程师：	发包人代表：
日期：	日期：	日期：	日期：

表-14

预付款支付申请（核准）表

工程名称：　　　　　　　　　　　　　　标段：　　　　　　　　　　　　　编号：

致：_____（发包人全称）

　　我方根据施工合同的约定，现申请支付工程预付款额为（大写）_____

（小写_____），请予核准。

序号	名　称	申请金额/元	复核金额/元	备　注
1	已签约合同价款金额			
2	其中:安全文明施工费			
3	应支付的预付款			
4	应支付的安全文明施工费			
5	合计应支付的预付款			

　　　　　　　　　　　　　　　　　　　　　　　　　　　承包人（章）

　　造价人员_____　　　承包人代表_____　　日　期_____

复核意见： □与合同约定不相符,修改意见见附件。 □与合同约定相符,具体金额由造价工程师复核。 　　　　　　监理工程师_____ 　　　　　　日　期_____	复核意见： 　　你方提出的支付申请经复核,应支付预付款金额 为（大写）_____（小写_____）。 　　　　　　造价工程师_____ 　　　　　　日　期_____

审核意见：
□不同意。
□同意,支付时间为本表签发后的 15 天内。

　　　　　　　　　　　　　　　　　　　　　　　　　　　发包人（章）
　　　　　　　　　　　　　　　　　　　　　　　　发包人代表_____
　　　　　　　　　　　　　　　　　　　　　　　　日　期_____

注:1. 在选择栏中"□"内做标识"√"。

　　2. 本表一式四份,由承包人填报,发包人、监理人、造价咨询人、承包人各存一份。

表-15

进度款支付申请(核准)表

工程名称：　　　　　　　　　　　标段：　　　　　　　　　　　编号：

致：_____（发包人全称）

　　我方于_____至_____期间已完成了_____工作,根据施工合同的约定,现申请支付本周期的合同款额为(大写)_____(小写_____),请予核准。

序号	名　称	实际金额/元	申请金额/元	复核金额/元	备　注
1	累计已完成的合同价款		—		
2	累计已实际支付的合同价款		—		
3	本周期合计完成的合同价款				
3.1	本周期已完成单价项目的金额				
3.2	本周期应支付的总价项目的金额				
3.3	本周期已完成的计日工价款				
3.4	本周期应支付的安全文明施工费				
3.5	本周期应增加的合同价款				
4	本周期合计应扣减的金额				
4.1	本周期应抵扣的预付款				
4.2	本周期应扣减的金额				
5	本周期应支付的合同价款				

附：上述3、4详见附件清单。

　　　　　　　　　　　　　　　　　　　　　　　　　　　　　承包人(章)

　　造价人员_____　　　　承包人代表_____　　　日　期_____

复核意见： □与实际施工情况不相符,修改意见见附件。 □与实际施工情况相符,具体金额由造价工程师复核。 　　　　　　　　　监理工程师_____ 　　　　　　　　　日　期_____	复核意见： 　　你方提出的支付申请经复核,本周期已完成合同款额为(大写)_____(小写_____),本周期应支付金额为(大写)_____(小写_____)。 　　　　　　　　　造价工程师_____ 　　　　　　　　　日　期_____

审核意见：

□不同意。

□同意,支付时间为本表签发后的15天内。

　　　　　　　　　　　　　　　　　　　　　　　　　　　　　发包人(章)

　　　　　　　　　　　　　　　　　　　　　　　　　　　　　发包人代表_____

　　　　　　　　　　　　　　　　　　　　　　　　　　　　　日　期_____

注：1. 在选择栏中"□"内做标识"√"。

　　2. 本表一式四份,由承包人填报,发包人、监理人、造价咨询人、承包人各存一份。

表-17

竣工结算款支付申请(核准)表

工程名称：　　　　　　　　　　　标段：　　　　　　　　　　　编号：

致：_____（发包人全称）

　　我方于_____至_____期间已完成合同约定的工作,工程已完工,根据施工合同的约定,现申请支付竣工结算合同款额为(大写)_____(小写_____),请予核准。

序号	名　称	申请金额/元	复核金额/元	备　注
1	竣工结算合同价款总额			
2	累计已实际支付的合同价款			
3	应预留的质量保证金			
4	应支付的竣工结算款金额			

承包人(章)

造价人员_____　　　承包人代表_____　　　日　期_____

复核意见：	复核意见：
□与实际施工情况不相符,修改意见见附件。 □与实际施工情况相符,具体金额由造价工程师复核。	你方提出的竣工结算款支付申请经复核,竣工结算款总额为（大写）_____（小写_____）,扣除前期支付以及质量保证金后应支付金额为(大写)_____（小写_____）。
监理工程师_____ 日　期_____	造价工程师_____ 日　期_____

审核意见：
□不同意。
□同意,支付时间为本表签发后的 15 天内。

发包人(章)
发包人代表_____
日　期_____

注:1. 在选择栏中"□"内做标识"√"。
　　2. 本表一式四份,由承包人填报,发包人、监理人、造价咨询人、承包人各存一份。

表-18

最终结算清支付申请(核准)表

工程名称：　　　　　　　　　　　　标段：　　　　　　　　　　　　编号：

致：_____（发包人全称）

　　我方于_____至_____期间已完成了缺陷修复工作，根据施工合同的约定，现申请支付最终结清合同款额为（大写）_____（小写_____），请予核准。

序号	名　称	申请金额/元	复核金额/元	备　注
1	已预留的质量保证金			
2	应增加因发包人原因造成缺陷的修复金额			
3	应扣减承包人不修复缺陷、发包人组织修复的金额			
4	最终应支付的合同价款			

上述 3、4 详见附件清单。

　　　　　　　　　　　　　　　　　　　　　　　　　　　承包人（章）

造价人员_____　　　承包人代表_____　　　日　　期_____

复核意见：
　　□与实际施工情况不相符，修改意见见附件。
　　□与实际施工情况相符，具体金额由造价工程师复核。

　　　　　　　　监理工程师_____
　　　　　　　　日　　期_____

复核意见：
　　你方提出的支付申请经复核，最终应支付金额为（大写）_____（小写_____）。

　　　　　　　　造价工程师_____
　　　　　　　　日　　期_____

审核意见：
　　□不同意。
　　□同意，支付时间为本表签发后的 15 天内。

　　　　　　　　　　　　　　　　发包人（章）
　　　　　　　　　　　　　　　　发包人代表_____
　　　　　　　　　　　　　　　　日　　期_____

注：1. 在选择栏中"□"内做标识"√"。如监理人已退场，监理工程师栏可空缺。
　　2. 本表一式四份，由承包人填报，发包人、监理人、造价咨询人、承包人各存一份。

表-19

(2)填写方法：

1)封-4。竣工结算书封面应填写竣工工程的具体名称,发承包双方应盖单位公章,如委托工程造价咨询人办理的,还应加盖工程造价咨询人所在单位公章。

2)扉-4。

①承包人自行编制竣工结算总价,编制人员必须是承包人单位注册的造价人员。由承包人盖单位公章,法定代表人或其授权人签字或盖章;编制的造价人员(造价工程师或造价员)签字盖执业专用章。

②发包人自行核对竣工结算时,核对人员必须是在发包人单位注册的造价工程师。由发包人盖单位公章,法定代表人或其授权人签字或盖章,核对的造价工程师签字盖执业专用章。

③发包人委托工程造价咨询人核对竣工结算时,核对人员必须是在工程造价咨询人单位注册的造价工程师。由发包人盖单位公章,法定代表人或其授权人签字或盖章;工程造价咨询人盖单位资质专用章,法定代表人或其授权人签字或盖章,核对的造价工程师签字盖执业专用章。

④除非出现发包人拒绝或不答复承包人竣工结算书的特殊情况,竣工结算办理完毕后,竣工结算总价封面发承包双方的签字、盖章应当齐全。

3)总说明(表-01)。竣工结算中总说明应包括的内容有:①工程概况;②编制依据;③工程变更;④工程价款调整;⑤索赔;⑥其他等。

4)分部分项工程和单价措施项目计价表(表-08)。使用本表可取消"暂估价"。

5)综合单价分析表(表-09),应在已标价工程量清单中的综合单价分析表中将确定的调整过后人工单价、材料单价等进行置换,形成调整后的综合单价。

6)综合单价调整表(表-10)。综合单价调整表适用于各种合同约定调整因素出现时调整综合单价,各种调整依据应附于表后。填写时应注意,项目编码和项目名称必须与已标价工程量清单操持一致,不得发生错漏,以免发生争议。

7)其他项目计价汇总表(表-12)。编制或核对竣工结算,"专业工程暂估价"按实际分包结算价填写,"计日工"、"总承包服务费"按双方认可的费用填写,如发生"索赔"或"现场签证"费用,按双方认可的金额计入本表。

8)暂列金额明细表(表-12-1)。填写方法见本节"一、"相关内容。

9)材料(工程设备)暂估单价及调整表(表-12-2)。填写方法见本节"一、"相关内容。

10)专业工程暂估价及结算价表(表-12-3)。填写方法见本节"一、"相关内容。

11)总承包服务费计价表(表-12-5)。办理竣工结算时,发承包双方应按承包人已标价工程量清单中的报价计算,如发承包双方确定调整的,按调整后的金额计算。

12)规费、税金项目计价表(表-13)。填写方法见本章第一节。

13)工程计量申请(核准)表(表-14)。本表填写的"项目编码"、"项目名称"、"计量单位"应与已标价工程量清单中一致,承包人应在合同约定的计量周期结束时,将申报数量填写在申报数量栏,发包人核对后如与承包人填写的数量不一致,则在核实数量栏填上核实数量,经发承包双方共同核对确认的计量结果填在确认数量栏。

14)合同价款支付申请(复核)表。合同价款支付申请(复核)表是合同履行、价款支付的重要凭证。"13计价规范"对此类表格共设计了5种,包括专用于预付款支付的《预付款支付申请(核准)表》(表-15)、用于施工过程中无法计量的总价项目及总价合同进度款支付的《总价项目进度款支付分解表》(表-16)、专用于进度款支付的《进度款支付申请(核准)表》(表-17)、专用于竣工结算价款支付的《竣工结算款支付申请(核准)表》(表-18)和用于缺陷责任期到期,承包人履行了工程缺陷修复责任后,对其预留的质量保证金最终结算的《最终结清支付申请(核准)表》(表-19)。

合同价款支付申请(复核)表包括的 5 种表格,均由承包人代表在每个计量周期结束后向发包人提出,由发包人授权的现场代表复核工程量,由发包人授权的造价工程师复核应付款项,经发包人批准实施。

5. 办理竣工结算

竣工结算的核对是工程造价计价中发承包双方应共同完成的重要工作。按照交易的一般原则,任何交易结束,都应做到钱、货两清,工程建设也不例外。工程施工的发承包活动作为期货交易行为,当工程竣工验收合格后,承包人将工程移交给发包人时,发承包双方应将工程价款结算清楚,即竣工结算办理完毕。

(1)合同工程完工后,承包人应在经发承包双方确认的合同工程期中价款结算的基础上汇总编制完成竣工结算文件,应在提交竣工验收申请的同时向发包人提交竣工结算文件。

承包人未在合同约定的时间内提交竣工结算文件,经发包人催告后 14 天内仍未提交或没有明确答复的,发包人有权根据已有资料编制竣工结算文件,作为办理竣工结算和支付结算款的依据,承包人应予以认可。

(2)发包人应在收到承包人提交的竣工结算文件后的 28 天内核对。发包人经核实,认为承包人还应进一步补充资料和修改结算文件,应在上述时限内向承包人提出核实意见,承包人在收到核实意见后的 28 天内应按照发包人提出的合理要求补充资料,修改竣工结算文件,并应再次提交给发包人复核后批准。

(3)发包人应在收到承包人再次提交的竣工结算文件后的 28 天内予以复核,将复核结果通知承包人,并应遵守下列规定:

1)发包人、承包人对复核结果无异议的,应在 7 天内在竣工结算文件上签字确认,竣工结算办理完毕。

2)发包人或承包人对复核结果认为有误的,无异议部分按照本条第 1 款规定办理不完全竣工结算;有异议部分由发承包双方协商解决;协商不成的,应按照合同约定的争议解决方式处理。

(4)《最高人民法院关于审理建设工程施工合同纠纷案件适用法律问题的解释》(法释[2004]14 号)第二十条规定:"当事人约定,发包人收到竣工结算文件后,在约定期限内不予答复,视为认可竣工结算文件的,按照约定处理。承包人请求按照竣工结算文件结算工程价款的,应予支持"。根据这一规定,要求发承包双方不仅应在合同中约定竣工结算的核对时间,并应约定发包人在约定时间内对竣工结算不予答复,视为认可承包人递交的竣工结算。对发包人未在竣工结算中履行核对责任的后果进行了规定,即:发包人在收到承包人竣工结算文件后的 28 天内,不核对竣工结算或未提出核对意见的,应视为承包人提交的竣工结算文件已被发包人认可,竣工结算办理完毕。

(5)承包人在收到发包人提出的核实意见后的 28 天内,不确认也未提出异议的,应视为发包人提出的核实意见已被承包人认可,竣工结算办理完毕。

(6)发包人委托工程造价咨询人核对竣工结算的,工程造价咨询人应在 28 天内核对完毕,核对结论与承包人竣工结算文件不一致的,应提交给承包人复核;承包人应在14天内将同意核对结论或不同意见的说明提交工程造价咨询人。工程造价咨询人收到承包人提出的异议后,应再次复核,复核无异议的,应按"(3)"规定办理,复核后仍有异议的,按"(3)"的规定办理。

承包人逾期未提出书面异议的,应视为工程造价咨询人核对的竣工结算文件已经承包人认可。

(7)对发包人或发包人委托的工程造价咨询人指派的专业人员与承包人指派的专业人员经核对后无异议并签名确认的竣工结算文件,除非发承包人能提出具体、详细的不同意见,发承包人都应在竣工结算文件上签名确认,如其中一方拒不签认的,按下列规定办理:

1)若发包人拒不签认的,承包人可不提供竣工验收备案资料,并有权拒绝与发包人或其上级部门委托的工程造价咨询人重新核对竣工结算文件。

2)若承包人拒不签认的,发包人要求办理竣工验收备案的,承包人不得拒绝提供竣工验收资料,否则,由此造成的损失,承包人承担相应责任。

(8)合同工程竣工结算核对完成,发承包双方签字确认后,发包人不得要求承包人与另一个或多个工程造价咨询人重复核对竣工结算。

(9)发包人对工程质量有异议,拒绝办理工程竣工结算的,已竣工验收或已竣工未验收但实际投入使用的工程,其质量争议应按该工程保修合同执行,竣工结算应按合同约定办理;已竣工未验收且未实际投入使用的工程以及停工、停建工程的质量争议,双方应就有争议的部分委托有资质的检测鉴定机构进行检测,并应根据检测结果确定解决方案,或按工程质量监督机构的处理决定执行后办理竣工结算,无争议部分的竣工结算应按合同约定办理。

第三节 工程造价鉴定

发承包双方在履行施工合同过程中,由于不同的利益诉求,有一些施工合同纠纷需要采用仲裁、诉讼的方式解决,工程造价鉴定在一些施工合同纠纷案件处理中就成了裁决、判决的主要依据。由于施工合同纠纷进入司法程序解决,其工程造价鉴定除应符合工程计价的相关标准和规定外,还应遵守仲裁或诉讼的规定。

一、一般规定

本内容规定了工程造价鉴定机构、鉴定人员、鉴定原则、回避原则、出庭质询等事项。

(1)在工程合同价款纠纷案件处理中,需做工程造价司法鉴定的,应根据《工程造价咨询企业管理办法》(建设部令第149号)第二十条的规定,委托具有相应资质的工程造价咨询人进行。

《建设部关于对工程造价司法鉴定有关问题的复函》(建办标函[2005]155号)第二条规定:"从事工程造价司法鉴定,必须取得工程造价咨询资质,并在其资质许可范围内从事工程造价咨询活动。工程造价成果文件,应当由造价工程师签字,加盖执业专用章和单位公章后有效"。

(2)工程造价咨询人接受委托时提供工程造价司法鉴定服务,不仅应符合建设工程造价方面的规定,还应按仲裁、诉讼程序和要求进行,并应符合国家关于司法鉴定的规定。

(3)按照《注册造价工程师管理办法》(建设部令第 150 号)的规定,工程计价活动应由造价工程师担任。《建设部关于对工程造价司法鉴定有关问题的复函》(建办标函[2005]155 号)第二条:"从事工程造价司法鉴定的人员,必须具备注册造价工程师执业资格,并只得在其注册的机构从事工程造价司法鉴定工作,否则不具有在该机构的工程造价成果文件上签字的权力。"鉴于进入司法程序的工程造价鉴定的难度一般较大,因此,工程造价咨询人进行工程造价司法鉴定时,应指派专业对口、经验丰富的注册造价工程师承担鉴定工作。

(4)工程造价咨询人应在收到工程造价司法鉴定资料后 10 天内,根据自身专业能力和证据资料判断能否胜任该项委托,如不能,应辞去该项委托。工程造价咨询人不得在鉴定期满后以上述理由不做出鉴定结论,影响案件处理。

(5)为保证工程造价司法鉴定的公正进行,接受工程造价司法鉴定委托的工程造价咨询人或造价工程师如是鉴定项目一方当事人的近亲属或代理人、咨询人以及其他关系可能影响鉴定公正的,应当自行回避;未自行回避,鉴定项目委托人以该理由要求其回避的,必须回避。

(6)《最高人民法院关于民事诉讼证据的若干规定》(法释[2001]33 号)第五十九条规定:"鉴定人应当出庭接受当事人质询"。因此,工程造价咨询人应当依法出庭接受鉴定项目当事人对工程造价司法鉴定意见书的质询。如确因特殊原因无法出庭的,经审理该鉴定项目的仲裁机关或人民法院准许,可以书面形式答复当事人的质询。

二、取证

(1)工程造价的确定与当时的法律法规、标准定额以及各种要素价格具有密切关系,为做好一些基础资料不完备的工程鉴定,工程造价咨询人进行工程造价鉴定工作,应自行收集以下(但不限于)鉴定资料:

1)适用于鉴定项目的法律、法规、规章、规范性文件以及规范、标准、定额;

2)鉴定项目同时期同类型工程的技术经济指标及其各类要素价格等。

(2)真实、完整、合法的鉴定依据是做好鉴定项目工程造价司法工作鉴定的前提。工程造价咨询人收集鉴定项目的鉴定依据时,应向鉴定项目委托人提出具体书面要求,其内容包括:

1)与鉴定项目相关的合同、协议及其附件;

2)相应的施工图纸等技术经济文件;

3)施工过程中的施工组织、质量、工期和造价等工程资料;

4)存在争议的事实及各方当事人的理由;

5)其他有关资料。

(3)根据最高人民法院规定"证据应当在法庭上出示,由当事人质证。未经质证的证据,不能作为认定案件事实的依据(法释[2001]33 号)",工程造价咨询人在鉴定过程中要求鉴定项目当事人对缺陷资料进行补充的,应征得鉴定项目委托人同意,或者协调鉴定项目各方当事人共同签认。

(4)根据鉴定工作需要现场勘验的,工程造价咨询人应提请鉴定项目委托人组织各方当事人对被鉴定项目所涉及的实物标的进行现场勘验。

（5）勘验现场应制作勘验记录、笔录或勘验图表，记录勘验的时间、地点、勘验人、在场人、勘验经过、结果，由勘验人、在场人签名或者盖章确认。绘制的现场图应注明绘制的时间、测绘人姓名、身份等内容。必要时应采取拍照或摄像取证，留下影像资料。

（6）鉴定项目当事人未对现场勘验图表或勘验笔录等签字确认的，工程造价咨询人应提请鉴定项目委托人决定处理意见，并在鉴定意见书中做出表述。

三、鉴定

（1）《最高人民法院关于审理建设工程施工合同纠纷案件适用法律问题的解释》（法释［2004］14号）第十六条一款规定："当事人对建设工程的计价标准或者计价方法有约定的，按照约定结算工程价款"。因此，如鉴定项目委托人明确告之合同有效，工程造价咨询人就必须依据合同约定进行鉴定，不得随意改变发承包双方合法的合意，不能以专业技术方面的惯例来否定合同的约定。

（2）工程造价咨询人在鉴定项目合同无效或合同条款约定不明确的情况下应根据法律法规、相关国家标准和《建设工程工程量清单计价规范》（GB 50500—2013）的规定，选择相应专业工程的计价依据和方法进行鉴定。

1）若鉴定项目委托书明确鉴定项目合同无效，工程造价咨询人应根据法律法规规定进行鉴定：

①《最高人民法院关于审理建设工程施工合同纠纷案件适用法律问题的解释》（法释［2004］14号）第二条规定："建设工程施工合同无效，但建设工程经竣工验收合格，承包人请求参照合同约定支付工程价款的，应予支持"。此时工程造价鉴定应参照合同约定鉴定。

②《最高人民法院关于审理建设工程施工合同纠纷案件适用法律问题的解释》（法释［2004］14号）第三条规定："建设工程合同无效，且建设工程经竣工验收不合格的……（一）修复后的建设工程经竣工验收合格，发包人请求承包人承担修复费用的，应予支持"。此时，工程造价鉴定中应不包括修复费用，如系发包人修复，委托人要求鉴定修复费用，修复费用应单列；"（二）修复后的建设工程经竣工验收不合格，承包人请求支付工程价款的，不予支持"。

③《最高人民法院关于审理建设工程施工合同纠纷案件适用法律问题的解释》（法释［2004］14号）第三条四款规定："因建设工程不合格造成的损失，发包人有过错的，也应承担相应的民事责任"，此时，工程造价鉴定也应根据过错大小做出鉴定意见。

2）若合同中约定不明确的，工程造价咨询人应提醒合同双方当事人尽可能协商一致，予以明确，如不能协商一致，按照相关国家标准和"13计价规范"的规定，选择相应专业工程的计价依据和方法进行鉴定。

（3）为保证工程造价鉴定的质量，尽可能将当事人之间的分歧缩小直至化解，为司法调解、裁决或判决提供科学合理的依据，工程造价咨询人出具正式鉴定意见书之前，可报请鉴定项目委托人向鉴定项目各方当事人发出鉴定意见书征求意见稿，并指明应书面答复的期限及其不答复的相应法律责任。

（4）工程造价咨询人收到鉴定项目各方当事人对鉴定意见书征求意见稿的书面复函后，应对不同意见认真复核，修改完善后再出具正式鉴定意见书。

（5）工程造价咨询人出具的工程造价鉴定书应包括下列内容：

1）鉴定项目委托人名称、委托鉴定的内容；

2）委托鉴定的证据材料；

3）鉴定的依据及使用的专业技术手段；

4）对鉴定过程的说明；

5）明确的鉴定结论；

6）其他需说明的事宜；

7）工程造价咨询人盖章及注册造价工程师签名盖执业专用章。

（6）进入仲裁或诉讼的施工合同纠纷案件，一般都有明确的结案时限，为避免影响案件的处理，工程造价咨询人应在委托鉴定项目的鉴定期限内完成鉴定工作，如确因特殊原因不能在原定期限内完成鉴定工作时，应按照相应法规提前向鉴定项目委托人申请延长鉴定期限，并应在此期限内完成鉴定工作。

经鉴定项目委托人同意等待鉴定项目当事人提交、补充证据的，质证所用的时间不应计入鉴定期限。

（7）对于已经出具的正式鉴定意见书中有部分缺陷的鉴定结论，工程造价咨询人应通过补充鉴定做出补充结论。

四、工程造价鉴定使用表格与填写方法

工程造价鉴定应符合下列规定：

（1）工程造价鉴定使用表格包括：封-5、扉-5、表-01（见本章第一节相关表格）、表-05～表-20（见本章前述相关表格）、表-21（见本书第一章第三节相关表格）或表-22（见本书第一章第三节相关表格）。

（2）扉页应按规定内容填写、签字、盖章，应有承担鉴定和负责审核的注册造价工程师签字、盖执业专用章。

（3）说明应按下列规定填写：

1）鉴定项目委托人名称、委托鉴定的内容；

2）委托鉴定的证据材料；

3）鉴定的依据及使用的专业技术手段；

4）对鉴定过程的说明；

5）明确的鉴定结论；

6）其他需说明的事宜。

_____工程

编号：×××[2×××]××号

工程造价鉴定意见书

造价咨询人：_____

（单位盖章）

年　月　日

_____工程

工程造价鉴定意见书

鉴定结论：

造价咨询人：_____
（盖单位及资质专用章）

法定代表人：_____
（签字或盖章）

造价工程师：_____
（签字盖专用章）

年　　　月　　　日

本章思考重点

1. 工程量清单由哪些内容组成?
2. 工程量清单总说明填写应包括哪些内容?
3. 分部分项工程项目清单必须载明的 5 大要件是什么?
4. 编制措施项目清单需考虑哪些因素?
5. 分部分项工程和措施项目中的单价项目,应如何确定综合单价计算?
6. 为何投标报价不得低于工程成本?
7. 竣工结算编制应使用哪些表格?
8. 工程造价咨询人进行工程造价鉴定工作,应自行收集哪些鉴定资料?
9. 工程造价咨询人出具的工程造价鉴定书应包括哪些内容?

第十一章　装饰工程合同价款计量与支付

第一节　合同价款的计量

一、合同价款约定

1. 一般规定

(1)实行招标的工程合同价款应在中标通知书发出之日起 30 天内,由发承包双方依据招标文件和中标人的投标文件在书面合同中约定。

合同约定不得违背招标、投标文件中关于工期、造价、质量等方面的实质性内容。招标文件与中标人投标文件不一致的地方,应以投标文件为准。

工程合同价款的约定是建设工程合同的主要内容,根据有关法律条款的规定,工程合同价款的约定应满足以下几个方面的要求:

1)约定的依据要求:招标人向中标的投标人发出的中标通知书。

2)约定的时间要求:自招标人发出中标通知书之日起 30 天内。

3)约定的内容要求:招标文件和中标人的投标文件。

4)合同的形式要求:书面合同。

在工程招投标及建设工程合同签订过程中,招标文件应视为要约邀请,投标文件为要约,中标通知书为承诺。因此,在签订建设工程合同时,若招标文件与中标人的投标文件有不一致的地方,应以投标文件为准。

(2)不实行招标的工程合同价款,应在发承包双方认可的工程价款基础上,由发承包双方在合同中约定。

(3)实行工程量清单计价的工程,应采用单价合同;建设规模较小,技术难度较低,工期较短,且施工图设计已审查批准的建设工程可采用总价合同;紧急抢险、救灾以及施工技术特别复杂的建设工程可采用成本加酬金合同。以下为三种不同合同形式的适用对象:

1)实行工程量清单计价的工程应采用单价合同方式。即合同约定的工程价款中包含的工程量清单项目综合单价在约定条件内是固定的,不予调整,工程量允许调整。工程量清单项目综合单价在约定的条件外,允许调整。调整方式、方法应在合同中约定。

2)建设规模较小,技术难度较低,施工工期较短,并且施工图设计审查已经完备的工程,可以采用总价合同。采用总价合同,除工程变更外,其工程量不予调整。

3)成本加酬金合同是承包人不承担任何价格变化风险的合同。这种合同形式适用于时间特别紧迫,来不及进行详细的计划和商谈,如紧急抢险、救灾以及施工技术特别复杂的建设工程。

2. 合同价款约定内容

(1)《中华人民共和国建筑法》第十八条规定:"建筑工程造价应当按照国家有关规定,由发包单位与承包单位在合同中约定。公开招标发包的,其造价的约定,须遵守招标投标法律的规定"。依据财政部、原建设部印发的《建设工程价款结算暂行办法》(财建[2004]369号)第七条的规定,发承包双方应在合同中对工程价款进行约定的基本事项如下:

1)预付工程款的数额、支付时间及抵扣方式。预付工程款是发包人为解决承包人在施工准备阶段资金周转问题提供的协助。如使用的水泥、钢材等大宗材料,可根据工程具体情况设置工程材料预付款。应在合同中约定预付款数额:可以是绝对数,如50万、100万,也可以是额度,如合同金额的10%、15%等;约定支付时间:如合同签订后一个月支付、开工日前7天支付等;约定抵扣方式:如在工程进度款中按比例抵扣;约定违约责任:如不按合同约定支付预付款的利息计算,违约责任等。

2)安全文明施工措施的支付计划,使用要求等。

3)工程计量与进度款支付。应在合同中约定计量时间和方式:可按月计量,如每月30日,可按工程形象部位(目标)划分分段计量,如±0以下基础及地下室、主体结构1~3层、4~6层等。进度款支付周期与计量周期保持一致,约定支付时间:如计量后7天、10天支付;约定支付数额:如已完工作量的70%、80%等;约定违约责任:如不按合同约定支付进度款的利率,违约责任等。

4)合同价款的调整。约定调整因素:如工程变更后综合单价调整,钢材价格上涨超过投标报价时的3%,工程造价管理机构发布的人工费调整等;约定调整方法:如结算时一次调整,材料采购时报发包人调整等;约定调整程序:承包人提交调整报告交发包人,由发包人现场代表审核签字等;约定支付时间与工程进度款支付同时进行等。

5)索赔与现场签证。约定索赔与现场签证的程序:如由承包人提出、发包人现场代表或授权的监理工程师核对等;约定索赔提出时间:如知道索赔事件发生后的28天内等;约定核对时间:收到索赔报告后7天以内、10天以内等;约定支付时间:原则上与工程进度款同期支付等。

6)承担风险。约定风险的内容范围:如全部材料、主要材料等;约定物价变化调整幅度:如钢材、水泥价格涨幅超过投标报价的3%,其他材料超过投标报价的5%等。

7)工程竣工结算。约定承包人在什么时间提交竣工结算书,发包人或其委托的工程造价咨询企业,在什么时间内核对,核对完毕后,什么时间内支付等。

8)工程质量保证金。在合同中约定数额:如合同价款的3%等;约定预付方式:竣工结算一次扣清等;约定归还时间:如质量缺陷期退还等。

9)合同价款争议。约定解决价款争议的办法:是协商还是调解,如调解由哪个机构调解;如在合同中约定仲裁,应标明具体的仲裁机关名称,以免仲裁条款无效,约定诉讼等。

10)与履行合同、支付价款有关的其他事项等。需要说明的是,合同中涉及价款的事项较多,能够详细约定的事项应尽可能具体约定,约定的用词应尽可能唯一,如有几种解释,最好对用词进行定义,尽量避免因理解上的歧义造成合同纠纷。

(2)合同中没有按照"(1)"的要求约定或约定不明的,若发承包双方在合同履行中发生争议由双方协商确定;当协商不能达成一致时,应按规定执行。

《中华人民共和国合同法》第六十一条规定:"合同生效后,当事人就质量、价款或者报酬、履行地点等内容没有约定或者约定不明确的,可以协议补充;不能达成补充协议的,按照合同有关条款或交易习惯确定"。

《最高人民法院关于审理建设工程施工合同纠纷案件适用法律问题的解释》第十六条第二款规定:"因设计变更导致建设工程的工程量或者质量标准发生变化,当事人对该部分工程价款不能协商一致的,可以参照签订建设工程施工合同时当地建设行政主管部门发布的计价方式或者计价标准结算工程价款"。

二、工程计量

1. 一般规定

(1)工程量必须按照相关工程现行国家计量规范规定的工程量计算规则计算。

(2)工程计量可选择按月或按工程形象进度分段计量,具体计量周期应在合同中约定。

工程量的正确计算是合同价款支付的前提和依据,而选择恰当的计量方式对于正确计量也十分必要。由于工程建设具有投资大、周期长等特点,因此,工程计量以及价款支付是通过"阶段小结、最终结清"来体现的。所谓阶段小结可以时间节点来划分,即按月计量;也可以形象节点来划分,即按工程形象进度分段计量。按工程形象进度分段计量与按月计量相比,其计量结果更具稳定性,可以简化竣工结算。但应注意工程形象进度分段的时间应与按月计量保持一定的关系,不应过长。

(3)因承包人原因造成的超出合同工程范围施工或返工的工程量,发包人不予计量。

(4)成本加酬金合同应按规定计量。

2. 单价合同的计量

(1)工程量必须以承包人完成合同工程应予计量的工程量确定。

(2)施工中进行工程计量,当发现招标工程量清单中出现缺项、工程量偏差,或因工程变更引起工程量增减时,应按承包人在履行合同义务中完成的工程量计算。

(3)承包人应当按照合同约定的计量周期和时间向发包人提交当期已完工程量报告。发包人应在收到报告后7天内核实,并将核实计量结果通知承包人。发包人未在约定时间内进行核实的,承包人提交的计量报告中所列的工程量应视为承包人实际完成的工程量。

(4)发包人认为需要进行现场计量核实时,应在计量前24小时通知承包人,承包人应为计量提供便利条件并派人参加。当双方均同意核实结果时,双方应在上述记录上签字确认。承包人收到通知后不派人参加计量,视为认可发包人的计量核实结果。发包人不按照约定时间通知承包人,致使承包人未能派人参加计量,计量核实结果无效。

(5)当承包人认为发包人核实后的计量结果有误时,应在收到计量结果通知后的7天内向发包人提出书面意见,并应附上其认为正确的计量结果和详细的计算资料。发包人收到书面意见后,应在7天内对承包人的计量结果进行复核后通知承包人。承包人对复核计量结果仍有异议的,按照合同约定的争议解决办法处理。

(6)承包人完成已标价工程量清单中每个项目的工程量并经发包人核实无误后,发承包双方应对每个项目的历次计量报表进行汇总,以核实最终结算工程量,并应在汇总表上签字确认。

3. 总价合同的计量

(1)采用工程量清单方式招标形成的总价合同,其工程量应按规定计算。

（2）采用经审定批准的施工图纸及其预算方式发包形成的总价合同,除按照工程变更规定的工程量增减外,总价合同各项目的工程量应为承包人用于结算的最终工程量。

（3）总价合同约定的项目计量应以合同工程经审定批准的施工图纸为依据,发承包双方应在合同中约定工程计量的形象目标或时间节点进行计量。

（4）承包人应在合同约定的每个计量周期内对已完成的工程进行计量,并向发包人提交达到工程形象目标完成的工程量和有关计量资料的报告。

（5）发包人应在收到报告后7天内对承包人提交的上述资料进行复核,以确定实际完成的工程量和工程形象目标。对其有异议的,应通知承包人进行共同复核。

三、合同价款调整

1. 一般规定

（1）下列事项（但不限于）发生,发承包双方应当按照合同约定调整合同价款：

1）法律法规变化；

2）工程变更；

3）项目特征不符；

4）工程量清单缺项；

5）工程量偏差；

6）计日工；

7）物价变化；

8）暂估价；

9）不可抗力；

10）提前竣工（赶工补偿）；

11）误期赔偿；

12）索赔；

13）现场签证；

14）暂列金额；

15）发承包双方约定的其他调整事项。

（2）出现合同价款调增事项（不含工程量偏差、计日工、现场签证、索赔）后的14天内,承包人应向发包人提交合同价款调增报告并附上相关资料；承包人在14天内未提交合同价款调增报告的,应视为承包人对该事项不存在调整价款请求。

（3）出现合同价款调减事项（不含工程量偏差、索赔）后的14天内,发包人应向承包人提交合同价款调减报告并附相关资料；发包人在14天内未提交合同价款调减报告的,应视为发包人对该事项不存在调整价款请求。

（4）发（承）包人应在收到承（发）包人合同价款调增（减）报告及相关资料之日起14天内对其核实,予以确认的应书面通知承（发）包人。当有疑问时,应向承（发）包人提出协商意见。发（承）包人在收到合同价款调增（减）报告之日起14天内未确认也未提出协商意见的,应视为承（发）包人提交的合同价款调增（减）报告已被发（承）包人认可。发（承）包人提出协商意见的,承（发）包人应在收到协商意见后的14天内对其核实,予以确认的应书面通知发（承）包人。承(发)包人在收到发(承)包人的协商意见后 14 天内既不确认也未提出不同意见的,应视为发(承)包人提出的意见已被承(发)包人认可。

(5)发包人与承包人对合同价款调整的不同意见不能达成一致的,只要对发承包双方履约不产生实质影响,双方应继续履行合同义务,直到其按照合同约定的争议解决方式得到处理。

(6)经发承包双方确认调整的合同价款,作为追加(减)合同价款,应与工程进度款或结算款同期支付。

由于索赔和现场签证的费用经发承包确认后,其实质是导致签约合同价变生变化。按照财政部、原建设部印发的《建设工程价款结算暂行办法》(财建[2004]369 号)的相关规定,经发承包双方确定调整的合同价款的支付方法,即作为追加(减)合同价款与工程进度款同期支付。

按照财政部、原建设部印发的《建设工程价款结算暂行办法》(财建[2004]369 号)第十五条的规定:"发包人和承包人要加强施工现场的造价控制,及时对工程合同外的事项如实纪录并履行书面手续。凡由发、承包双方授权的现场代表签字的现场签证以及发、承包双方协商确定的索赔等费用,应在工程竣工结算中如实办理,不得因发、承包双方现场代表的中途变更改变其有效性"。

2. 法律法规变化

(1)招标工程以投标截止日前 28 天、非招标工程以合同签订前 28 天为基准日,其后因国家的法律、法规、规章和政策发生变化引起工程造价增减变化的,发承包双方应按照省级或行业建设主管部门或其授权的工程造价管理机构据此发布的规定调整合同价款。

(2)因承包人原因导致工期延误的,按"(1)"规定的调整时间,在合同工程原定竣工时间之后,合同价款调增的不予调整,合同价款调减的予以调整。

3. 工程变更

(1)因工程变更引起已标价工程量清单项目或其工程数量发生变化时,应按照下列规定调整:

1)已标价工程量清单中有适用于变更工程项目的,应采用该项目的单价;但当工程变更导致该清单项目的工程数量发生变化,且工程量偏差超过 15% 时,该项目单价应按照《建设工程工程量清单计价规范》(GB 50500—2013)的规定调整。

2)已标价工程量清单中没有适用但有类似于变更工程项目的,可在合理范围内参照类似项目的单价。

3)已标价工程量清单中没有适用也没有类似于变更工程项目的,应由承包人根据变更工程资料、计量规则和计价办法、工程造价管理机构发布的信息价格和承包人报价浮动率提出变更工程项目的单价,并应报发包人确认后调整。承包人报价浮动率可按下列公式计算:

式中,招标工程:

$$承包人报价浮动率 L = (1 - 中标价 / 招标控制价) \times 100\%$$

非招标工程:

$$承包人报价浮动率 L = (1 - 报价 / 施工图预算) \times 100\%$$

4)已标价工程量清单中没有适用也没有类似于变更工程项目,且工程造价管理机构发布的信息价格缺价的,应由承包人根据变更工程资料、计量规则、计价办法和通过市场调查等取得有合法依据的市场价格提出变更工程项目的单价,并应报发包人确认后调整。

(2)工程变更引起施工方案改变并使措施项目发生变化时,承包人提出调整措施项目费的,应事先将拟实施的方案提交发包人确认,并应详细说明与原方案措施项目相比的变化情况。拟实施的方案经发承包双方确认后执行,并应按照下列规定调整措施项目费:

1)安全文明施工费应按照实际发生变化的措施项目依据规定计算。

2)采用单价计算的措施项目费,应按照实际发生变化的措施项目,按"(1)"规定确定单价。

3)按总价(或系数)计算的措施项目费,按照实际发生变化的措施项目调整,但应考虑承包人报价浮动因素,即调整金额按照实际调整金额乘以规定的承包人报价浮动率计算。

如果承包人未事先将拟实施的方案提交给发包人确认,则应视为工程变更不引起措施项目费的调整或承包人放弃调整措施项目费的权利。

(3)当发包人提出的工程变更因非承包人原因删减了合同中的某项原定工作或工程,致使承包人发生的费用或(和)得到的收益不能被包括在其他已支付或应支付的项目中,也未被包含在任何替代的工作或工程中时,承包人有权提出并应得到合理的费用及利润补偿。

4. 项目特征不符

(1)发包人在招标工程量清单中对项目特征的描述,应被认为是准确的和全面的,并且与实际施工要求相符合。承包人应按照发包人提供的招标工程量清单,根据项目特征描述的内容及有关要求实施合同工程,直到项目被改变为止。

(2)承包人应按照发包人提供的设计图纸实施合同工程,若在合同履行期间出现设计图纸(含设计变更)与招标工程量清单任一项目的特征描述不符,且该变化引起该项目工程造价增减变化的,应按照实际施工的项目特征,按相关条款的规定重新确定相应工程量清单项目的综合单价,并调整合同价款。

5. 工程量清单缺项

(1)合同履行期间,由于招标工程量清单中缺项,新增分部分项工程清单项目的,应按规定确定单价,并调整合同价款。

(2)新增分部分项工程清单项目后引起措施项目发生变化的,应按规定,在承包人提交的实施方案被发包人批准后调整合同价款。

(3)由于招标工程量清单中措施项目缺项,承包人应将新增措施项目实施方案提交发包人批准后,按规定调整合同价款。

6. 工程量偏差

(1)合同履行期间,当应予计算的实际工程量与招标工程量清单出现偏差,且符合下述"(2)、(3)"规定时,发承包双方应调整合同价款。

(2)施工过程中,由于施工条件、地质水文、工程变更等变化以及招标工程量清单编制人专业水平的差异,往往会造成实际工程量与招标工程量清单出现偏差,工程量偏差过大,对综合成本的分摊带来影响。如突然增加太多,仍按原综合单价计价,对发包人不公平;如突然减少太多,仍按原综合单价计价,对承包人不公平。并且,这给有经验的承包人的不平衡报价打开了大门。对于任一招标工程量清单项目,当因本点规定的工程量偏差和上述"3."规定的工程变更等原因导致工程量偏差超过 15％时,可进行调整。当工程量增加 15％以上时,增加部分的工程量的综合单价应予调低;当工程量减少 15％以上时,减少后剩余部分的工程量的综合单价应予调高。可按下列公式调整:

1)当 $Q_1 > 1.15 Q_0$ 时:

$$S = 1.15 Q_0 \times P_0 + (Q_1 - 1.15 Q_0) \times P_1$$

2)当 $Q_1 < 0.85 Q_0$ 时:

$$S = Q_1 \times P_1$$

式中　S——调整后的某一分部分项工程费结算价;

　　Q_1——最终完成的工程量;

　　Q_0——招标工程量清单中列出的工程量;

　　P_1——按照最终完成工程量重新调整后的综合单价;

　　P_0——承包人在工程量清单中填报的综合单价。

由上述两式可以看出,计算调整后的某一分部分项工程费结算价的关键是确定新的综合单价 P_1。确定的方法,一是发承包双方协商确定;二是与招标控制价相联系。当工程量偏差项目出现承包人在工程量清单中填报的综合单价与发包人招标控制价相应清单项目的综合单价偏差超过 15％时,工程量偏差项目综合单价的调整可参考以下公式确定:

1)当 $P_0 < P_2 \times (1-L) \times (1-15\%)$ 时,该类项目的综合单价 P_1 按 $P_2 \times (1-L) \times (1-15\%)$ 进行调整;

2)当 $P_0 > P_2 \times (1+15\%)$ 时,该类项目的综合单价 P_1 按 $P_2 \times (1+15\%)$ 进行调整;

3)当 $P_0 > P_2 \times (1-L) \times (1-15\%)$ 或 $P_0 < P_2 \times (1+15\%)$ 时,可不进行调整。

式中　P_0——承包人在工程量清单中填报的综合单价;

　　P_2——发包人招标控制价相应项目的综合单价;

　　L——承包人报价浮动率。

【例】　某工程项目投标报价浮动率为 8％,各项目招标控制价及投标报价的综合单价见表 11-1,试确定当招标工程量清单中工程量偏差超过 15％时,其综合单价是否应进行调整,应怎样调整?

【解】　该工程综合单价调整情况见表 11-1。

表 11-1　　　　　　　　　　工程量偏差项目综合单价调整

| 项目 | 综合单价/元 | | 投标报价浮动率 L | 综合单价偏差 | $P_2 \times (1-L) \times (1-15\%)$ | $P_2 \times (1-15\%)$ | 结论 |
	招标控制价 P_2	投标报价 P_0					
1	540	432	8％	20％	422.28	—	由于 $P_0 > 422.28$,故当该项目工程量偏差超过 15％时,其综合单价不予调整
2	450	531	8％	18％	—	517.5	由于 $P_0 < 517.5$,故当该项目工程量偏差超过 15％时,其综合单价应调整为 517.5 元

（3）当工程量出现"（2）"的变化，且该变化引起相关措施项目相应发生变化时，按系数或单一总价方式计价的，工程量增加的措施项目费调增，工程量减少的措施项目费调减。

7. 计日工

（1）发包人通知承包人以计日工方式实施的零星工作，承包人应予执行。

（2）采用计日工计价的任何一项变更工作，在该项变更的实施过程中，承包人应按合同约定提交下列报表和有关凭证送发包人复核：

1）工作名称、内容和数量；

2）投入该工作所有人员的姓名、工种、级别和耗用工时；

3）投入该工作的材料名称、类别和数量；

4）投入该工作的施工设备型号、台数和耗用台时；

5）发包人要求提交的其他资料和凭证。

（3）任一计日工项目持续进行时，承包人应在该项工作实施结束后的 24 小时内向发包人提交有计日工记录汇总的现场签证报告一式三份。发包人在收到承包人提交现场签证报告后的 2 天内予以确认并将其中一份返还给承包人，作为计日工计价和支付的依据。发包人逾期未确认也未提出修改意见的，应视为承包人提交的现场签证报告已被发包人认可。

（4）任一计日工项目实施结束后，承包人应按照确认的计日工现场签证报告核实该类项目的工程数量，并应根据核实的工程数量和承包人已标价工程量清单中的计日工单价计算，提出应付价款；已标价工程量清单中没有该类计日工单价的，由发承包双方按规定商定计日工单价计算。

（5）每个支付期末，承包人应按照规定向发包人提交本期间所有计日工记录的签证汇总表，并应说明本期间自己认为有权得到的计日工金额，调整合同价款，列入进度款支付。

8. 物价变化

（1）合同履行期间，因人工、材料、工程设备、机械台班价格波动影响合同价款时，应根据合同约定，按以下调整合同价款：

1）价格指数调整价格差额

①价格调整公式。因人工、材料和工程设备、施工机械台班等价格波动影响合同价格时，根据招标人提供的《承包人提供主要材料和工程设备一览表》（适用于价格指数差额调整法）（表-22），并由投标人在投标函附录中的价格指数和权重表约定的数据，应按下式计算差额并调整合同价款：

$$P = P_0 \left[A + \left(B_1 \times \frac{F_{t1}}{F_{01}} + B_2 \times \frac{F_{t2}}{F_{02}} + B_3 \times \frac{F_{t3}}{F_{03}} + \cdots + B_n \times \frac{F_{tn}}{F_{0n}} \right) - 1 \right]$$

式中　　　　　　　P——需调整的价格差额；

P_0——约定的付款证书中承包人应得到的已完成工程量的金额。此项金额应不包括价格调整、不计质量保证金的扣留和支付、预付款的支付和扣回。约定的变更及其他金额已按现行价格计价的，也不计在内；

A——定值权重（即不调部分的权重）；

B_1、B_2、B_3、$\cdots$、B_n——各可调因子的变值权重（即可调部分的权重），为各可调因子在投标函投标总报价中所占的比例；

F_{t1}、F_{t2}、F_{t3}、F_{tn}——各可调因子的现行价格指数，指约定的付款证书相关周期最后一天的前 42 天的各可调因子的价格指数；

F_{01}、F_{01}、F_{01}、F_{0n}——各可调因子的基本价格指数，指基准日期的各可调因子的价格指数。

以上价格调整公式中的各可调因子、定值和变值权重，以及基本价格指数及其来源在投标函附录价格指数和权重表中约定。价格指数应首先采用工程造价管理机构提供的价格指数，缺乏上述价格指数时，可采用工程造价管理机构提供的价格代替。

②暂时确定调整差额。在计算调整差额时得不到现行价格指数的，可暂用上一次价格指数计算，并在以后的付款中再按实际价格指数进行调整。

③权重的调整。约定的变更导致原定合同中的权重不合理时，由承包人和发包人协商后进行调整。

④承包人工期延误后的价格调整。由于承包人原因未在约定的工期内竣工的，对原约定竣工日期后继续施工的工程，在使用价格调整公式时，应采用原约定竣工日期与实际竣工日期的两个价格指数中较低的一个作为现行价格指数。

⑤若可调因子包括了人工在内，则不适用由发包人承担的规定。

2)造价信息调整价格差额

①施工期内，因人工、材料和工程设备、施工机械台班价格波动影响合同价格时，人工、机械使用费按照国家或省、自治区、直辖市建设行政管理部门、行业建设管理部门或其授权的工程造价管理机构发布的人工成本信息、机械台班单价或机械使用费系数进行调整；需要进行价格调整的材料，其单价和采购数应由发包人复核，发包人确认需调整的材料单价及数量，作为调整合同价款差额的依据。

②人工单价发生变化且该变化因省级或行业建设主管部门发布的人工费调整文件所致时，承包双方应按省级或行业建设主管部门或其授权的工程造价管理机构发布的人工成本文件调整合同价款。人工费调整时应以调整文件的时间为界限进行。

③材料、工程设备价格变化按照发包人提供的《承包人提供主要材料和工程设备一览表(适用于造价信息差额调整法)》，由发承包双方约定的风险范围按下列规定调整合同价款：

a. 承包人投标报价中材料单价低于基准单价：施工期间材料单价涨幅以基准单价为基础超过合同约定的风险幅度值，或材料单价跌幅以投标报价为基础超过合同约定的风险幅度值时，其超过部分按实调整。

b. 承包人投标报价中材料单价高于基准单价：施工期间材料单价跌幅以基准单价为基础超过合同约定的风险幅度值，或材料单价涨幅以投标报价为基础超过合同约定的风险幅度值时，其超过部分按实调整。

c. 承包人投标报价中材料单价等于基准单价：施工期间材料单价涨、跌幅以基准单价为基础超过合同约定的风险幅度值时，其超过部分按实调整。

d. 承包人应在采购材料前将采购数量和新的材料单价报送发包人核对，确认用于本合同工程时，发包人应确认采购材料的数量和单价。发包人在收到承包人报送的确认资料后 3 个工作日不予答复的视为已经认可，作为调整合同价款的依据。如果承包人未报经发包人核对即自行采购材料，再报发包人确认调整合同价款的，如发包人不同意，则不作调整。

④施工机械台班单价或施工机械使用费发生变化超过省级或行业建设主管部门或其授权的工程造价管理机构规定的范围时，按其规定调整合同价款。

(2)承包人采购材料和工程设备的，应在合同中约定主要材料、工程设备价格变化的范围或幅度；当没有约定，且材料、工程设备单价变化超过5%时，超过部分的价格应计算调整材料、工程设备费。

（3）发生合同工程工期延误的，应按照下列规定确定合同履行期的价格调整：

1）因非承包人原因导致工期延误的，计划进度日期后续工程的价格，应采用计划进度日期与实际进度日期两者的较高者。

2）因承包人原因导致工期延误的，计划进度日期后续工程的价格，应采用计划进度日期与实际进度日期两者的较低者。

9. 暂估价

（1）按照《工程建设项目货物招标投标办法》（国家发改委、建设部等七部委27号令）第五条规定："以暂估价形式包括在总承包范围内的货物达到国家规定规模标准的，应当由总承包中标人和工程建设项目招标人共同依法组织招标"。在工程招标阶段已经确认的材料、工程设备或专业工程项目，由于标准不明确，无法在当时确定准确价格，为了不影响招标效果，由发包人在招标工程量清单中给定一个暂估价。确定暂估价实际价格的情形有四种：

一是材料、工程设备属于依法必须招标的，由发承包双方以招标的方式选择供应商，确定其价格并以此为依据取代暂估价，调整合同价款。

二是材料和工程设备不属于依法必须招标的，由承包人按照合同约定采购，经发包人确认后以此为依据取代暂估价，调整合同价款。

三是专业工程不属于依法必须招标的，应按照上述"3."相应条款的规定确定专业工程价款，并以此为依据取代专业工程暂估价，调整合同价款。

四是专业工程依法必须招标的，应当由发承包双方依法组织招标选择专业分包人，其中：

1）承包人不参加投标的专业工程分包招标，应由承包人作为招标人，但拟定的招标文件、评标工作、评标结果应报送发包人批准。与组织招标工作有关的费用应当被认为已经包括在承包人的签约合同价（投标总报价）中。

2）承包人参加投标的专业工程分包招标，应由发包人作为招标人，与组织招标工作有关的费用由发包人承担。同等条件下，应优先选择承包人中标。

3）以专业工程分包中标价为依据取代专业工程暂估价，调整合同价款。

（2）发包人在招标工程量清单中给定暂估价的材料、工程设备不属于依法必须招标的，应由承包人按照合同约定采购，经发包人确认单价后取代暂估价，调整合同价款。

（3）发包人在工程量清单中给定暂估价的专业工程不属于依法必须招标的，应按照规定确定专业工程价款，并应以此为依据取代专业工程暂估价，调整合同价款。

（4）发包人在招标工程量清单中给定暂估价的专业工程，依法必须招标的，应当由发承包双方依法组织招标选择专业分包人，并接受有管辖权的建设工程招标投标管理机构的监督，还应符合下列要求：

1）除合同另有约定外，承包人不参加投标的专业工程发包招标，应由承包人作为招标人，但拟定的招标文件、评标工作、评标结果应报送发包人批准。与组织招标工作有关的费用应当被认为已经包括在承包人的签约合同价（投标总报价）中。

2）承包人参加投标的专业工程发包招标，应由发包人作为招标人，与组织招标工作有关的费用由发包人承担。同等条件下，应优先选择承包人中标。

3）应以专业工程发包中标价为依据取代专业工程暂估价，调整合同价款。

10. 不可抗力

(1)因不可抗力事件导致的人员伤亡、财产损失及其费用增加,发承包双方应按下列原则分别承担并调整合同价款和工期:

1)合同工程本身的损害、因工程损害导致第三方人员伤亡和财产损失以及运至施工场地用于施工的材料和待安装的设备的损害,应由发包人承担;

2)发包人、承包人人员伤亡应由其所在单位负责,并应承担相应费用;

3)承包人的施工机械设备损坏及停工损失,应由承包人承担;

4)停工期间,承包人应发包人要求留在施工场地的必要的管理人员及保卫人员的费用应由发包人承担;

5)工程所需清理、修复费用,应由发包人承担。

(2)不可抗力解除后复工的,若不能按期竣工,应合理延长工期。发包人要求赶工的,赶工费用应由发包人承担。

(3)因不可抗力解除合同的,应按合同解除规定办理。

11. 提前竣工(赶工补偿)

《建设工程质量管理条例》第十条规定:"建设工程发包单位不得迫使承包方以低于成本的价格竞标,不得任意压缩合理工期"。因此为了保证工程质量,承包人除了根据标准规范、施工图纸进行施工外,还应当按照科学合理的施工组织设计,按部就班地进行施工作业。

(1)招标人应依据相关工程的工期定额合理计算工期,压缩的工期天数不得超过定额工期的 20%,超过者,应在招标文件中明示增加赶工费用。

(2)发包人要求合同工程提前竣工的,应征得承包人同意后与承包人商定采取加快工程进度的措施,并应修订合同工程进度计划。发包人应承担承包人由此增加的提前竣工(赶工补偿)费用。

(3)发承包双方应在合同中约定提前竣工每日历天应补偿额度,此项费用应作为增加合同价款列入竣工结算文件中,应与结算款一并支付。

12. 误期赔偿

(1)承包人未按照合同约定施工,导致实际进度迟于计划进度的,承包人应加快进度,实现合同工期。

合同工程发生误期,承包人应赔偿发包人由此造成的损失,并应按照合同约定向发包人支付误期赔偿费。即使承包人支付误期赔偿费,也不能免除承包人按照合同约定应承担的任何责任和应履行的任何义务。

(2)发承包双方应在合同中约定误期赔偿费,并应明确每日历天应赔额度。误期赔偿费应列入竣工结算文件中,并应在结算款中扣除。

(3)在工程竣工之前,合同工程内的某单项(位)工程已通过了竣工验收,且该单项(位)工程接收证书中表明的竣工日期并未延误,而是合同工程的其他部分产生了工期延误时,误期赔偿费应按照已颁发工程接收证书的单项(位)工程造价占合同价款的比例幅度予以扣减。

13. 索赔

建设工程施工中的索赔是发承包双方行使正当权利的行为,承包人可向发包人索赔,发包人也可向承包人索赔。它的性质属于经济补偿行为,而非惩罚。

（1）索赔的条件

当合同一方向另一方提出索赔时，应有正当的索赔理由和有效证据，并应符合合同的相关约定。建设工程施工中的索赔是发、承包双方行使正当权利的行为，承包人可向发包人索赔，发包人也可向承包人索赔。任何索赔事件的确立，其前提条件是必须有正当的索赔理由。对正当索赔理由的说明必须具有证据，因为进行索赔主要是靠证据说话。没有证据或证据不足，索赔是难以成功的。

（2）索赔的证据

1）索赔证据的要求。一般有效的索赔证据都具有以下几个特征：

①及时性：既然干扰事件已发生，又意识到需要索赔，就应在有效时间内提出索赔意向。在规定的时间内报告事件的发展影响情况，在规定时间内提交索赔的详细额外费用计算账单，对发包人或工程师提出的疑问及时补充有关材料。如果拖延太久，将增加索赔工作的难度。

②真实性：索赔证据必须是在实际过程中产生，完全反映实际情况，能经得住对方的推敲。由于在工程过程中合同双方都在进行合同管理，收集工程资料，所以双方应有相同的证据。使用不实的、虚假证据是违反商业道德甚至法律的。

③全面性：所提供的证据应能说明事件的全过程。索赔报告中所涉及的干扰事件、索赔理由、索赔值等都应有相应的证据，不能凌乱和支离破碎，否则发包人将退回索赔报告，要求重新补充证据。这会拖延索赔的解决，损害承包商在索赔中的有利地位。

④关联性：索赔的证据应当能互相说明，相互具有关联性，不能互相矛盾。

⑤法律证明效力：索赔证据必须有法律证明效力，特别对准备递交仲裁的索赔报告更要注意这一点。

a. 证据必须是当时的书面文件，一切口头承诺、口头协议不算。

b. 合同变更协议必须由双方签署，或以会谈纪要的形式确定，且为决定性决议。一切商讨性、意向性的意见或建议都不算。

c. 工程中的重大事件、特殊情况的记录、统计应由工程师签署认可。

2）索赔证据的种类。

①招标文件、工程合同、发包人认可的施工组织设计、工程图纸、技术规范等。

②工程各项有关的设计交底记录、变更图纸、变更施工指令等。

③工程各项经发包人或合同中约定的发包人现场代表或监理工程师签认的签证。

④工程各项往来信件、指令、信函、通知、答复等。

⑤工程各项会议纪要。

⑥施工计划及现场实施情况记录。

⑦施工日报及工长工作日志、备忘录。

⑧工程送电、送水、道路开通、封闭的日期及数量记录。

⑨工程停电、停水和干扰事件影响的日期及恢复施工的日期记录。

⑩工程预付款、进度款拨付的数额及日期记录。

⑪工程图纸、图纸变更、交底记录的送达份数及日期记录。

⑫工程有关施工部位的照片及录像等。

⑬工程现场气候记录，如有关天气的温度、风力、雨雪等。

⑭工程验收报告及各项技术鉴定报告等。

⑮工程材料采购、订货、运输、进场、验收、使用等方面的凭据。

⑯国家和省级或行业建设主管部门有关影响工程造价、工期的文件、规定等。

3)索赔时效的功能。索赔时效是指合同履行过程中,索赔方在索赔事件发生后的约定期限内不行使索赔权即视为放弃索赔权利,其索赔权归于消灭的制度。其功能主要表现在以下两点:

①促使索赔权利人行使权利。"法律不保护躺在权利上睡觉的人",索赔时效是时效制度中的一种,类似于民法中的诉讼时效,即超过法定时间,权利人不主张自己的权利,则诉讼权消灭,人民法院不再对该实体权利强制进行保护。

②平衡发包人与承包人的利益。有的索赔事件持续时间短暂,事后难以复原(如异常的地下水位、隐蔽工程等),发包人在时过境迁后难以查找到有力证据来确认责任归属或准确评估所需金额。如果不对时效加以限制,允许承包人隐瞒索赔意图,将置发包人于不利状况。而索赔时效则平衡了发承包双方利益。一方面,索赔时效届满,即视为承包人放弃索赔权利,发包人可以此作为证据的代用,避免举证的困难;另一方面,只有促使承包人及时提出索赔要求,才能警示发包人充分履行合同义务,避免类似索赔事件的再次发生。

(3)承包人的索赔

1)若承包人认为非承包人原因发生的事件造成了承包人的损失,承包人应在确认该事件发生后,持证明索赔事件发生的有效证据和依据正当的索赔理由,按合同约定的时间向发包人发出索赔通知。发包人应按合同约定的时间对承包人提出的索赔进行答复和确认。发包人在收到最终索赔报告后并在合同约定时间内,未向承包人做出答复,视为该项索赔已经认可。

这种索赔方式称之为单项索赔,即在每一件索赔事项发生后,递交索赔通知书,编报索赔报告书,要求单项解决支付,不与其他的索赔事项混在一起。单项索赔是施工索赔通常采用的方式。它避免了多项索赔的相互影响制约,所以解决起来比较容易。

当施工过程中受到非常严重的干扰,以致承包人的全部施工活动与原来的计划不大相同,原合同规定的工作与变更后的工作相互混淆,承包人无法为索赔保持准确而详细的成本记录资料,无法采用单项索赔的方式,而只能采用综合索赔。综合索赔俗称一揽子索赔。即对整个工程(或某项工程)中所发生的数起索赔事项,综合在一起进行索赔。采取这种方式进行索赔,是在特定的情况下被迫采用的一种索赔方法。

采取综合索赔时,承包人必须提出以下证明:①承包商的投标报价是合理的;②实际发生的总成本是合理的;③承包商对成本增加没有任何责任;④不可能采用其他方法准确地计算出实际发生的损失数额。

据合同约定,承包人应按下列程序向发包人提出索赔:

①承包人应在知道或应当知道索赔事件发生后28天内,向发包人提交索赔意向通知书,说明发生索赔事件的事由。承包人逾期未发出索赔意向通知书的,丧失索赔的权利。

②承包人应在发出索赔意向通知书后28天内,向发包人正式提交索赔通知书。索赔通知书应详细说明索赔理由和要求,并应附必要的记录和证明材料。

③索赔事件具有连续影响的,承包人应继续提交延续索赔通知,说明连续影响的实际情况和记录。

④在索赔事件影响结束后的 28 天内,承包人应向发包人提交最终索赔通知书,说明最终索赔要求,并应附必要的记录和证明材料。

2)承包人索赔应按下列程序处理:

①发包人收到承包人的索赔通知书后,应及时查验承包人的记录和证明材料。

②发包人应在收到索赔通知书或有关索赔的进一步证明材料后的 28 天内,将索赔处理结果答复承包人,如果发包人逾期未做出答复,视为承包人索赔要求已被发包人认可。

③承包人接受索赔处理结果的,索赔款项应作为增加合同价款,在当期进度款中进行支付;承包人不接受索赔处理结果的,应按合同约定的争议解决方式办理。

3)承包人要求赔偿时,可以选择下列一项或几项方式获得赔偿:

①延长工期;

②要求发包人支付实际发生的额外费用;

③要求发包人支付合理的预期利润;

④要求发包人按合同的约定支付违约金。

4)索赔事件发生后,在造成费用损失时,往往会造成工期的变动。当索赔事件造成的费用损失与工期相关联时,承包人应根据发生的索赔事件向发包人提出费用索赔要求的同时,提出工期延长的要求。发包人在批准承包人的索赔报告时,应将索赔事件造成的费用损失和工期延长联系起来,综合做出批准费用索赔和工期延长的决定。

5)发承包双方在按合同约定办理了竣工结算后,应被认为承包人已无权再提出竣工结算前所发生的任何索赔。承包人在提交的最终结清申请中,只限于提出竣工结算后的索赔,提出索赔的期限应自发承包双方最终结清时终止。

(4)发包人的索赔

1)根据合同约定,发包人认为由于承包人的原因造成发包人的损失,宜按承包人索赔的程序进行索赔。当合同中未就发包人的索赔事项作具体约定,按以下规定处理。

①发包人应在确认引起索赔的事件发生后 28 天内向承包人发出索赔通知,否则,承包人免除该索赔的全部责任。

②承包人在收到发包人索赔报告后的 28 天内,应做出回应,表示同意或不同意并附具体意见,如在收到索赔报告后的 28 天内,未向发包人做出答复,视为该项索赔报告已经认可。

2)发包人要求赔偿时,可以选择下列一项或几项方式获得赔偿:

①延长质量缺陷修复期限;

②要求承包人支付实际发生的额外费用;

③要求承包人按合同的约定支付违约金。

3)承包人应付给发包人的索赔金额可从拟支付给承包人的合同价款中扣除,或由承包人以其他方式支付给发包人。

14. 现场签证

由于施工生产的特殊性,施工过程中往往会出现一些与合同工程或合同约定不一致或未约定的事项,这时就需要发承包双方用书面形式记录下来,这就是现场签证。签证有多种情形,一是发包人的口头指令,需要承包人将其提出,由发包人转换成书面签证;二是发包人的书面通知如涉及工程实施,需要承包人就完成此通知需要的人工、材料、机械设备等内容向发包人提出,取得发包人的签证确认;三是合同工程招标工程量清单中已有,但施工中发现与其不符,比如土方类别,出现流砂等,需承包人及时向发包人提出签证确认,以便调整合同价款;四是由于发包人原因未按合同约定提供场地、材料、设备或停水、停电等造成承包人停工,需承包人及时向发包人提出签证确认,以便计算索赔费用;五是合同中约定材料、设备等价格,由于市场发生变化,需承包人向发包人提出采纳数量及其单价,以便发包人核对后取得发包人的签证确认;六是其他由于施工条件、合同条件变化需现场签证的事项等。

(1)承包人应发包人要求完成合同以外的零星项目、非承包人责任事件等工作的,发包人应及时以书面形式向承包人发出指令,并应提供所需的相关资料;承包人在收到指令后,应及时向发包人提出现场签证要求。

(2)承包人应在收到发包人指令后的7天内向发包人提交现场签证报告,发包人应在收到现场签证报告后的48小时内对报告内容进行核实,予以确认或提出修改意见。发包人在收到承包人现场签证报告后的48小时内未确认也未提出修改意见的,应视为承包人提交的现场签证报告已被发包人认可。

(3)现场签证的工作如已有相应的计日工单价,现场签证中应列明完成该类项目所需的人工、材料、工程设备和施工机械台班的数量。

如现场签证的工作没有相应的计日工单价,应在现场签证报告中列明完成该签证工作所需的人工、材料设备和施工机械台班的数量及单价。

(4)合同工程发生现场签证事项,未经发包人签证确认,承包人便擅自施工的,除非征得发包人书面同意,否则发生的费用应由承包人承担。

(5)现场签证工作完成后的7天内,承包人应按照现场签证内容计算价款,报送发包人确认后,作为增加合同价款,与进度款同期支付。

(6)在施工过程中,当发现合同工程内容因场地条件、地质水文、发包人要求等不一致时,承包人应提供所需的相关资料,并提交发包人签证认可,作为合同价款调整的依据。

15. 暂列金额

(1)已签约合同价中的暂列金额应由发包人掌握使用。

(2)暂列金额虽然列入合同价款,但并不属于承包人所有,也并不必然发生。只有按照合同约定实际发生后,才能成为承包人的应得金额,纳入工程合同结算价款中,发包人按照前述相关规定与要求进行支付后,暂列金额余额仍归发包人所有。

第二节　合同价款支付

一、合同价款期中支付

1. 预付款支付

(1)承包人应将预付款专用于合同工程。当发包人要求承包人采购价值较高的工程设备时,应按商业惯例向承包人支付工程设备预付款。

(2)包工包料工程的预付款的支付比例不得低于签约合同价(扣除暂列金额)的10%,不宜高于签约合同价(扣除暂列金额)的30%。预付款的总金额,分期拨付次数,每次付款金额、付款时间等应根据工程规模、工期长短等具体情况,在合同中约定。

(3)承包人应在签订合同或向发包人提供与预付款等额的预付款保函后向发包人提交预付款支付申请。

(4)发包人应在收到支付申请的7天内进行核实,向承包人发出预付款支付证书,并在签发支付证书后的7天内向承包人支付预付款。

(5)发包人没有按合同约定按时支付预付款的,承包人可催告发包人支付;发包人在预付款期满后的7天内仍未支付的,承包人可在付款期满后的第8天起暂停施工。发包人应承担由此增加的费用和延误的工期,并应向承包人支付合理利润。

(6)预付款应从每一个支付期应支付给承包人的工程进度款中扣回,直到扣回的金额达到合同约定的预付款金额为止。

工程预付款是发包人因承包人为准备施工而履行的协助义务。当承包人取得相应的合同价款时,发包人往往会要求承包人予以返还。具体发包人从支付的工程进度款中按约定的比例逐渐扣回,通常约定承包人完成签约合同价款的比例在20%~30%时,开始从进度款中按一定比例扣还。

(7)承包人的预付款保函的担保金额根据预付款扣回的数额相应递减,但在预付款全部扣回之前一直保持有效。发包人应在预付款扣完后的14天内将预付款保函退还给承包人。

2. 安全文明施工费支付

(1)安全文明施工费包括的内容和使用范围,应符合国家有关文件和计量规范的规定。

安全文明施工费的内容以财政部、安全监管总局印发的《企业安全生产费用提取和使用管理办法》和相关工程现行国家计量规范的规定为准。

财政部、国家安全生产监督管理总局印发的《企业安全生产费用提取和使用管理办法》(财企[2012]16号)第十九条规定:"建设工程施工企业安全费用应当按照以下范围使用:

(一)完善、改造和维护安全防护设施设备支出(不含'三同时'要求初期投入的安全设施),包括施工现场临时用电系统、洞口、临边、机械设备、高处作业防护、交叉作业防护、防火、防爆、防尘、防毒、防雷、防台风、防地质灾害、地下工程有害气体监测、通风、临时安全防护等设施设备支出;

(二)配备、维护、保养应急救援器材、设备支出和应急演练支出;

(三)开展重大危险源和事故隐患评估、监控和整改支出;

(四)安全生产检查、评价(不包括新建、改建、扩建项目安全评价)、咨询和标准化建设支出;

(五)配备和更新现场作业人员安全防护用品支出;

(六)安全生产宣传、教育、培训支出;

(七)安全生产适用的新技术、新标准、新工艺、新装备的推广应用支出;

(八)安全设施及特种设备检测检验支出;

(九)其他与安全生产直接相关的支出。"

(2)发包人应在工程开工后的28天内预付不低于当年施工进度计划的安全文明施工费总额的60%,其余部分应按照提前安排的原则进行分解,并应与进度款同期支付。

(3)发包人没有按时支付安全文明施工费的,承包人可催告发包人支付;发包人在付款期满后的7天内仍未支付的,若发生安全事故,发包人应承担相应责任。

(4)承包人对安全文明施工费应专款专用,在财务账目中应单独列项备查,不得挪作他用,否则发包人有权要求其限期改正;逾期未改正的,造成的损失和延误的工期应由承包人承担。

3. 进度款支付

(1)发承包双方应按照合同约定的时间、程序和方法,根据工程计量结果,办理期中价款结算,支付进度款。

(2)进度款支付周期应与合同约定的工程计量周期一致。

工程量的正确计量是发包人向承包人支付工程进度款的前提和依据。计量和付款周期可采用分段或按月结算的方式,按照财政部、原建设部印发的《建设工程价款结算暂行办法》(财建[2004]369号)的规定:

1)按月结算与支付:即实行按月支付进度款,竣工后结算的办法。合同工期在两个年度以上的工程,在年终进行工程盘点,办理年度结算。

2)分段结算与支付:即当年开工、当年不能竣工的工程按照工程形象进度,划分不同阶段支付工程进度款。

当采用分段结算方式时,应在合同中约定具体的工程分段划分,付款周期应与计量周期一致。

(3)已标价工程量清单中的单价项目,承包人应按工程计量确认的工程量与综合单价计算;综合单价发生调整的,以发承包双方确认调整的综合单价计算进度款。

(4)单价合同中的总价项目和按"13计价规范"规定形成的总价合同应由承包人根据施工进度计划和总价构成、费用性质、计划发生时间和相应的工程量等因素按计量周期进行分解,形成进度款支付分解表,在投标时提交,非招标工程在合同洽商时提交。在施工过程中,由于进度计划的调整,发承包双方应对支付分解进行调整。

1)已标价工程量清单中的总价项目进度款支付分解方法可选择以下之一(但不限于):

①将各个总价项目的总金额按合同约定的计量周期平均支付;

②按照各个总价项目的总金额占签约合同价的百分比,以及各个计量支付周期内所完成的单价项目的总金额,以百分比方式均摊支付;

③按照各个总价项目组成的性质(如时间、与单价项目的关联性等)分解到形象进度计划或计量周期中,与单价项目一起支付。

2)按总价合同,除由于工程变更形成的工程量增减予以调整外,其工程量不予调整。因此,总价合同的进度款支付应按照计量周期进行支付分解,以便进度款有序支付。

(5)发包人提供的甲供材料金额,应按照发包人签约提供的单价和数量从进度款支付中扣除,列入本周期应扣减的金额中。

(6)承包人现场签证和得到发包人确认的索赔金额应列入本周期应增加的金额中。

(7)进度款的支付比例按照合同约定,按期中结算价款总额计,不低于60%,不高于90%。

(8)承包人应在每个计量周期到期后的7天内向发包人提交已完工程进度款支付申请一式四份,详细说明此周期认为有权得到的款额,包括分包人已完工程的价款。支付申请应包括下列内容:

1)累计已完成的合同价款;

2)累计已实际支付的合同价款；

3)本周期合计完成的合同价款：

①本周期已完成单价项目的金额；

②本周期应支付的总价项目的金额；

③本周期已完成的计日工价款；

④本周期应支付的安全文明施工费；

⑤本周期应增加的金额。

4)本周期合计应扣减的金额：

①本周期应扣回的预付款；

②本周期应扣减的金额。

5)本周期实际应支付的合同价款。

(9)发包人应在收到承包人进度款支付申请后的14天内,根据计量结果和合同约定对申请内容予以核实,确认后向承包人出具进度款支付证书。若发承包双方对部分清单项目的计量结果出现争议,发包人应对无争议部分的工程计量结果向承包人出具进度款支付证书。

(10)发包人应在签发进度款支付证书后的14天内,按照支付证书列明的金额向承包人支付进度款。

(11)若发包人逾期未签发进度款支付证书,则视为承包人提交的进度款支付申请已被发包人认可,承包人可向发包人发出催告付款的通知。发包人应在收到通知后的14天内,按照承包人支付申请的金额向承包人支付进度款。

(12)发包人未按照(9)、(10)、(11)的规定支付进度款的,承包人可催告发包人支付,并有权获得延迟支付的利息;发包人在付款期满后的7天内仍未支付的,承包人可在付款期满后的第8天起暂停施工。发包人应承担由此增加的费用和延误的工期,向承包人支付合理利润,并应承担违约责任。

(13)发现已签发的任何支付证书有错、漏或重复的数额,发包人有权予以修正,承包人也有权提出修正申请。经发承包双方复核同意修正的,应在本次到期的进度款中支付或扣除。

二、竣工支付

1. 结算款支付

(1)承包人应根据办理的竣工结算文件向发包人提交竣工结算款支付申请。申请应包括下列内容：

1)竣工结算合同价款总额；

2)累计已实际支付的合同价款；

3)应预留的质量保证金；

4)实际应支付的竣工结算款金额。

(2)发包人应在收到承包人提交竣工结算款支付申请后7天内予以核实,向承包人签发竣工结算支付证书。

(3)发包人签发竣工结算支付证书后的14天内,应按照竣工结算支付证书列明的金额向承包人支付结算款。

（4）发包人在收到承包人提交的竣工结算款支付申请后 7 天内不予核实，不向承包人签发竣工结算支付证书的，视为承包人的竣工结算款支付申请已被发包人认可；发包人应在收到承包人提交的竣工结算款支付申请 7 天后的 14 天内，按照承包人提交的竣工结算款支付申请列明的金额向承包人支付结算款。

（5）工程竣工结算办理完毕后，发包人应按合同约定向承包人支付工程价款。发包人按合同约定应向承包人支付而未支付的工程款视为拖欠工程款。承包人可催告发包人支付，并有权获得延迟支付的利息。根据《最高人民法院关于审理建设工程施工合同纠纷案件适用法律问题的解释》（法释［2004］14 号）第十七条："当事人对欠付工程价款利息计付标准有约定的，按照约定处理；没有约定的，按照中国人民银行发布的同期同类贷款利率信息，发包人应向承包人支付拖欠工程款的利息，并承担违约责任。"和《中华人民共和国合同法》第二百八十六条："发包人未按照合同约定支付价款的，承包人可以催告发包人在合理期限内支付价款。发包人逾期不支付的，除按照建设工程的性质不宜折价、拍卖的以外，承包人可以与发包人协议将该工程折价，也可以申请人民法院将该工程依法拍卖。建设工程的价款就该工程折价或者拍卖的价款优先受偿。"等规定，发包人在竣工结算支付证书签发后或者在收到承包人提交的竣工结算款支付申请 7 天后的 56 天内仍未支付的，除法律另有规定外，承包人可与发包人协商将该工程折价，也可直接向人民法院申请将该工程依法拍卖。承包人应就该工程折价或拍卖的价款优先受偿。"

所谓优先受偿，最高人民法院在《关于建设工程价款优先受偿权的批复》（法释［2002］16 号）中规定如下：

1）人民法院在审理房地产纠纷案件和办理执行案件中，应当依照《中华人民共和国合同法》第二百八十六条的规定，认定建筑工程的承包人的优先受偿权优于抵押权和其他债权。

2）消费者交付购买商品房的全部或者大部分款项后，承包人就该商品房享有的工程价款优先受偿权不得对抗买受人。

3）建筑工程价款包括承包人为建设工程应当支付的工作人员报酬、材料款等实际支出的费用，不包括承包人因发包人违约所造成的损失。

4）建设工程承包人行使优先权的期限为六个月，自建设工程竣工之日或者建设工程合同约定的竣工之日起计算。

2. 质量保证金

（1）发包人应按照合同约定的质量保证金比例从结算款中预留质量保证金。质量保证金用于承包人按照合同约定履行属于自身责任的工程缺陷修复义务的，为发包人有效监督承包人完成缺陷修复提供资金保证。原建设部、财政部印发的《建设工程质量保证金管理暂行办法》（建质［2005］7 号）第七条规定："全部或者部分使用政府投资的建设项目，按工程价款结算总额 5% 左右的比例预留保证金。社会投资项目采用预留保证金方式的，预留保证金的比例可参照执行"。

（2）承包人未按照合同约定履行属于自身责任的工程缺陷修复义务的，发包人有权从质量保证金中扣除用于缺陷修复的各项支出。经查验，工程缺陷属于发包人原因造成的，应由发包人承担查验和缺陷修复的费用。

（3）在合同约定的缺陷责任期终止后，发包人应将剩余的质量保证金返还给承包人。原建设部、财政部印发的《建设工程质量保证金管理暂行办法》（建质［2005］7 号）第九条规定：

"缺陷责任期内,承包人认真履行合同约定的责任,到期后,承包人向发包人申请返还保证金"。第十条规定:"发包人在接到承包人返还保证金申请后,应于14日内会同承包人按照合同约定的内容进行核实。如无异议,发包人应当在核实后14日内将保证金返还给承包人,逾期支付的,从逾期之日起,按照同期银行贷款利率计付利息,并承担违约责任。发包人在接到承包人返还保证金申请后14日内不予答复,经催告后14日内仍不予答复,视同认可承包人的返还保证金申请"。

3. 最终结清

(1)缺陷责任期终止后,承包人应按照合同约定向发包人提交最终结清支付申请。发包人对最终结清支付申请有异议的,有权要求承包人进行修正和提供补充资料。承包人修正后,应再次向发包人提交修正后的最终结清支付申请。

(2)发包人应在收到最终结清支付申请后的14天内予以核实,并应向承包人签发最终结清支付证书。

(3)发包人应在签发最终结清支付证书后的14天内,按照最终结清支付证书列明的金额向承包人支付最终结清款。

(4)发包人未在约定的时间内核实,又未提出具体意见的,应视为承包人提交的最终结清支付申请已被发包人认可。

(5)发包人未按期最终结清支付的,承包人可催告发包人支付,并有权获得延迟支付的利息。

(6)最终结清时,承包人被预留的质量保证金不足以抵减发包人工程缺陷修复费用的,承包人应承担不足部分的补偿责任。

(7)承包人对发包人支付的最终结清款有异议的,应按照合同约定的争议解决方式处理。

三、合同解除的价款结算与支付

合同解除是合同非常态的终止,为了限制合同的解除,法律规定了合同解除制度。根据解除权来源划分,可分为协议解除和法定解除。鉴于建设工程施工合同的特性,为了防止社会资源浪费,法律不赋予发承包人享有任意单方解除权,因此,除了协议解除,按照《最高人民法院关于审理建设工程施工合同纠纷案件适用法律问题的解释》第八条、第九条的规定,施工合同的解除有承包人根本违约的解除和发包人根本违约的解除两种。

(1)发承包双方协商一致解除合同的,应按照达成的协议办理结算和支付合同价款。

(2)由于不可抗力致使合同无法履行解除合同的,发包人应向承包人支付合同解除之日前已完成工程但尚未支付的合同价款,此外,还应支付下列金额:

1)招标文件中明示应由发包人承担的赶工费用;

2)已实施或部分实施的措施项目应付价款;

3)承包人为合同工程合理订购且已交付的材料和工程设备货款;

4)承包人撤离现场所需的合理费用,包括员工遣送费和临时工程拆除、施工设备运离现场的费用;

5)承包人为完成合同工程而预期开支的任何合理费用,且该项费用未包括在本款其他各项支付之内。

　　发承包双方办理结算合同价款时,应扣除合同解除之日前发包人应向承包人收回的价款。当发包人应扣除的金额超过了应支付的金额,承包人应在合同解除后的 86 天内将其差额退还给发包人。

　　(3)由于承包人违约解除合同的,对于价款结算与支付应按以下规定处理:

　　1)发包人应暂停向承包人支付任何价款。

　　2)发包人应在合同解除后 28 天内核实合同解除时承包人已完成的全部合同价款以及按施工进度计划已运至现场的材料和工程设备货款,按合同约定核算承包人应支付的违约金以及造成损失的索赔金额,并将结果通知承包人。发承包双方应在 28 天内予以确认或提出意见,并办理结算合同价款。如果发包人应扣除的金额超过了应支付的金额,则承包人应在合同解除后的 56 天内将其差额退还给发包人。

　　3)发承包双方不能就解除合同后的结算达成一致的,按照合同约定的争议解决方式处理。

　　(4)由于发包人违约解除合同的,对于价款结算与支付应按以下规定处理:

　　1)发包人除应按照上述第(2)条的有关规定向承包人支付各项价款外,应按合同约定核算发包人应支付的违约金以及给承包人造成损失或损害的索赔金额费用。该笔费用由承包人提出,发包人核实后与承包人协商确定后的 7 天内向承包人签发支付证书。

　　2)发承包双方协商不能达成一致的,按照合同约定的争议解决方式处理。

第三节　合同价款争议解决

　　由于建设工程具有施工周期长、不确定因素多等特点,在施工合同履行过程中出现争议是在所难免的,解决合同履行过程中争议的主要方法包括协商、调解、仲裁和诉讼四种。当发承包双方发生争议后,可以先进行协商和解从而达到消除争议的目的,也可以请第三方进行调解;若争议继续存在,发承包双方可以继续通过仲裁或诉讼的途径解决,当然,也可以直接进入仲裁或诉讼程序解决争议。不论采用何种方式解决发承包双方的争议,只有及时并有效的解决施工过程中的合同价款争议,才是工程建设顺利进行的必要保证。

一、监理或造价工程师暂定

　　从我国现行施工合同示范文本、监理合同示范文本、造价咨询合同示范文本的内容可以看出,合同中一般均会对总监理工程师或造价工程师在合同履行过程中发承包双方的争议如何处理有所约定。为使合同争议在施工过程中就能够由总监理工程师或造价工程师予以解决,有关对总监理工程师或造价工程师的合同价款争议处理流程及职责权限进行了如下约定:

　　(1)若发包人和承包人之间就工程质量、进度、价款支付与扣除、工期延期、索赔、价款调整等发生任何法律上、经济上或技术上的争议,首先应根据已签约合同的规定,提交合同约定职责范围内的总监理工程师或造价工程师解决,并应抄送另一方。总监理工程师或造价工程师在收到此提交件后 14 天内应将暂定结果通知发包人和承包人。发承包双方对暂定结果认可的,应以书面形式予以确认,暂定结果成为最终决定。

（2）发承包双方在收到总监理工程师或造价工程师的暂定结果通知之后的14天内未对暂定结果予以确认也未提出不同意见的,应视为发承包双方已认可该暂定结果。

（3）发承包双方或一方不同意暂定结果的,应以书面形式向总监理工程师或造价工程师提出,说明自己认为正确的结果,同时抄送另一方,此时该暂定结果成为争议。在暂定结果对发承包双方当事人履约不产生实质影响的前提下,发承包双方应实施该结果,直到按照发承包双方认可的争议解决办法被改变为止。

二、管理机构的解释和认定

（1）工程造价管理机构是工程造价计价依据、办法以及相关政策的制定和管理机构。对发包人、承包人或工程造价咨询人在工程计价中,对计价依据、办法以及相关政策规定发生的争议进行解释是工程造价管理机构的职责。合同价款争议发生后,发承包双方可就工程计价依据的争议以书面形式提请工程造价管理机构对争议以书面文件进行解释或认定。

（2）工程造价管理机构应在收到申请的10个工作日内就发承包双方提请的争议问题制定办事指南,明确规定解释流程、时间,认真做好此项工作。

（3）发承包双方或一方在收到工程造价管理机构书面解释或认定后仍可按照合同约定的争议解决方式提请仲裁或诉讼。除工程造价管理机构的上级管理部门做出了不同的解释或认定,或在仲裁裁决或法院判决中不予采信的外,工程造价管理机构做出的书面解释或认定应为最终结果,并应对发承包双方均有约束力。

三、协商和解、调解

1. 协商

协商是双方在自愿互谅的基础上,按照法律、法规的规定,通过摆事实讲道理就争议事项达成一致意见的一种纠纷解决方式。

（1）合同价款争议发生后,发承包双方任何时候都可以进行协商。协商达成一致的,双方应签订书面和解协议,并明确和解协议对发承包双方均有约束力。

（2）如果协商不能达成一致协议,发包人或承包人都可以按合同约定的其他方式解决争议。

2. 调解

按照《中华人民共和国合同法》的规定,当事人可以通过调解解决合同争议,但在工程建设领域,目前的调解主要出现在仲裁或诉讼中,即所谓司法调解;有的通过建设行政主管部门或工程造价管理机构处理,双方认可,即所谓行政调解。司法调解耗时较长,且增加了诉讼成本;行政调解受行政管理人员专业水平、处理能力等的影响,其效果也受到限制。因此,《建设工程工程量清单计价规范》(GB 50500—2013)提出了由发承包双方约定相关工程专家作为合同工程争议调解人的思路,类似于国外的争议评审或争端裁决,可定义为专业调解,这在我国合同法的框架内,为有法可依,使争议尽可能在合同履行过程中得到解决,确保工程建设顺利进行。

（1）发承包双方应在合同中约定或在合同签订后共同约定争议调解人,负责双方在合同履行过程中发生争议的调解。

（2）合同履行期间,发承包双方可协议调换或终止任何调解人,但发包人或承包人都不能单独采取行动。除非双方另有协议,在最终结清支付证书生效后,调解人的任期应即终止。

（3）如果发承包双方发生了争议，任何一方可将该争议以书面形式提交调解人，并将副本抄送另一方，委托调解人调解。

（4）发承包双方应按照调解人提出的要求，给调解人提供所需要的资料、现场进入权及相应设施。调解人应被视为不是在进行仲裁人的工作。

（5）调解人应在收到调解委托后 28 天内或由调解人建议并经发承包双方认可的其他期限内提出调解书，发承包双方接受调解书的，经双方签字后作为合同的补充文件，对发承包双方均具有约束力，双方都应立即遵照执行。

（6）当发承包双方中任一方对调解人的调解书有异议时，应在收到调解书后 28 天内向另一方发出异议通知，并应说明争议的事项和理由。但除非并直到调解书在协商和解或仲裁裁决、诉讼判决中做出修改，或合同已经解除，承包人应继续按照合同实施工程。

（7）当调解人已就争议事项向发承包双方提交了调解书，而任一方在收到调解书后 28 天内均未发出表示异议的通知时，调解书对发承包双方应均具有约束力。

四、仲裁、诉讼

《中华人民共和国合同法》第一百二十八条规定：“当事人可以通过和解或者调解解决合同争议。当事人不愿和解、调解或者和解、调解不成的，可以根据仲裁协议向仲裁机构申请仲裁……当事人没有订立仲裁协议或者仲裁协议无效的，可以向人民法院起诉”。

（1）发承包双方的协商和解或调解均未达成一致意见，其中的一方已就此争议事项根据合同约定的仲裁协议申请仲裁，应同时通知另一方。进行协议仲裁时，应遵守《中华人民共和国仲裁法》的有关规定，如第四条：“当事人采用仲裁方式解决纠纷，应当双方自愿，达成仲裁协议。没有仲裁协议，一方申请仲裁的，仲裁委员会不予受理”；第五条：“当事人达成仲裁协议，一方向人民法院起诉的，人民法院不予受理，但仲裁协议无效的除外”；第六条：“仲裁委员会应当由当事人协议选定。仲裁不实行级别管辖和地域管辖”。

（2）仲裁可在竣工之前或之后进行，但发包人、承包人、调解人各自的义务不得因在工程实施期间进行仲裁而有所改变。当仲裁是在仲裁机构要求停止施工的情况下进行时，承包人应对合同工程采取保护措施，由此增加的费用应由败诉方承担。

（3）在前述“一、”至“三、”中规定的期限之内，暂定或和解协议或调解书已经有约束力的情况下，当发承包中一方未能遵守暂定或和解协议或调解书时，另一方可在不损害他可能具有的任何其他权利的情况下，将未能遵守暂定或不执行和解协议或调解书达成的事项提交仲裁。

（4）发包人、承包人在履行合同时发生争议，双方不愿和解、调解或者和解、调解不成，又没有达成仲裁协议的，可依法向人民法院提起诉讼。

第四节　工程计价资料与档案

计价的原始资料是正确计价的凭证，也是工程造价争议处理鉴定的有效证据，计价文件归档才表明整个计价工作的完成。

一、工程计价资料

为有效减少甚至杜绝工程合同价款争议,发承包双方应认真履行合同义务,认真处理双方往来的信函,并共同管理好合同工程履约过程中双方之间的往来文件。

(1)发承包双方应当在合同中约定各自在合同工程中现场管理人员的职责范围,双方现场管理人员在职责范围内签字确认的书面文件是工程计价的有效凭证,但如有其他有效证据或经实证证明其是虚假的除外。

1)发承包双方现场管理人员的职责范围。首先是要明确发承包双方的现场管理人员,包括受其委托的第三方人员,如发包人委托的监理人、工程造价咨询人,仍然属于发包人现场管理人员的范畴;其次是明确管理人员的职责范围,也就是业务分工,并应明确在合同中约定,施工过程中如发生人员变动,应及时以书面形式通知对方,涉及合同中约定的主要人员变动需经对方同意的,应事先征求对方的意见,同意后才能更换。

2)现场管理人员签署的书面文件的效力。首先,双方现场管理人员在合同约定的职责范围签署的书面文件必定是工程计价的有效凭证;其次,双方现场管理人员签署的书面文件如有错误的应予纠正,这方面的错误主要有两方面的原因,一是无意识失误,属工作中偶发性错误,只要双方认真核对就可有效减少此类错误;二是有意致错,如双方现场管理人员以利益交换,有意犯错,如工程计量有意多计等。对于现场管理人员签署的书面文件,如有其他有效证据或经实证证明其是虚假的,则应更正。

(2)发承包双方不论在何种场合对与工程计价有关的事项所给予的批准、证明、同意、指令、商定、确定、确认、通知和请求,或表示同意、否定、提出要求和意见等,均应采用书面形式,口头指令不得作为计价凭证。

(3)任何书面文件送达时,应由对方签收,通过邮寄应采用挂号、特快专递传送,或以发承包双方商定的电子传输方式发送,交付、传送或传输至指定的接收人的地址。如接收人通知了另外地址时,随后通信信息应按新地址发送。

(4)发承包双方分别向对方发出的任何书面文件,均应将其抄送现场管理人员,如系复印件应加盖合同工程管理机构印章,证明与原件相同。双方现场管理人员向对方所发任何书面文件,也应将其复印件发送给发承包双方,复印件应加盖合同工程管理机构印章,证明与原件相同。

(5)发承包双方均应当及时签收另一方送达其指定接收地点的来往信函,拒不签收的,送达信函的一方可以采用特快专递或者公证方式送达,所造成的费用增加(包括被迫采用特殊送达方式所发生的费用)和延误的工期由拒绝签收一方承担。

(6)书面文件和通知不得扣压,一方能够提供证据证明另一方拒绝签收或已送达的,应视为对方已签收并应承担相应责任。

二、计价档案

(1)发承包双方以及工程造价咨询人对具有保存价值的各种载体的计价文件,均应收集齐全,整理立卷后归档。

(2)发承包双方和工程造价咨询人应建立完善的工程计价档案管理制度,并应符合国家和有关部门发布的档案管理相关规定。

(3)工程造价咨询人归档的计价文件,保存期不宜少于五年。

(4)归档的工程计价成果文件应包括纸质原件和电子文件,其他归档文件及依据可为纸质原件、复印件或电子文件。

(5)归档文件应经过分类整理,并应组成符合要求的案卷。

(6)归档可以分阶段进行,也可以在项目竣工结算完成后进行。

(7)向接受单位移交档案时,应编制移交清单,双方应签字、盖章后方可交接。

本章思考重点

BEN ZHANG
SIKAOZHONGDIAN

1. 工程合同价款的约定应满足哪几个方面的要求?

2. 工程量清单计价的工程,其合同形式有哪几种?

3. 发承包双方应在合同中对工程价款进行约定,约定的基本事项有哪些?

4. 单价合同与总价合同的计量有何不同?

5. 合同履行期间,实际工程量与招标工程量清单出现偏差,应如何及时调整合同价款?

6. 合同价款期中支付应符合哪些要求?

7. 不同情况下施工合同的解除,对于价款结算与支付应如何处理?

8. 施工合同履行过程中出现争议,合同价款问题应如何解决?

9. 如何有效减少甚至杜绝工程合同价款争议?

附录 注册造价工程师管理办法

中华人民共和国建设部令 第 150 号

《注册造价工程师管理办法》已于 2006 年 12 月 11 日经建设部第 112 次常务会议讨论通过，现予发布，自 2007 年 3 月 1 日起施行。

第一章 总则

第一条 为了加强对注册造价工程师的管理，规范注册造价工程师执业行为，维护社会公共利益，制定本办法。

第二条 中华人民共和国境内注册造价工程师的注册、执业、继续教育和监督管理，适用本办法。

第三条 本办法所称注册造价工程师，是指通过全国造价工程师执业资格统一考试或者资格认定、资格互认，取得中华人民共和国造价工程师执业资格（以下简称执业资格），并按照本办法注册，取得中华人民共和国造价工程师注册执业证书（以下简称注册证书）和执业印章，从事工程造价活动的专业人员。

未取得注册证书和执业印章的人员，不得以注册造价工程师的名义从事工程造价活动。

第四条 国务院建设主管部门对全国注册造价工程师的注册、执业活动实施统一监督管理；国务院铁路、交通、水利、信息产业等有关部门按照国务院规定的职责分工，对有关专业注册造价工程师的注册、执业活动实施监督管理。

省、自治区、直辖市人民政府建设主管部门对本行政区域内注册造价工程师的注册、执业活动实施监督管理。

第五条 工程造价行业组织应当加强造价工程师自律管理。

鼓励注册造价工程师加入工程造价行业组织。

第二章 注册

第六条 注册造价工程师实行注册执业管理制度。

取得执业资格的人员，经过注册方能以注册造价工程师的名义执业。

第七条 注册造价工程师的注册条件为：

（一）取得执业资格；

（二）受聘于一个工程造价咨询企业或者工程建设领域的建设、勘察设计、施工、招标代理、工程监理、工程造价管理等单位；

（三）无本办法第十二条不予注册的情形。

第八条 取得执业资格的人员申请注册的，应当向聘用单位工商注册所在地的省、自治区、直辖市人民政府建设主管部门（以下简称省级注册初审机关）或者国务院有关部门（以下简称部门注册初审机关）提出注册申请。

对申请初始注册的,注册初审机关应当自受理申请之日起 20 日内审查完毕,并将申请材料和初审意见报国务院建设主管部门(以下简称注册机关)。注册机关应当自受理之日起 20 日内做出决定。

对申请变更注册、延续注册的,注册初审机关应当自受理申请之日起 5 日内审查完毕,并将申请材料和初审意见报注册机关。注册机关应当自受理之日起 10 日内做出决定。

注册造价工程师的初始、变更、延续注册,逐步实行网上申报、受理和审批。

第九条 取得资格证书的人员,可自资格证书签发之日起 1 年内申请初始注册。逾期未申请者,须符合继续教育的要求后方可申请初始注册。初始注册的有效期为 4 年。

申请初始注册的,应当提交下列材料:

(一)初始注册申请表;

(二)执业资格证件和身份证件复印件;

(三)与聘用单位签订的劳动合同复印件;

(四)工程造价岗位工作证明;

(五)取得资格证书的人员,自资格证书签发之日起 1 年后申请初始注册的,应当提供继续教育合格证明;

(六)受聘于具有工程造价咨询资质的中介机构的,应当提供聘用单位为其交纳的社会基本养老保险凭证、人事代理合同复印件,或者劳动、人事部门颁发的离退休证复印件;

(七)外国人、台港澳人员应当提供外国人就业许可证书、台港澳人员就业证书复印件。

第十条 注册造价工程师注册有效期满需继续执业的,应当在注册有效期满 30 日前,按照本办法第八条规定的程序申请延续注册。延续注册的有效期为 4 年。

申请延续注册的,应当提交下列材料:

(一)延续注册申请表;

(二)注册证书;

(三)与聘用单位签订的劳动合同复印件;

(四)前一个注册期内的工作业绩证明;

(五)继续教育合格证明。

第十一条 在注册有效期内,注册造价工程师变更执业单位的,应当与原聘用单位解除劳动合同,并按照本办法第八条规定的程序办理变更注册手续。变更注册后延续原注册有效期。

申请变更注册的,应当提交下列材料:

(一)变更注册申请表;

(二)注册证书;

(三)与新聘用单位签订的劳动合同复印件;

(四)与原聘用单位解除劳动合同的证明文件;

(五)受聘于具有工程造价咨询资质的中介机构的,应当提供聘用单位为其交纳的社会基本养老保险凭证、人事代理合同复印件,或者劳动、人事部门颁发的离退休证复印件;

(六)外国人、台港澳人员应当提供外国人就业许可证书、台港澳人员就业证书复印件。

第十二条 有下列情形之一的,不予注册:

(一)不具有完全民事行为能力的;

（二）申请在两个或者两个以上单位注册的；

（三）未达到造价工程师继续教育合格标准的；

（四）前一个注册期内工作业绩达不到规定标准或未办理暂停执业手续而脱离工程造价业务岗位的；

（五）受刑事处罚，刑事处罚尚未执行完毕的；

（六）因工程造价业务活动受刑事处罚，自刑事处罚执行完毕之日起至申请注册之日止不满 5 年的；

（七）因前项规定以外原因受刑事处罚，自处罚决定之日起至申请注册之日止不满 3 年的；

（八）被吊销注册证书，自被处罚决定之日起至申请注册之日止不满 3 年的；

（九）以欺骗、贿赂等不正当手段获准注册被撤销，自被撤销注册之日起至申请注册之日止不满 3 年的；

（十）法律、法规规定不予注册的其他情形。

第十三条　被注销注册或者不予注册者，在具备注册条件后重新申请注册的，按照本办法第八条第一款、第二款规定的程序办理。

第十四条　准予注册的，由注册机关核发注册证书和执业印章。

注册证书和执业印章是注册造价工程师的执业凭证，应当由注册造价工程师本人保管、使用。

造价工程师注册证书由注册机关统一印制。

注册造价工程师遗失注册证书、执业印章，应当在公众媒体上声明作废后，按照本办法第八条第一款、第三款规定的程序申请补发。

第三章　执业

第十五条　注册造价工程师执业范围包括：

（一）建设项目建议书、可行性研究投资估算的编制和审核，项目经济评价，工程概、预、结算、竣工结（决）算的编制和审核；

（二）工程量清单、标底（或者控制价）、投标报价的编制和审核，工程合同价款的签订及变更、调整、工程款支付与工程索赔费用的计算；

（三）建设项目管理过程中设计方案的优化、限额设计等工程造价分析与控制，工程保险理赔的核查；

（四）工程经济纠纷的鉴定。

第十六条　注册造价工程师享有下列权利：

（一）使用注册造价工程师名称；

（二）依法独立执行工程造价业务；

（三）在本人执业活动中形成的工程造价成果文件上签字并加盖执业印章；

（四）发起设立工程造价咨询企业；

（五）保管和使用本人的注册证书和执业印章；

（六）参加继续教育。

第十七条　注册造价工程师应当履行下列义务：

（一）遵守法律、法规、有关管理规定，恪守职业道德；

（二）保证执业活动成果的质量；

（三）接受继续教育，提高执业水平；

（四）执行工程造价计价标准和计价方法；

（五）与当事人有利害关系的，应当主动回避；

（六）保守在执业中知悉的国家秘密和他人的商业、技术秘密。

第十八条　注册造价工程师应当在本人承担的工程造价成果文件上签字并盖章。

第十九条　修改经注册造价工程师签字盖章的工程造价成果文件，应当由签字盖章的注册造价工程师本人进行；注册造价工程师本人因特殊情况不能进行修改的，应当由其他注册造价工程师修改，并签字盖章；修改工程造价成果文件的注册造价工程师对修改部分承担相应的法律责任。

第二十条　注册造价工程师不得有下列行为：

（一）不履行注册造价工程师义务；

（二）在执业过程中，索贿、受贿或者谋取合同约定费用外的其他利益；

（三）在执业过程中实施商业贿赂；

（四）签署有虚假记载、误导性陈述的工程造价成果文件；

（五）以个人名义承接工程造价业务；

（六）允许他人以自己名义从事工程造价业务；

（七）同时在两个或者两个以上单位执业；

（八）涂改、倒卖、出租、出借或者以其他形式非法转让注册证书或者执业印章；

（九）法律、法规、规章禁止的其他行为。

第二十一条　在注册有效期内，注册造价工程师因特殊原因需要暂停执业的，应当到注册初审机关办理暂停执业手续，并交回注册证书和执业印章。

第二十二条　注册造价工程师在每一注册期内应当达到注册机关规定的继续教育要求。

注册造价工程师继续教育分为必修课和选修课，每一注册有效期各为 60 学时。经继续教育达到合格标准的，颁发继续教育合格证明。

注册造价工程师继续教育，由中国建设工程造价管理协会负责组织。

第四章　监督管理

第二十三条　县级以上人民政府建设主管部门和其他有关部门应当依照有关法律、法规和本办法的规定，对注册造价工程师的注册、执业和继续教育实施监督检查。

第二十四条　注册机关应当将造价工程师注册信息告知注册初审机关。

省级注册初审机关应当将造价工程师注册信息告知本行政区域内市、县人民政府建设主管部门。

第二十五条　县级以上人民政府建设主管部门和其他有关部门依法履行监督检查职责时，有权采取下列措施：

（一）要求被检查人员提供注册证书；

（二）要求被检查人员所在聘用单位提供有关人员签署的工程造价成果文件及相关业务文档；

（三）就有关问题询问签署工程造价成果文件的人员；

（四）纠正违反有关法律、法规和本办法及工程造价计价标准和计价办法的行为。

第二十六条　注册造价工程师违法从事工程造价活动的，违法行为发生地县级以上地方人民政府建设主管部门或者其他有关部门应当依法查处，并将违法事实、处理结果告知注册机关；依法应当撤销注册的，违法行为发生地县级以上地方人民政府建设主管部门或者其他有关部门应当将违法事实、处理建议及有关材料告知注册机关。

第二十七条　注册造价工程师有下列情形之一的，其注册证书失效：

（一）已与聘用单位解除劳动合同且未被其他单位聘用的；

（二）注册有效期满且未延续注册的；

（三）死亡或者不具有完全民事行为能力的；

（四）其他导致注册失效的情形。

第二十八条　有下列情形之一的，注册机关或者其上级行政机关依据职权或者根据利害关系人的请求，可以撤销注册造价工程师的注册：

（一）行政机关工作人员滥用职权、玩忽职守做出准予注册许可的；

（二）超越法定职权做出准予注册许可的；

（三）违反法定程序做出准予注册许可的；

（四）对不具备注册条件的申请人做出准予注册许可的；

（五）依法可以撤销注册的其他情形。

申请人以欺骗、贿赂等不正当手段获准注册的，应当予以撤销。

第二十九条　有下列情形之一的，由注册机关办理注销注册手续，收回注册证书和执业印章或者公告其注册证书和执业印章作废：

（一）有本办法第二十七条所列情形发生的；

（二）依法被撤销注册的；

（三）依法被吊销注册证书的；

（四）受到刑事处罚的；

（五）法律、法规规定应当注销注册的其他情形。

注册造价工程师有前款所列情形之一的，注册造价工程师本人和聘用单位应当及时向注册机关提出注销注册申请；有关单位和个人有权向注册机关举报；县级以上地方人民政府建设主管部门或者其他有关部门应当及时告知注册机关。

第三十条　注册造价工程师及其聘用单位应当按照有关规定，向注册机关提供真实、准确、完整的注册造价工程师信用档案信息。

注册造价工程师信用档案应当包括造价工程师的基本情况、业绩、良好行为、不良行为等内容。违法违规行为、被投诉举报处理、行政处罚等情况应当作为造价工程师的不良行为记入其信用档案。

注册造价工程师信用档案信息按有关规定向社会公示。

第五章　法律责任

第三十一条　隐瞒有关情况或者提供虚假材料申请造价工程师注册的，不予受理或者不予注册,并给予警告,申请人在 1 年内不得再次申请造价工程师注册。

第三十二条　聘用单位为申请人提供虚假注册材料的,由县级以上地方人民政府建设主管部门或者其他有关部门给予警告,并可处以 1 万元以上 3 万元以下的罚款。

第三十三条　以欺骗、贿赂等不正当手段取得造价工程师注册的,由注册机关撤销其注册,3 年内不得再次申请注册,并由县级以上地方人民政府建设主管部门处以罚款。其中,没有违法所得的,处以 1 万元以下罚款;有违法所得的,处以违法所得 3 倍以下且不超过 3 万元的罚款。

第三十四条　违反本办法规定,未经注册而以注册造价工程师的名义从事工程造价活动的,所签署的工程造价成果文件无效,由县级以上地方人民政府建设主管部门或者其他有关部门给予警告,责令停止违法活动,并可处以 1 万元以上 3 万元以下的罚款。

第三十五条　违反本办法规定,未办理变更注册而继续执业的,由县级以上人民政府建设主管部门或者其他有关部门责令限期改正;逾期不改的,可处以 5000 元以下的罚款。

第三十六条　注册造价工程师有本办法第二十条规定行为之一的,由县级以上地方人民政府建设主管部门或者其他有关部门给予警告,责令改正,没有违法所得的,处以 1 万元以下罚款,有违法所得的,处以违法所得 3 倍以下且不超过 3 万元的罚款。

第三十七条　违反本办法规定,注册造价工程师或者其聘用单位未按照要求提供造价工程师信用档案信息的,由县级以上地方人民政府建设主管部门或者其他有关部门责令限期改正;逾期未改正的,可处以 1000 元以上 1 万元以下的罚款。

第三十八条　县级以上人民政府建设主管部门和其他有关部门工作人员,在注册造价工程师管理工作中,有下列情形之一的,依法给予处分;构成犯罪的,依法追究刑事责任:

(一)对不符合注册条件的申请人准予注册许可或者超越法定职权做出注册许可决定的;

(二)对符合注册条件的申请人不予注册许可或者不在法定期限内做出注册许可决定的;

(三)对符合法定条件的申请不予受理或者未在法定期限内初审完毕的;

(四)利用职务之便,收取他人财物或者其他好处的;

(五)不依法履行监督管理职责,或者发现违法行为不予查处的。

第六章　附则

第三十九条　造价工程师执业资格考试工作按照国务院人事主管部门的有关规定执行。

第四十条　本办法自 2007 年 3 月 1 日起施行。2000 年 1 月 21 日发布的《造价工程师注册管理办法》(建设部令第 75 号)同时废止。

参 考 文 献

[1] 中华人民共和国国家标准. GB 50500—2013 建设工程工程量清单计价规范[S]. 北京：中国计划出版社,2013.

[2] 《建设工程工程量清单计价规范》编制组.《建设工程工程量清单计价规范 GB 50500—2013》宣贯辅导教材[M]. 北京：中国计划出版社,2013.

[3] 中华人民共和国国家标准. GB 50854—2013 房屋建筑与装饰工程工程量计算规范[S]. 北京：中国计划出版社,2013.

[4] 中华人民共和国建设部. GJD—101—95 全国统一建筑工程基础定额（土建）[S]. 北京：中国计划出版社,1995.

[5] 中华人民共和国建设部. GYD—901—2002 全国统一建筑装饰装修工程消耗量定额[S]. 北京：中国建筑工业出版社,2002.

[6] 全国造价工程师执业资格考试培训教材编审委员会. 工程造价计价与控制[M]. 北京：中国计划出版社,2003.

[7] 李宏扬. 建筑工程预算（识图、工程量计算与定额应用）[M]. 北京：中国建材工业出版社,1997.

[8] 张月明,赵乐宁,王明芒,等. 工程量清单计价与示例[M]. 北京：中国建筑工业出版社,2004.

我们提供

图书出版、图书广告宣传、企业/个人定向出版、设计业务、企业内刊等外包、代选代购图书、团体用书、会议、培训，其他深度合作等优质高效服务。

编 辑 部	图书广告	出版咨询	图书销售	设计业务
010-68343948	010-68361706	010-68343948	010-68001605	010-88376510转1008

邮箱：jccbs-zbs@163.com　　网址：www.jccbs.com.cn

发展出版传媒　　服务经济建设

传播科技进步　　满足社会需求